DER STERNENHIMMEL

ROBIN KERROD

DER STERNENHIMMEL

Das Handbuch für Himmelsbeobachter rund ums Jahr

MOEWIG

Inhalt

Originaltitel: „The Star Guide"

Umschlagfoto: getty images
Printed in China
ISBN 3-8118-1806-6

◄ Das Kitt Peak National-Observatorium in der Nähe von Tucson, Arizona.

Einführung

Seit Anbeginn ihrer Geschichte schauen Menschen staunend und fasziniert zum Sternenhimmel. Aufzeichnungen aus dem Nahen Osten, vor rund 5000 Jahren in Keilschrift und Hieroglyphen festgehalten, belegen, daß schon diese frühen Kulturen umfassende Kenntnisse über Himmelskörper und Sternbilder besaßen. Dennoch überwogen Rätsel und Ehrfurcht.

Erst im frühen 17. Jahrhundert begann der Nachthimmel einige seiner Geheimnisse preiszugeben. Damals nämlich richtete Galileo sein Fernrohr auf den gestirnten Himmel und erblickte Jupitermonde und den Phasenwechsel der Venus. Sein Erkenntnisdrang läutete ein Zeitalter der astronomischen Aufklärung ein, in dessen Verlauf Johannes Kepler die Planetenbewegungen erklärte, Newton das Gesetz der Schwerkraft entwickelte und Herschel den Uranus entdeckte.

Doch erst als der deutsche Astronom Friedrich Bessel die Entfernung eines nahe gelegenen Fixsterns (61 Cygni) bestimmte, zeigte sich das ungeheure Ausmaß des Universums. Anfang des 20. Jahrhunderts dann gelang Hubble mit dem neuen Hooker-Teleskop der Nachweis, daß Spiralnebel Millionen Lichtjahre entfernte Sternsysteme sind. Das Universum nahm Dimensionen an, die jede menschliche Vorstellung übersteigen.

In den letzten Jahren haben Radioastronomie und Weltraumforschung mittels Satelliten Licht in eine Vielzahl so rätselhafter Himmelskörper wie Quasare und Pulsare gebracht. Dennoch: Je tiefer wir in das Universum vorstoßen, desto komplexer wird es.

Heute hat das sternenübersäte Firmament nicht nur viel von seinem Mysterium eingebüßt, sondern – wegen ständig zunehmender Lichtverschmutzung – auch etwas von seinem einstigen Glanz verloren. Außerhalb der Großstädte freilich lohnt sich der Blick durch Fernglas oder Teleskop allemal, und selbst mit bloßem Auge können wir gedanklich unendliche Weiten überbrücken, zu den fernsten (sichtbaren) Sternen reisen, über die Beschaffenheit des Universums philosophieren und uns Betrachtungen über das Leben im allgemeinen und im besonderen hingeben.

Ich wünsche Ihnen einen stets ungetrübten Blick auf den Sternenhimmel!

Der Aufbau des Buches

Der Benutzerfreundlichkeit wegen verzichtet dieses Buch auf eine weitschweifige Einführung. Sie müssen sich nicht durch seitenlange theoretische Erörterungen quälen, sondern können Ihr Augenmerk sofort auf die wunderbaren Himmelsbilder richten. Wer zusätzliche Informationen wünscht, findet diese problemlos über die Querverweis-Symbole.

Die wichtigsten Aspekte des Nachthimmels und weiterreichende Informationen sind jeweils auf einer Doppelseite dargestellt. Dabei halten sich alle Kapitel des Buches an ein einheitliches Schema: Auf die Vorbemerkung folgen zwei Seiten Einleitung, die die anschließenden doppelseitigen Einzeldarstellungen erläutern. Das Kapitel endet mit einer Reihe von Referenz-Doppelseiten.

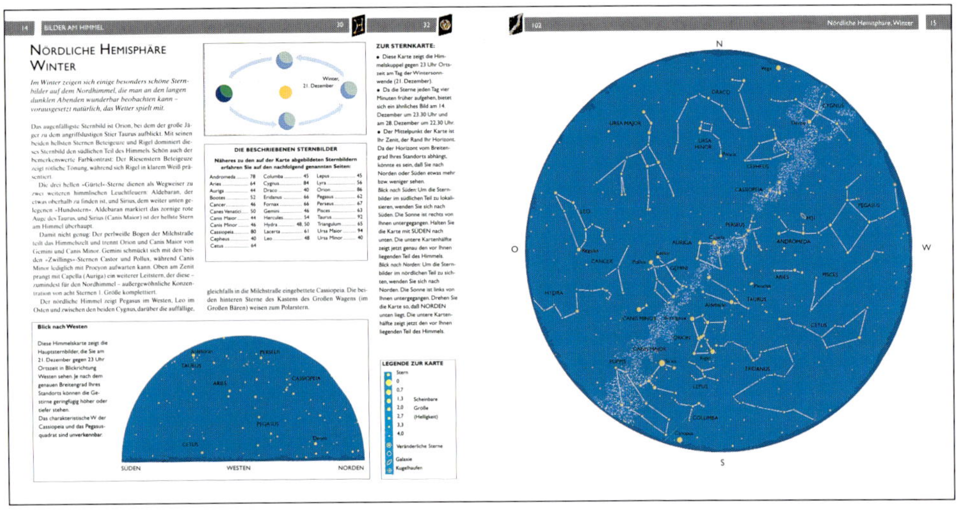

▲ Jahreszeiten-Sternkarten
Die Hauptsternkarten des 1. Kapitels vermitteln erste Informationen über den Nachthimmel und machen den Betrachter mit den Sternbildern vertraut, die je nach Jahreszeit am Firmament erscheinen. Die Halbkreiskarten sind zur weiteren Verdeutlichung gedacht; sie zeigen den Sternenhimmel in einer bestimmten Blickrichtung.

▶ Monatssternkarten
Die Hauptkarten des 2. Kapitels vertiefen die Informationen über Gestirne und Sternbilder, die wir in den entsprechenden Monaten sehen. Hier sind auch die hellsten Nebel, Sternhaufen und Galaxien aufgeführt. Die Halbkreiskarten helfen wiederum bei der Orientierung: Sie zeigen den Nachthimmel, wie ihn Beobachter auf der nördlichen und südlichen Erdhalbkugel in dem betreffenden Monat sehen.

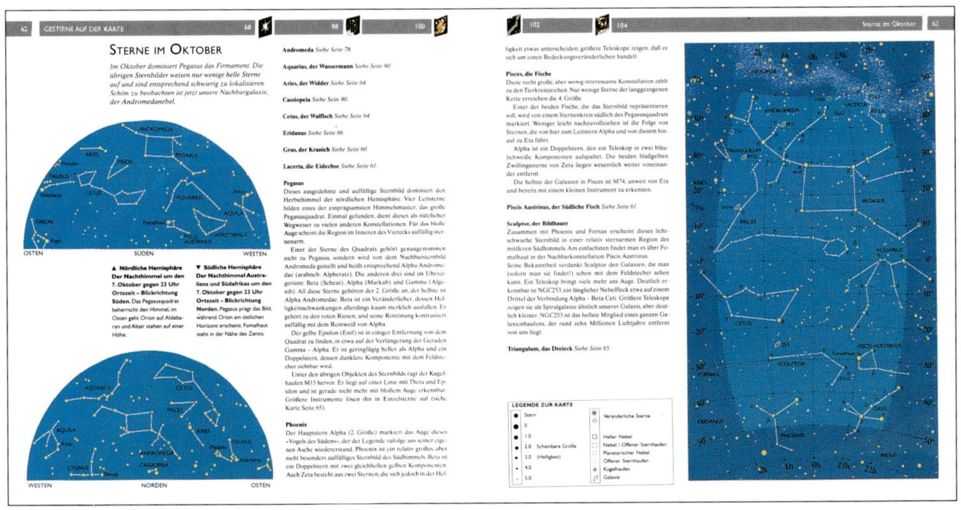

▶ Die wichtigsten Sternbilder
Die Karten des 3. Kapitels gehen wiederum einen Schritt weiter. Noch detaillierter als die bisherigen, informieren sie vor allem über bestimmte Sternbilder, deren Sternfülle man in der Regel mit bloßem Auge, Feldstecher oder Teleskop nicht mehr nachvollziehen kann. Eines davon ist der herrliche Sagittarius (Schütze), zu dem dichte Sternenwolken, Nebel und Sternhaufen gehören.

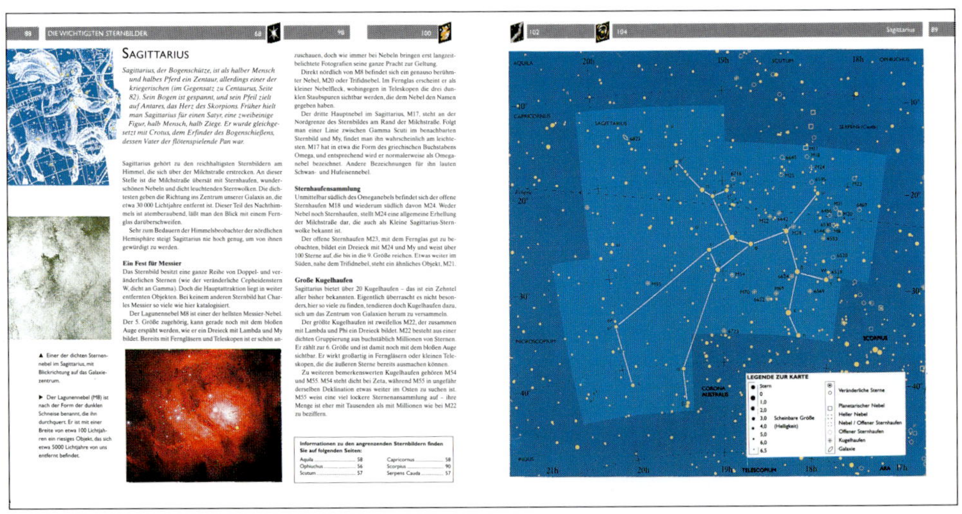

Sternkarten

Die ersten drei Kapitel befassen sich mit den Sternen und Konstellationen und enthalten immer detailliertere Sternkarten. Dahinter steht der Gedanke, daß der Betrachter zuerst mit Lage und Form der Sternbilder vertraut gemacht wird, um diese dann später genauer erforschen zu können.

Die Hauptsternkarten im 1. Kapitel zeigen den Himmel, wie er sich zu den vier Jahreszeiten präsentiert. Sie enthalten die Sternbilder, die im Winter, Frühjahr, Sommer und Herbst am nächtlichen Nord- und Südhimmel erscheinen. Halbkreiskarten zeigen die Sternbilder in Blickrichtung Westen. Die Hauptkarten des 2. Kapitels konzentrieren sich auf den Himmel in den Kalendermonaten. Hier sind auch die hellsten Sternhaufen, Nebel und Galaxien vermerkt. Die Halbkreiskarten erleichtern Sternguckern auf der nördlichen und südlichen Hemisphäre die Orientierung. Das 3. Kapitel präsentiert nähere Informationen zu den einzelnen Sternbildern.

Im 4. Kapitel finden Sie Mondkarten, die die uns zugewandte Seite des Erdtrabanten in vier Quadranten aufteilen. Die Meere, wichtigsten Krater, Mondgebirge und andere auffällige Formationen sind markiert.

Querverweise

Die doppelseitigen Darstellungen dieses Buches konzentrieren sich auf Himmelsbeobachtung und praktische Astronomie im allgemeinen. Sie können sie vollkommen unabhängig von den Referenzseiten nutzen, die jedes Kapitel beschließen. Wer jedoch nähere Informationen zu einem bestimmten Thema sucht, findet sie – mit Hilfe der Bildsymbole – auf den entsprechenden Referenzseiten. Lesen Sie zum Beispiel gerade über den Orionnebel und wollen mehr über Nebel wissen, suchen Sie das »Nebel«-Symbol in der Kopfleiste und notieren die danebenstehende Zahl (100). Schlagen Sie dann Seite 100 auf – und Sie erfahren alles Wissenswerte über Nebel. Gängige astronomische Begriffe, die im Text wiederholt vorkommen, sind im Glossar auf den Seiten 156 und 157 erklärt.

▶ Mondkarten
Die Karten im 4. Kapitel stellen unseren nächsten Nachbarn vor, den Mond. Jede der vier Karten deckt einen Quadranten ab. Sie zeigen den Mond so, wie wir ihn mit bloßem Auge oder Fernrohr erkennen. Norden ist oben. Die Meere und augenfälligsten Krater sind markiert.

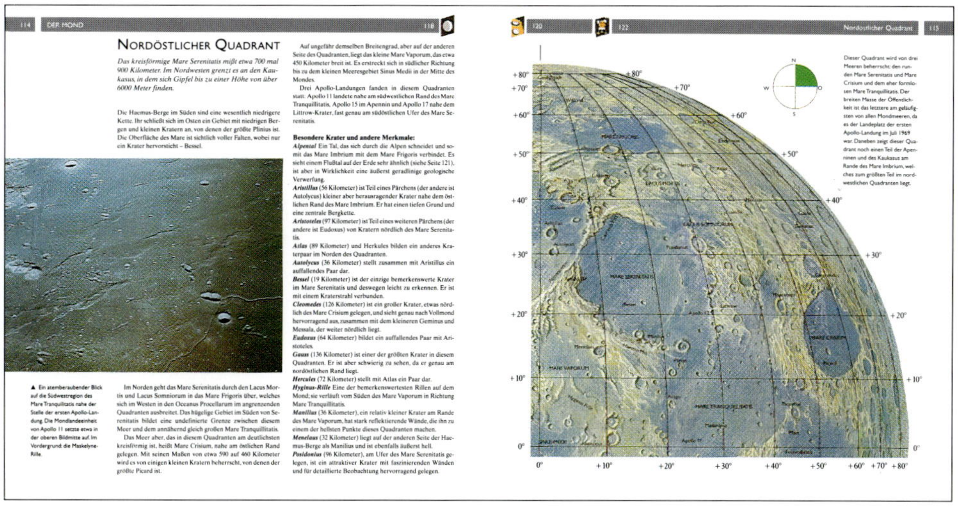

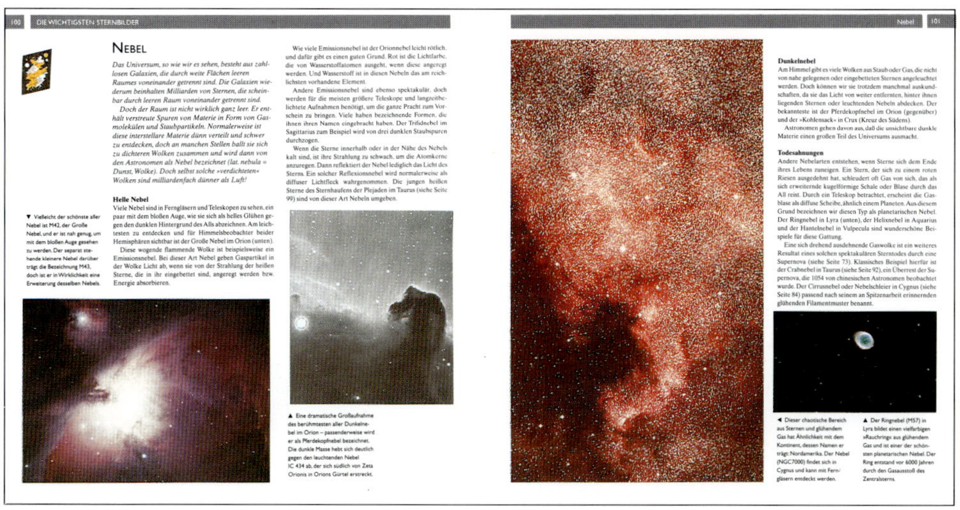

◀ Referenz-Doppelseiten
Beispiel für eine Referenz-Doppelseite, wie sie am Ende jedes Kapitels stehen. Diese Seiten bieten eine Fülle von Hintergrundinformationen zu den verschiedensten Themen.

▶ Querverweis-Symbole
Einige der Symbole, die in der Kopfleiste neben den Seitenzahlen erscheinen. Sie verweisen auf die Referenz-Doppelseiten, die Detailinformationen zu bestimmten Themen enthalten.

Benenatz
Draco
Bootes
Lyra
Arcturus
Virgo
Corona
Hercules
Anguis
spica
Libra
Yed
Lanx meri.
Ophiuchus
ECLIPTICA

◀ Mythologische Figuren, die die Sternbilder der nördlichen Hemisphäre repräsentieren. Die Tierkreiszeichen Virgo (Jungfrau), Libra (Waage), Scorpius (Skorpion) und Sagittarius (Schütze) bestimmen diese alte Sternkarte, obwohl gerade Virgo und Libra am Himmel nur sehr schwer auszumachen sind.

I

Bilder am Himmel

In klaren, mondlosen Nächten bietet der Himmel ein faszinierendes Schauspiel. Wie von großzügiger Hand hingestreute Diamanten schimmern Myriaden funkelnder Sterne auf dem Samtschwarz des Nachthimmels.

Schon ein kurzer Blick auf das Firmament zeigt, daß die Gestirne keineswegs alle gleich sind. Am auffälligsten ist der Unterschied in ihrer Helligkeit, aber bei genauerem Hinsehen erkennt man auch geringe Farbabweichungen.

Mit etwas Zeit und Muße kann man leicht lernen, die hellsten Sterne zu gewissen Mustern zusammenzufügen, die wir Sternbilder nennen. Sich mit diesen Sternbildern vertraut zu machen, ist der erste Schritt für jeden »Sterngucker«, denn sie fungieren gleichsam als himmlische Wegweiser und helfen dem Hobby-Astronomen, sich auf dem Nachthimmel zurechtzufinden.

Genau darum geht es in diesem 1. Kapitel. Außerdem erfahren wir, wie und warum bestimmte Sternbilder im Laufe des Jahres auf dem Firmament erscheinen und wieder verschwinden.

Die Sternkarten zeigen den Abendhimmel an signifikanten Daten – Sommer- und Wintersonnwende sowie den Äquinoktien. Es gibt Karten für die nördliche und die südliche Hemisphäre.

Sternbilder im Altertum

Im Laufe eines Menschenlebens wandeln sich die Sternbilder, die wir am Himmel sehen, nicht. Selbst in den letzten 5000 Jahren, seit die ältesten Kulturen den Himmel beobachteten, haben sie sich nur unmerklich verändert.

Damals verfolgten Priester-Astronomen den Rhythmus der Gestirne, um daraus Kalender zu erstellen, mit deren Hilfe eine gewisse Ordnung in das Leben der ständig wachsenden Bevölkerung einer immer komplexer werdenden Gesellschaft gebracht werden sollte. Darüber hinaus suchten sie den Himmel aber auch nach Zeichen ab, aus denen sie den Willen der Götter abzulesen versuchten, die ihrem Glauben zufolge das menschliche Dasein bestimmten. Aus ihrem »Aus-den-Sternen-Lesen« entwickelte sich die noch heute praktizierte Pseudowissenschaft der Astrologie. Astrologen behaupten, daß die relative Position der Gestirne einen Einfluß auf das menschliche Schicksal hat.

Die Himmelssphäre

Aufzeichnungen dieser antiken Gelehrten belegen, daß die Konstellationen, die sie sahen, mit unseren heutigen absolut identisch sind. Sie glaubten jedoch, die Sterne seien an der Innenseite einer gewaltigen, die Erde umgebenden Himmelskugel befestigt.

Obwohl wir heute natürlich wissen, daß keine solche Himmelssphäre existiert, hält die Astronomie doch an diesem Konzept fest, da es sich als nützliches Hilfsmittel zur Positionsbeschreibung der Sterne bewährt hat (siehe Seite 34 und 35).

Der Himmel dreht sich

Wenn Sie genügend lange auf das nächtliche Firmament schauen, werden Sie bemerken, daß die Sterne über den Himmel wandern. Sie bewegen sich allerdings nicht einzeln (gegeneinander), sondern insgesamt. Verfolgt man einen beliebigen Stern die ganze Nacht über, so wird man (fast überall auf der Erde) feststellen, daß er bei Einbruch der Dunkelheit zuerst über dem östlichen Horizont erscheint. Danach beschreibt er einen Bogen und erreicht seinen höchsten Punkt im Süden.

▼ Eines der bekanntesten und am leichtesten zu identifizierenden Sternbilder ist der Orion. Er liegt am Himmelsäquator und ist deshalb sowohl von der nördlichen als auch von der südlichen Halbkugel aus sichtbar. Die Zeichnung zeigt, wie sich die hellsten Sterne zu dem Sternbild fügen.

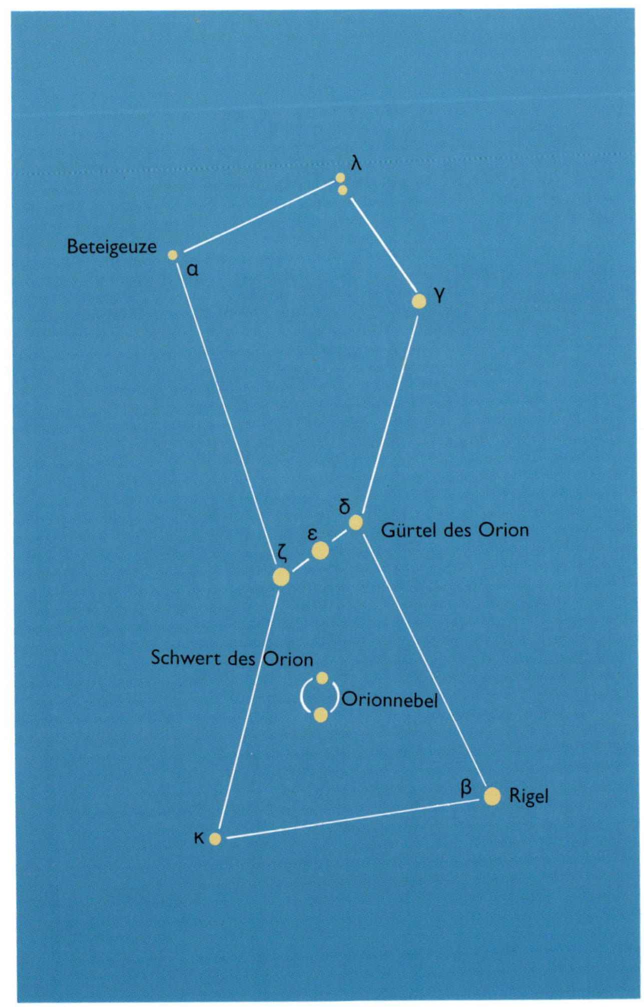

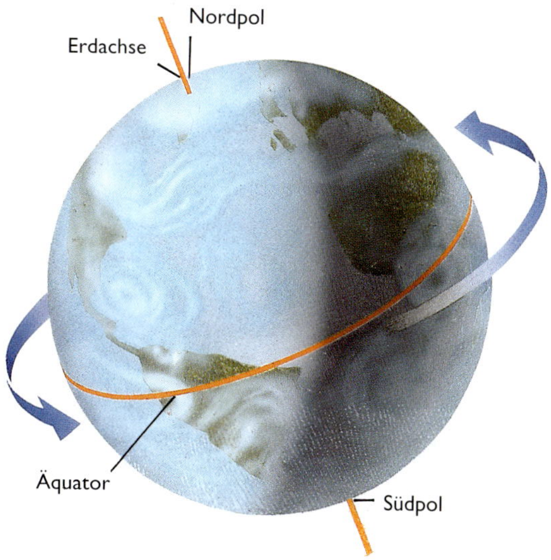

▲ Der Grund, warum sich der Sternenhimmel über uns zu bewegen scheint: Die Erde dreht sich einmal am Tag um ihre eigene Achse.
Auf der Abbildung steht die Achse etwas schräg – aber genauso schräg steht sie in Relation zu ihrer Bahn um die Sonne tatsächlich.

Anschließend wandert er wieder abwärts und verschwindet bei Tagesanbruch hinter dem westlichen Horizont. Fast alle Sterne bewegen sich auf einer mehr oder minder steilen Bahn über den nächtlichen Himmel, genau wie die Sonne von Osten nach Westen.

Die Himmelssphäre scheint sich folglich von Ost nach West um die Erde zu drehen. Aber in Wahrheit ist genau das Gegenteil der Fall: Denn natürlich ist es die Erde, die sich bewegt, und zwar rotiert sie einmal am (24-Stunden-) Tag um die eigene Achse (eine gedachte Linie durch Nord- und Südpol).

Aufgrund dieser Drehbewegung der Erde muß auf jeder Sternkarte eine bestimmte Uhrzeit angegeben werden. Denn zu früherer oder späterer Stunde befinden sich die Sterne an einer anderen Position als der abgebildeten.

Wechsel mit den Jahreszeiten

Wenn Sie die Himmelskuppel über mehrere Monate hinweg beobachten, werden Sie bemerken, daß einige Sternbilder durchgehend zu sehen sind. Andere hingegen kommen und gehen. Dieses Phänomen hängt mit einer anderen Bewegung der Erde zusammen, nämlich der Bahn, die sie einmal im Jahr um die Sonne beschreibt (siehe Diagramm rechts).

Von unserem irdischen Standpunkt aus gesehen ist es wiederum die Sonne, die eine Bewegung zu vollziehen scheint. Sie wandert im Jahreslauf vor dem Hintergrund der Sterne über die Himmelssphäre und verdeckt mit ihrem Licht jeweils diejenigen Sternbilder, die von der Erde aus in derselben Richtung liegen wie sie – tagsüber sind keine Sterne sichtbar. Im Laufe des Jahres werden so aufgrund der Ekliptik verschiedene Sternbilder unsichtbar, während andere erneut am Nachthimmel erscheinen.

Jahreszeiten-Sternkarten

Die folgenden Sternkarten zeigen den Nachthimmel so, wie er sich am späten Abend auf mittleren Breitengraden der nördlichen und südlichen Erdhalbkugel zeigt – und zwar zur Winter- und Sommersonnwende sowie zu den Tagundnachtgleichen im März und September.

Die runden Karten stellen das Himmelsgewölbe über Ihrem Kopf dar. Sie enthalten ausschließlich die wichtigsten Konstellationen. Welche Sternbilder Sie wann sehen, hängt in erster Linie davon ab, in welche Himmelsrichtung Sie schauen. Als Beispiel haben wir jeweils eine Halbkreiskarte beigefügt, die die Sternbilder so zeigt, wie man sie bei Blickrichtung Westen sieht. Westen wurde deshalb gewählt, weil man diese Himmelsrichtung am leichtesten findet, da hier die Sonne untergeht.

Mit Hilfe dieser Sternkarten sollten Sie in der Lage sein, die einzelnen Sternbilder auszumachen. Zwar sind die Karten nur für die exakte genannte Uhrzeit und das jeweilige Datum gültig, zur Identifizierung der Sternbilder und generellen Orientierung taugen sie jedoch wesentlich länger.

▼ Wichtige Punkte auf der jährlichen Bahn der Erde um die Sonne. Die Neigung der Erdachse bleibt stets gleich, weshalb jede Erdhalbkugel der Sonne manchmal mehr zugewandt ist als zu anderen Zeiten. Daraus ergeben sich die Temperaturunterschiede im Jahreslauf und die Jahreszeiten. Die »kritischen« Daten sind Sommer- und Wintersonnwende sowie die Tagundnachtgleichen (Äquinoktien). Die Jahreszeiten verlaufen für die Nord- und Südhalbkugel genau entgegengesetzt.

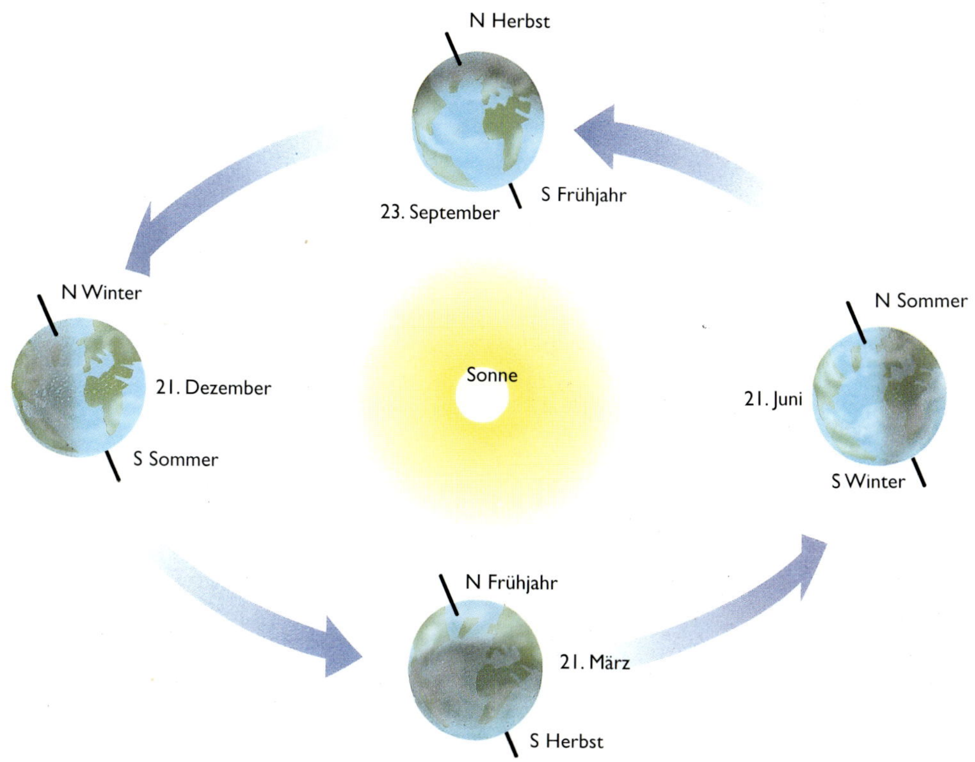

Nördliche Hemisphäre Winter

Im Winter zeigen sich einige besonders schöne Sternbilder auf dem Nordhimmel, die man an den langen dunklen Abenden wunderbar beobachten kann – vorausgesetzt natürlich, das Wetter spielt mit.

Das augenfälligste Sternbild ist Orion, bei dem der große Jäger zu dem angriffslustigen Stier Taurus aufblickt. Mit seinen beiden hellsten Sternen Beteigeuze und Rigel dominiert dieses Sternbild den südlichen Teil des Himmels. Schön auch der bemerkenswerte Farbkontrast: Der Riesenstern Beteigeuze zeigt rötliche Tönung, während sich Rigel in klarem Weiß präsentiert.

Die drei hellen »Gürtel«-Sterne dienen als Wegweiser zu zwei weiteren himmlischen Leuchtfeuern: Aldebaran, der etwas oberhalb zu finden ist, und Sirius, dem weiter unten gelegenen »Hundsstern«. Aldebaran markiert das zornige rote Auge des Taurus, und Sirius (Canis Maior) ist der hellste Stern am Himmel überhaupt.

Damit nicht genug: Der perlweiße Bogen der Milchstraße teilt das Himmelszelt und trennt Orion und Canis Maior von Gemini und Canis Minor. Gemini schmückt sich mit den beiden »Zwillings«-Sternen Castor und Pollux, während Canis Minor lediglich mit Procyon aufwarten kann. Oben am Zenit prangt mit Capella (Auriga) ein weiterer Leitstern, der diese – zumindest für den Nordhimmel – außergewöhnliche Konzentration von acht Sternen 1. Größe komplettiert.

Der nördliche Himmel zeigt Pegasus im Westen, Leo im Osten und zwischen den beiden Cygnus, darüber die auffällige, gleichfalls in die Milchstraße eingebettete Cassiopeia. Die beiden hinteren Sterne des Kastens des Großen Wagens (im Großen Bären) weisen zum Polarstern.

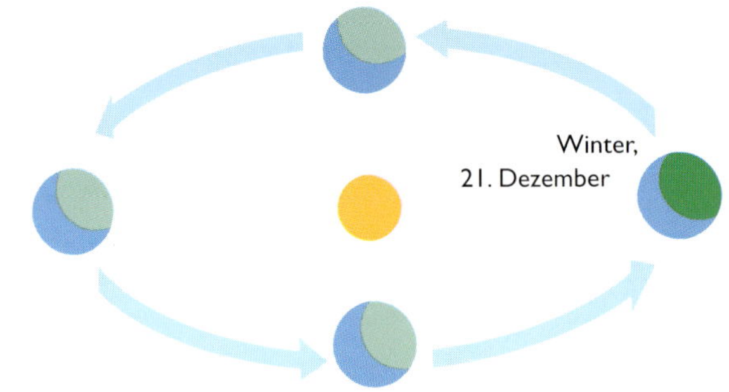

DIE BESCHRIEBENEN STERNBILDER

Näheres zu den auf der Karte abgebildeten Sternbildern erfahren Sie auf den nachfolgend genannten Seiten:

Andromeda	78	Columba	45	Lepus	45
Aries	64	Cygnus	84	Lyra	56
Auriga	44	Draco	40	Orion	86
Bootes	52	Eridanus	66	Pegasus	62
Cancer	46	Fornax	66	Perseus	67
Canes Venatici	50	Gemini	46	Pisces	63
Canis Maior	44	Hercules	54	Taurus	92
Canis Minor	46	Hydra	48, 50	Triangulum	65
Cassiopeia	80	Lacerta	61	Ursa Maior	94
Cepheus	40	Leo	48	Ursa Minor	40
Cetus	64				

ZUR STERNKARTE:

- Diese Karte zeigt die Himmelskuppel gegen 23 Uhr Ortszeit am Tag der Wintersonnwende (21. Dezember).
- Da die Sterne jeden Tag vier Minuten früher aufgehen, bietet sich ein ähnliches Bild am 14. Dezember um 23.30 Uhr und am 28. Dezember um 22.30 Uhr.
- Der Mittelpunkt der Karte ist Ihr Zenit, der Rand Ihr Horizont. Da der Horizont vom Breitengrad Ihres Standorts abhängt, könnte es sein, daß Sie nach Norden oder Süden etwas mehr bzw. weniger sehen.

Blick nach Süden: Um die Sternbilder im südlichen Teil zu lokalisieren, wenden Sie sich nach Süden. Die Sonne ist rechts von Ihnen untergegangen. Halten Sie die Karte mit SÜDEN nach unten. Die untere Kartenhälfte zeigt jetzt genau den vor Ihnen liegenden Teil des Himmels.

Blick nach Norden: Um die Sternbilder im nördlichen Teil zu sichten, wenden Sie sich nach Norden. Die Sonne ist links von Ihnen untergegangen. Drehen Sie die Karte so, daß NORDEN unten liegt. Die untere Kartenhälfte zeigt jetzt den vor Ihnen liegenden Teil des Himmels.

Blick nach Westen

Diese Himmelskarte zeigt die Hauptsternbilder, die Sie am 21. Dezember gegen 23 Uhr Ortszeit in Blickrichtung Westen sehen. Je nach dem genauen Breitengrad Ihres Standorts können die Gestirne geringfügig höher oder tiefer stehen.
Das charakteristische W der Cassiopeia und das Pegasusquadrat sind unverkennbar.

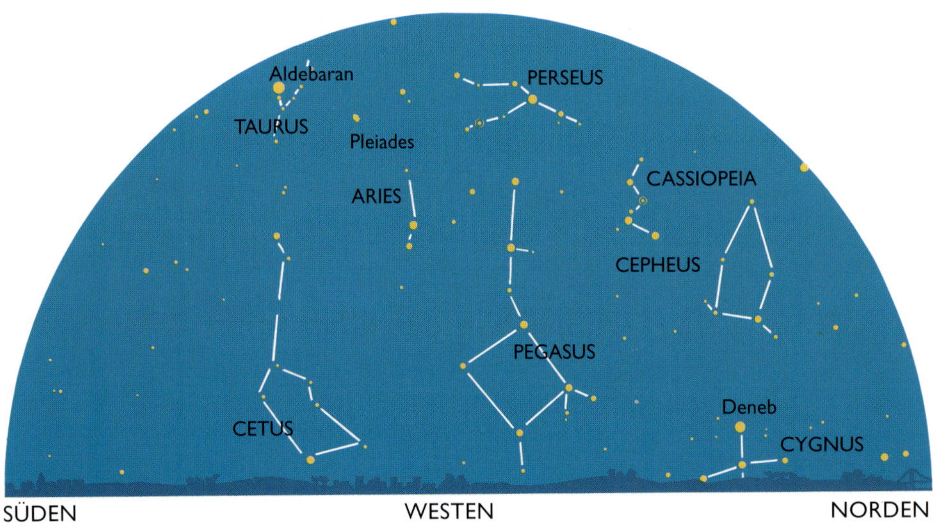

LEGENDE ZUR KARTE

Stern
0
0,7
1,3
2,0
2,7
3,3
4,0
Scheinbare Größe (Helligkeit)
Veränderliche Sterne
Galaxie
Kugelhaufen

21. Dezember

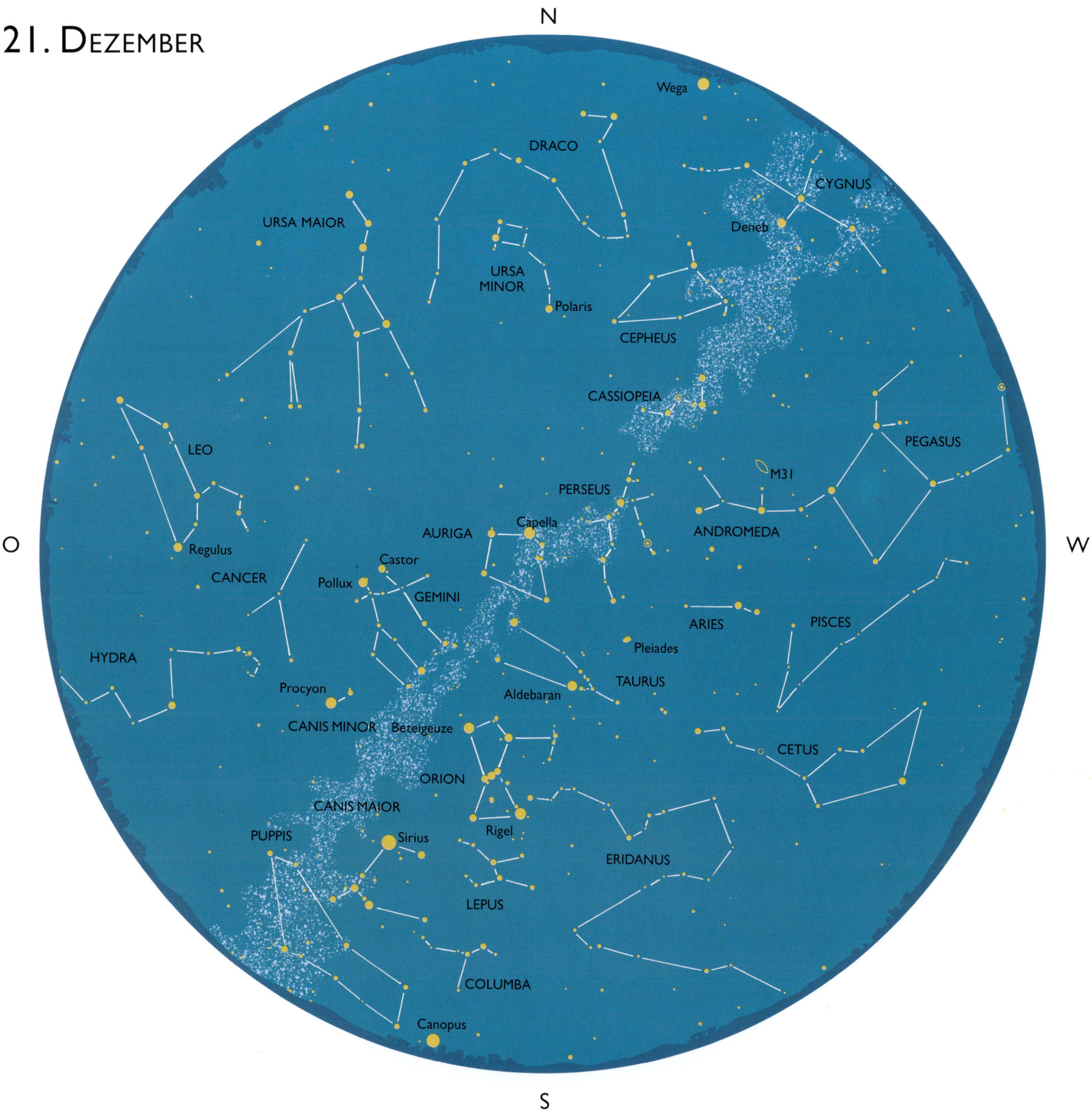
N
O
W
S
Wega
DRACO
CYGNUS
URSA MAIOR
Deneb
URSA
MINOR
Polaris
CEPHEUS
CASSIOPEIA
LEO
PEGASUS
M31
PERSEUS
Capella
AURIGA
ANDROMEDA
Regulus
Castor
CANCER
Pollux
GEMINI
ARIES
PISCES
Pleiades
HYDRA
TAURUS
Procyon
Aldebaran
CANIS MINOR
Beteigeuze
CETUS
ORION
CANIS MAIOR
PUPPIS
Sirius
Rigel
ERIDANUS
LEPUS
COLUMBA
Canopus

Nördliche Hemisphäre Frühjahr

Zu Frühlingsbeginn geht Orion am späten Abend unter. Trotzdem reicht die Zeit nach Sonnenuntergang noch aus, ihn zu bewundern.

Die südliche Himmelsfläche wird am späten Abend von Leo dominiert, dessen charakteristisches umgekehrtes Fragezeichen (die sogenannte Sichel) Kopf und Mähne des Löwen markiert.

Südwestlich in Richtung Orion sind Castor und Pollux (Gemini) weiterhin sichtbar. Zwischen Leo und Gemini steht Cancer mit Praesepe (Bienenstock), einem der drei größten Sternhaufen des Nordhimmels.

Castor und Pollux weisen südwestwärts zum helleren Procyon (Canis Minor). Noch weiter südlich ist Canis Maior mit seinem Hauptstern Sirius kurz vor dem Untergehen.

Die einzigen wirklich hellen Stern im Osten sind Spica (Virgo) und Arcturus (Bootes). Der orangefarbene Arcturus ist der hellste Stern des Nordhimmels.

Hoch im Norden steht der Große Bär (Ursa Maior); merklich tiefer im Nordwesten deutet Cassiopeia auf die leuchtende Capella (Auriga). Scheinbar mit Auriga verbunden ist Taurus mit seinem Leitstern Aldebaran, dessen rötliche Farbe auffällig mit dem reinen Bläulichweiß von Capella kontrastiert. Ebenfalls mit bloßem Auge erkennbare Attraktionen des Taurus sind zwei Sternhaufen: die Hyaden (um Aldebaran) und die Plejaden (Siebengestirn).

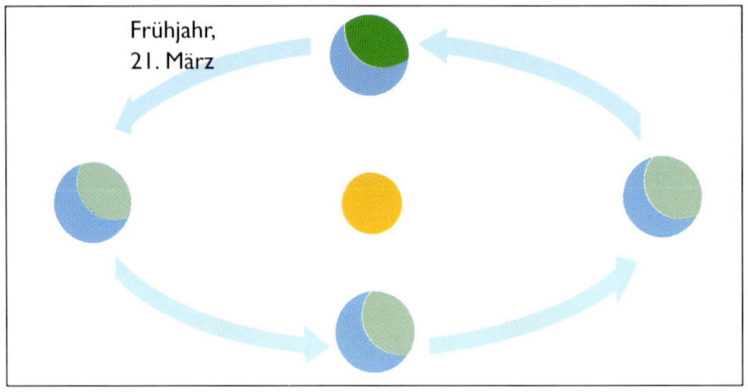

DIE BESCHRIEBENEN STERNBILDER

Näheres zu den auf der Karte abgebildeten Sternbildern erfahren Sie auf den nachfolgend genannten Seiten:

Im Osten erscheinen Deneb (Cygnus) und Wega (Lyra) am Horizont. Die charakteristische Sichel der Corona Borealis ist weiter oben zu sehen.

ZUR STERNKARTE:

- Diese Karte zeigt die Himmelskuppel gegen 23 Uhr Ortszeit am Tag der Frühjahrs-Tagundnachtgleiche (21. März).
- Da die Sterne jeden Tag vier Minuten früher aufgehen, bietet sich ein ähnliches Bild am 14. März um 23.30 Uhr und am 28. März um 22.30 Uhr.
- Der Mittelpunkt der Karte ist Ihr Zenit, der Rand Ihr Horizont. Da der Horizont vom Breitengrad Ihres Standorts abhängt, könnte es sein, daß Sie nach Norden oder Süden etwas mehr bzw. weniger sehen.

Blick nach Süden: Um die Sternbilder im südlichen Teil zu lokalisieren, wenden Sie sich nach Süden. Die Sonne ist rechts von Ihnen untergegangen. Halten Sie die Karte mit SÜDEN nach unten. Die untere Kartenhälfte zeigt jetzt genau den vor Ihnen liegenden Teil des Himmels.

Blick nach Norden: Um die Sternbilder im nördlichen Teil zu sehen, wenden Sie sich nach Norden. Die Sonne ist links von Ihnen untergegangen. Drehen Sie die Karte so, daß NORDEN unten liegt. Die untere Kartenhälfte zeigt jetzt den vor Ihnen liegenden Teil des Himmels.

Blick nach Westen

Diese Himmelskarte zeigt die Hauptsternbilder, die Sie am 21. März gegen 23 Uhr Ortszeit in Blickrichtung Westen sehen. Je nach dem genauen Breitengrad Ihres Standorts können die Gestirne geringfügig höher oder tiefer stehen. Hier leuchten eine Vielzahl heller Sterne, darunter Sirius, Beteigeuze und Capella.

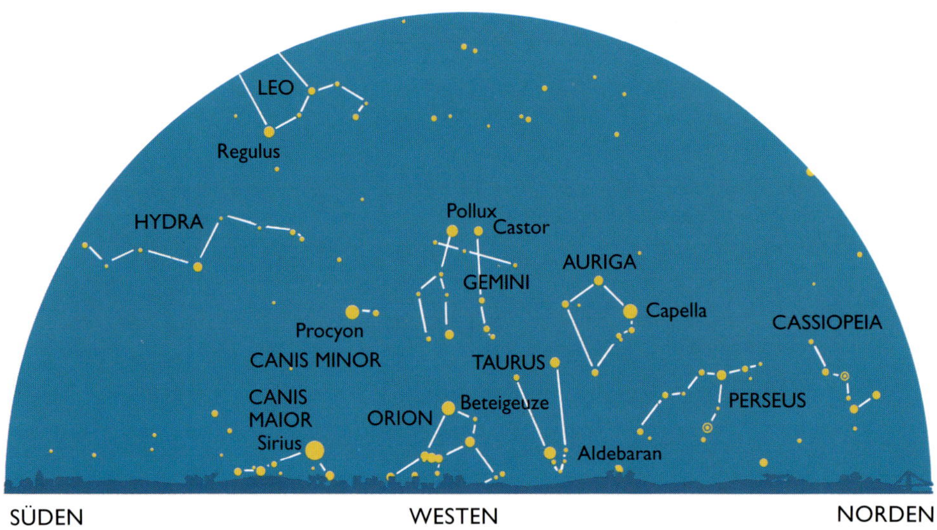

LEGENDE ZUR KARTE

- Stern
- 0
- 0,7
- 1,3 Scheinbare
- 2,0 Größe
- 2,7 (Helligkeit)
- 3,3
- 4,0
- Veränderliche Sterne
- Galaxie
- Kugelhaufen

21. März

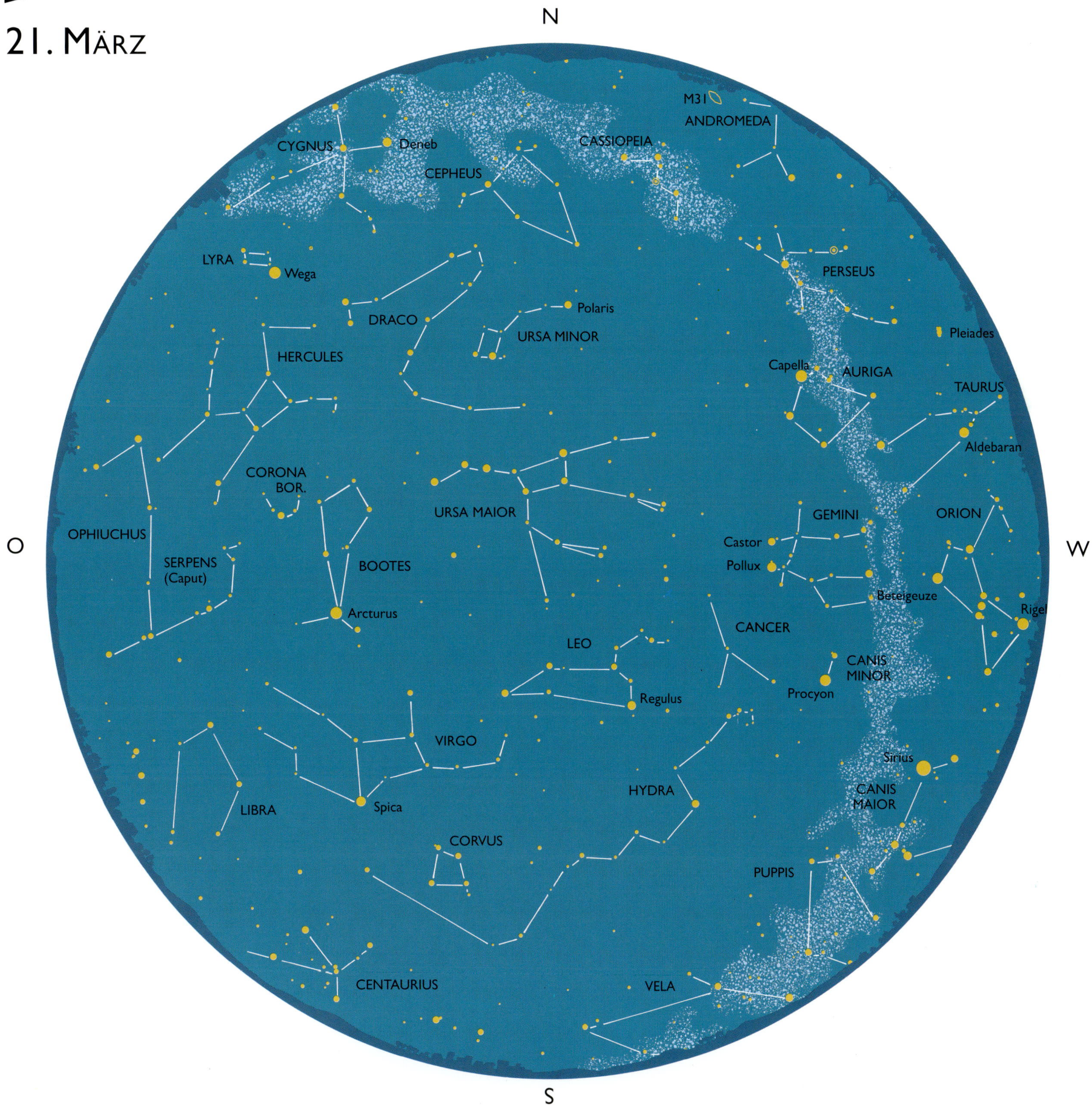
N
O
W
S
M31
ANDROMEDA
CASSIOPEIA
CYGNUS
Deneb
CEPHEUS
LYRA
Wega
DRACO
Polaris
URSA MINOR
PERSEUS
Pleiades
HERCULES
Capella
AURIGA
TAURUS
Aldebaran
CORONA BOR.
URSA MAIOR
GEMINI
ORION
OPHIUCHUS
Castor
Pollux
SERPENS (Caput)
BOOTES
Beteigeuze
Rigel
Arcturus
CANCER
LEO
CANIS MINOR
Procyon
Regulus
VIRGO
Sirius
HYDRA
CANIS MAIOR
LIBRA
Spica
CORVUS
PUPPIS
CENTAURIUS
VELA

Nördliche Hemisphäre Sommer

Laue Sommernächte machen das Sternengucken zu einem besonderen Vergnügen, wenngleich die Himmelskulisse in dieser Jahreszeit niemals völlig dunkel wird.

In der Zeit der Sonnenwende sind hoch am Himmel drei Sterne 1. Größe zu bewundern: Deneb (Cygnus), Wega (Lyra) und Altair (Aquila), die zusammen das berühmte Sommerdreieck bilden, das das Band der Milchstraße schneidet, wegen des hellen Himmels aber nicht besonders gut auszumachen ist.

Deneb, das Schwanzende des Schwans, ist zwar scheinbar der dunkelste des sommerlichen Trios, in Wahrheit jedoch viele tausend Mal heller, da er mehr als 60- bzw. 100mal so weit von uns entfernt ist wie Wega bzw. Altair.

Deneb leuchtet hoch im Nordosten. Über dem östlichen Horizont zeigen sich Andromeda und ein Teil von Pegasus, der im Herbst den Himmel dominieren wird. Leo ist mittlerweile im Westen am Untergehen.

Die beiden anderen Sterne des Sommerdreiecks erscheinen im Südosten; Wega weit oben, Altair auf halbem Wege zum Horizont. Direkt über dem Horizont sind zwei Teile der prächtigsten Sternbilder des Südhimmels am Aufgehen: Sagittarius und, fast direkt im Süden, Scorpius, dessen pulsierender roter Überriese Antares das Herz des Skorpions markiert.

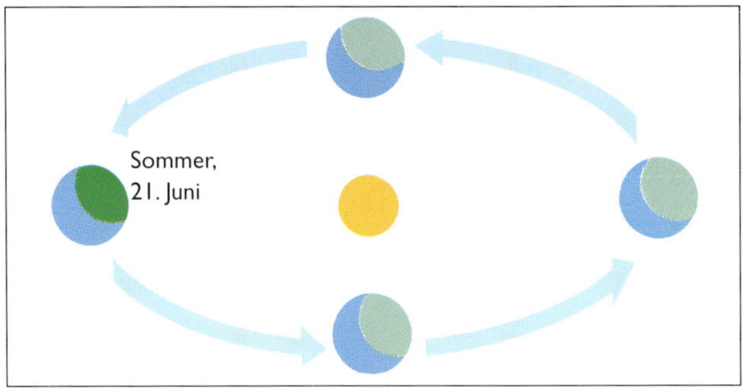

DIE BESCHRIEBENEN STERNBILDER

Näheres zu den auf der Karte abgebildeten Sternbildern erfahren Sie auf den nachfolgend genannten Seiten:

Andromeda	78	Delphinus	58	Pegasus	62
Aquarius	60	Draco	40	Perseus	67
Aquila	58	Eridanus	66	Puppis	47
Auriga	44	Fornax	66	Sagittarius	88
Bootes	52	Gemini	46	Scorpius	90
Cancer	46	Hercules	54	Scutum	57
Canes Venatici	50	Lacerta	61	Serpens Caput	55
Cassiopeia	80	Leo	48	Serpens Cauda	57
Cepheus	40	Libra	53	Ursa Maior	94
Columba	45	Lynx	49	Ursa Minor	40
Coma Berenices	52	Lyra	56	Virgo	96
Corona Borealis	54	Monoceros	47	Vulpecula	59
Cygnus	84	Ophiuchus	56		

Antares ist zugleich Eckpunkt eines weiteren, größeren Sommerdreiecks, zu dem – auf etwa gleicher Höhe – Spica (Virgo) und – weiter nördlich – Arcturus (Bootes) gehören.

ZUR STERNKARTE:

- Diese Karte zeigt die Himmelskuppel gegen 23 Uhr Ortszeit am Tag der Sommersonnenwende (21. Juni).
- Da die Sterne jeden Tag vier Minuten früher aufgehen, bietet sich ein ähnliches Bild am 14. Juni um 23.30 Uhr und am 28. Juni um 22.30 Uhr.
- Der Mittelpunkt der Karte ist Ihr Zenit, der Rand Ihr Horizont. Da der Horizont vom Breitengrad Ihres Standorts abhängt, könnte es sein, daß Sie nach Norden oder Süden etwas mehr bzw. weniger sehen.

Blick nach Süden: Um die Sternbilder im südlichen Teil zu lokalisieren, wenden Sie sich nach Süden. Die Sonne ist rechts von Ihnen untergegangen. Halten Sie die Karte mit SÜDEN nach unten. Die untere Kartenhälfte zeigt jetzt genau den vor Ihnen liegenden Teil des Himmels.

Blick nach Norden: Um die Sternbilder im nördlichen Teil zu sehen, wenden Sie sich nach Norden. Die Sonne ist links von Ihnen untergegangen. Drehen Sie die Karte so, daß NORDEN unten liegt. Die untere Kartenhälfte zeigt jetzt den vor Ihnen liegenden Teil des Himmels.

Blick nach Westen

Diese Himmelskarte zeigt die Hauptsternbilder, die Sie am 21. Juni gegen 23 Uhr Ortszeit in Blickrichtung Westen sehen. Je nach dem genauen Breitengrad Ihres Standorts können die Gestirne geringfügig höher oder tiefer stehen.

Direkt vor Ihnen bildet Arcturus zusammen mit Antares und Spica (im Süden) ein auffälliges Dreieck.

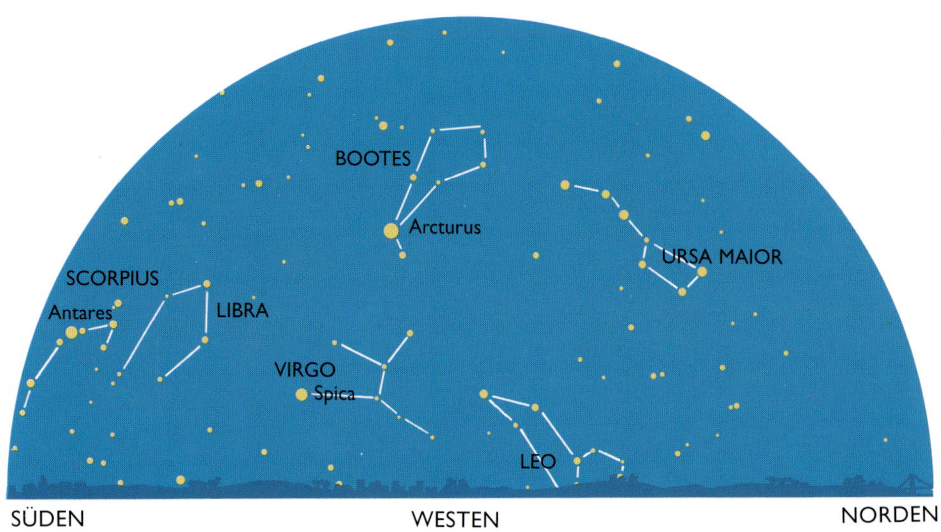

LEGENDE ZUR KARTE

- Stern
- 0
- 0,7
- 1,3
- 2,0
- 2,7
- 3,3
- 4,0

Scheinbare Größe (Helligkeit)

- Veränderliche Sterne
- Galaxie
- Kugelhaufen

21. Juni

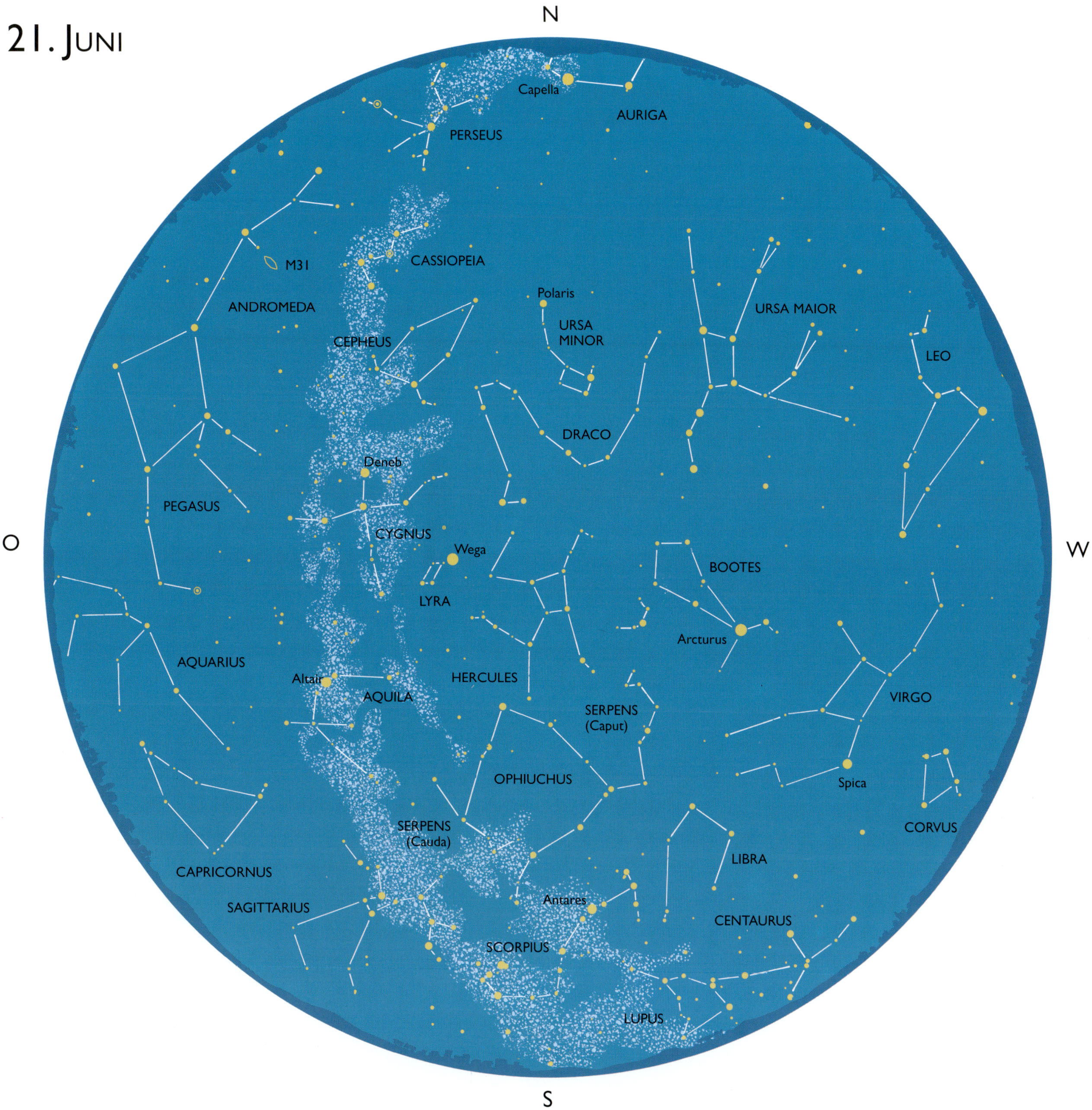
N
O
W
S
Capella
AURIGA
PERSEUS
M31
CASSIOPEIA
ANDROMEDA
Polaris
URSA
MINOR
URSA MAIOR
CEPHEUS
LEO
DRACO
Deneb
PEGASUS
CYGNUS
Wega
BOOTES
LYRA
Arcturus
AQUARIUS
Altair
AQUILA
HERCULES
VIRGO
SERPENS
(Caput)
OPHIUCHUS
Spica
SERPENS
(Cauda)
CORVUS
LIBRA
CAPRICORNUS
SAGITTARIUS
Antares
CENTAURUS
SCORPIUS
LUPUS

Nördliche Hemisphäre Herbst

Mit zunehmender Dunkelheit des Abendhimmels tritt die Milchstraße jetzt deutlicher hervor; sie überspannt das Firmament von Nordosten nach Südwesten.

Blickt man nach Süden, so liegen auf dieser silbernen Bahn hoch oben Cygnus und etwas tiefer Aquila. Das aus deren Hauptsternen Deneb und Altair zusammen mit Wega (Lyra) gebildete Sommerdreieck ist noch sichtbar, aber schon am Untergehen.

Im Zentrum des späten Abendhimmels steht jetzt Pegasus mit seinem unverkennbaren Quadrat. Die beiden rechten Sterne weisen den Weg zu Fomalhaut (Piscis Austrinus), der gerade über dem südlichen Horizont erscheint.

Die Sternkette, die von der Nordseite des Vierecks ostwärts verläuft, gehört zu Andromeda. Ihre Berühmtheit verdankt diese Konstellation einem verschwommenen Lichtfleck direkt nördlich der Sternkette. Einst für einen Nebel unseres eigenen Sternsystems gehalten, wurde er inzwischen als eigene Galaxie identifiziert, die zwar wesentlich größer als die Milchstraße, aber auch unglaublich weit von dieser entfernt ist (22 Quatrillionen oder 10^{18} Kilometer!).

Der Blick nach Norden zeigt den Großen Bären an seinem tiefsten Punkt, während auf der anderen Seite Polaris Cassiopeia fast ihren höchsten erreicht hat. Bootes ist im Nordwesten zwar großenteils sichtbar, sein hellster Stern Arcturus verbirgt sich jedoch jenseits des Horizonts. Ganz in der Nähe erkennt man die charakteristische Biegung der Corona Borealis.

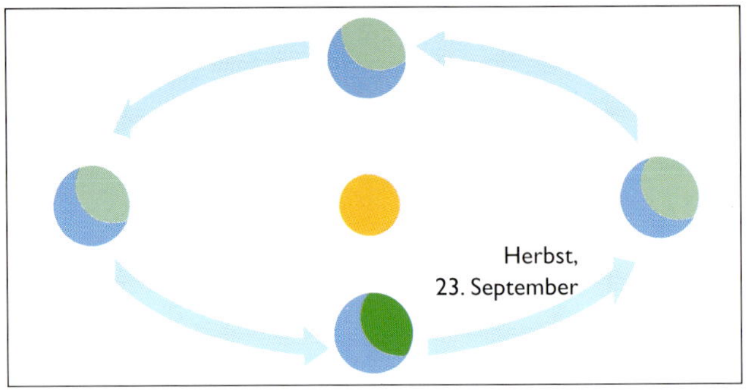

DIE BESCHRIEBENEN STERNBILDER

Näheres zu den auf der Karte abgebildeten Sternbildern erfahren Sie auf den nachfolgend genannten Seiten:

Andromeda	78	Columba	45	Pisces	63
Aquarius	60	Corona Borealis	54	Piscis Austrinus	61
Aquila	58	Cygnus	84	Puppis	47
Aries	64	Delphinus	58	Sagittarius	88
Auriga	44	Draco	40	Sculptor	63
Bootes	52	Hercules	54	Scutum	57
Cancer	46	Hydra	48, 50	Serpens Caput	55
Canes Venatici	50	Lacerta	61	Serpens Cauda	57
Canis Minor	46	Lynx	49	Taurus	92
Capricornus	58	Lyra	56	Triangulum	65
Cassiopeia	80	Ophiuchus	56	Ursa Maior	94
Cepheus	40	Pegasus	62	Ursa Minor	40
Cetus	64	Perseus	67	Vulpecula	59

Interessanter noch ist der Blick nach Osten, wo Auriga und Taurus aufgegangen sind. Ihre beiden Hauptsterne Capella und Aldebaran werden den Winterhimmel bestimmen.

ZUR STERNKARTE:

- Diese Karte zeigt die Himmelskuppel gegen 23 Uhr Ortszeit am Tag der Herbst-Tagundnachtgleiche (23. September).
- Da die Sterne jeden Tag vier Minuten früher aufgehen, bietet sich ein ähnliches Bild am 16. September um 23.30 Uhr und am 30. September um 22.30 Uhr.
- Der Mittelpunkt der Karte ist Ihr Zenit, der Rand Ihr Horizont. Da der Horizont vom Breitengrad Ihres Standorts abhängt, könnte es sein, daß Sie nach Norden oder Süden etwas mehr bzw. weniger sehen.

Blick nach Süden: Um die Sternbilder im südlichen Teil zu lokalisieren, wenden Sie sich nach Süden. Die Sonne ist rechts von Ihnen untergegangen. Halten Sie die Karte mit SÜDEN nach unten. Die untere Kartenhälfte zeigt jetzt genau den vor Ihnen liegenden Teil des Himmels.

Blick nach Norden: Um die Sternbilder im nördlichen Teil zu sehen, wenden Sie sich nach Norden. Die Sonne ist links von Ihnen untergegangen. Drehen Sie die Karte so, daß NORDEN unten liegt. Die untere Kartenhälfte zeigt jetzt den vor Ihnen liegenden Teil des Himmels.

Blick nach Westen

Diese Himmelskarte zeigt die Hauptsternbilder, die Sie am 23. September gegen 23 Uhr Ortszeit in Blickrichtung Westen sehen. Je nach dem genauen Breitengrad Ihres Standorts können die Gestirne geringfügig höher oder tiefer stehen.

Die drei Sterne des Sommerdreiecks – Altair, Deneb und Wega – liegen direkt vor Ihnen.

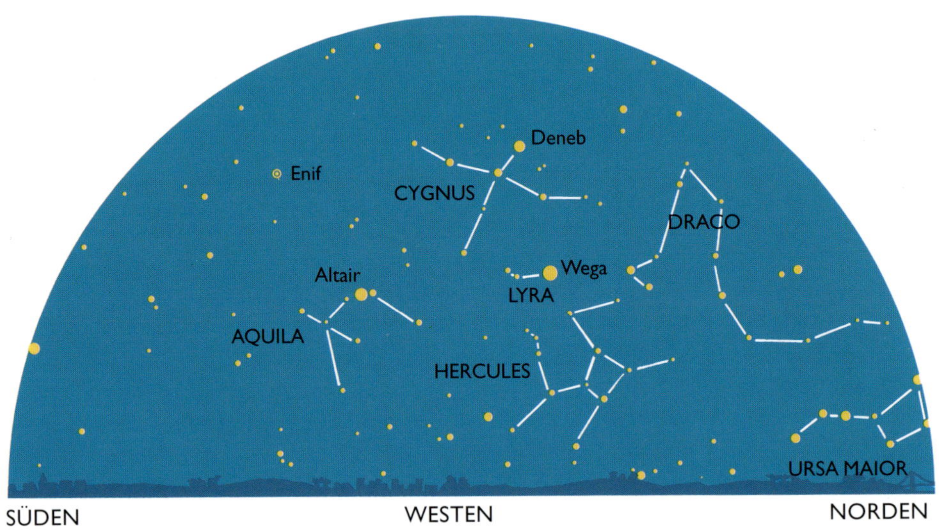

LEGENDE ZUR KARTE

Stern: 0, 0,7, 1,3, 2,0, 2,7, 3,3, 4,0 – Scheinbare Größe (Helligkeit)

Veränderliche Sterne

Galaxie

Kugelhaufen

23. September

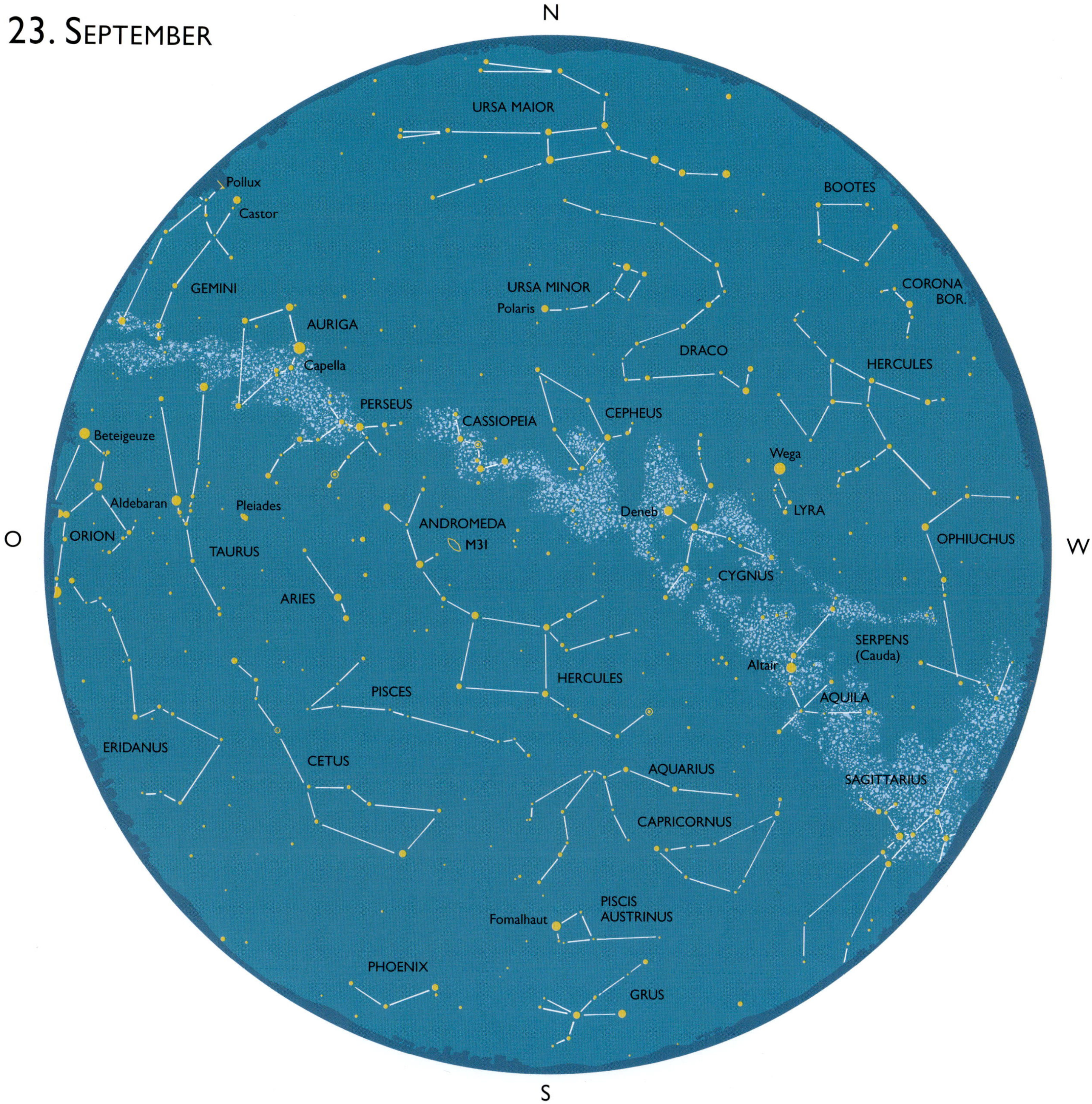

Südliche Hemisphäre Sommer

Während (Hobby-) Astronomen der nördlichen Halbkugel vor Kälte schlottern, dürfen ihre Kollegen auf der südlichen Erdhälfte den nächtlichen Himmel bei hochsommerlichen Temperaturen beobachten.

Auch auf der südlichen Halbkugel ist Orion eines der auffälligsten Sternbilder – dasselbe, das hiesige Astronomen auf unserer nördlichen Himmelshälfte erblicken. Allerdings sehen sie den weißen Rigel links oben und den rötlichen Beteigeuze rechts unten.

Eine imaginäre Gerade durch die drei »Gürtelsterne« führt einerseits zum hellsten Stern am Himmel überhaupt, Sirius (Canis Maior), auf der anderen Seite zum rötlichen Aldebaran (Taurus). Verlängert man dieselbe Linie über Aldebaran hinaus, gelangt man zum Sternhaufen der Plejaden (Siebengestirn). Und zwischen Aldebaran und dem Horizont liegt die hellere Capella (Auriga).

Östlich von Capella leuchten Castor und Pollux (Gemini) sowie etwas höher der Procyon (Canis Minor). Die hellen Sterne dieser Himmelsregion bilden ein deutlich erkennbares Sechseck.

Die südliche Himmelshälfte bietet auf der Südhalbkugel immer ein prachtvolles Bild: Canopus (Carina), der zweithellste Stern des Himmelsgewölbes, und Achernar (Eridanus) – etwas weiter westlich – prangen hoch oben am Firmament. Noch weiter westwärts und etwas tiefer erblickt man Fomalhaut (Piscis Austrinus).

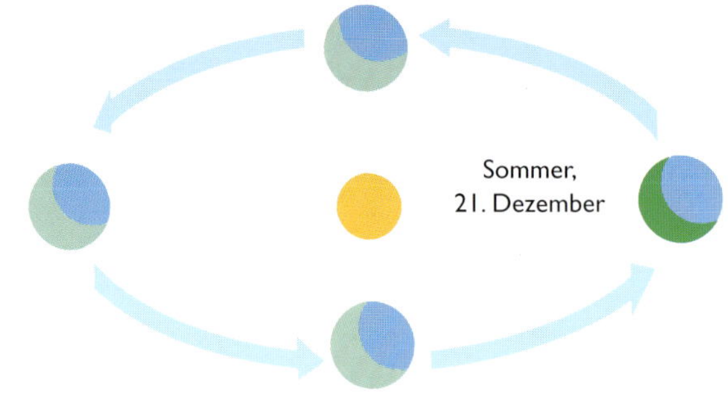

DIE BESCHRIEBENEN STERNBILDER

Näheres zu den auf der Karte abgebildeten Sternbildern erfahren Sie auf den nachfolgend genannten Seiten:

Das Kreuz des Südens (Crux) und die beiden Leitsterne Alpha und Beta Centauri (Centaurus) sind von bestechender Schönheit – und relativ nahe am Horizont zu bewundern. Bei den unscharfen Flecken südwestlich von Canopus handelt es sich um Nachbargalaxien: die Große Magellan-Wolke (LMC; Dorado) und die Kleine Magellan-Wolke (SMC; Tucana).

ZUR STERNKARTE:

- Diese Karte zeigt die Himmelskuppel gegen 23 Uhr Ortszeit am Tag der Sommersonnenwende (21. Dezember).
- Da die Sterne jeden Tag vier Minuten früher aufgehen, bietet sich ein ähnliches Bild am 14. Dezember um 23.30 Uhr und am 28. Dezember um 22.30 Uhr.
- Der Mittelpunkt der Karte ist Ihr Zenit, der Rand Ihr Horizont. Da der Horizont vom Breitengrad Ihres Standorts abhängt, könnte es sein, daß Sie nach Norden oder Süden etwas mehr bzw. weniger sehen.

Blick nach Norden: Um die Sternbilder im nördlichen Teil zu lokalisieren, wenden Sie sich nach Norden. Die Sonne ist links von Ihnen untergegangen. Halten Sie die Karte mit NORDEN nach unten. Die untere Kartenhälfte zeigt jetzt genau den vor Ihnen liegenden Teil des Himmels.

Blick nach Süden: Um die Sternbilder im südlichen Teil zu sichten, wenden Sie sich nach Süden. Die Sonne ist rechts von Ihnen untergegangen. Drehen Sie die Karte so, daß SÜDEN unten liegt. Die untere Kartenhälfte zeigt jetzt den vor Ihnen liegenden Teil des Himmels.

Blick nach Westen

Diese Himmelskarte zeigt die Hauptsternbilder, die Sie am 21. Dezember gegen 23 Uhr Ortszeit in Blickrichtung Westen sehen. Je nach dem genauen Breitengrad Ihres Standorts können die Gestirne geringfügig höher oder tiefer stehen.

Ein recht mager bestückter Himmel: Aldebaran, die Hyaden und die Plejaden im Norden.

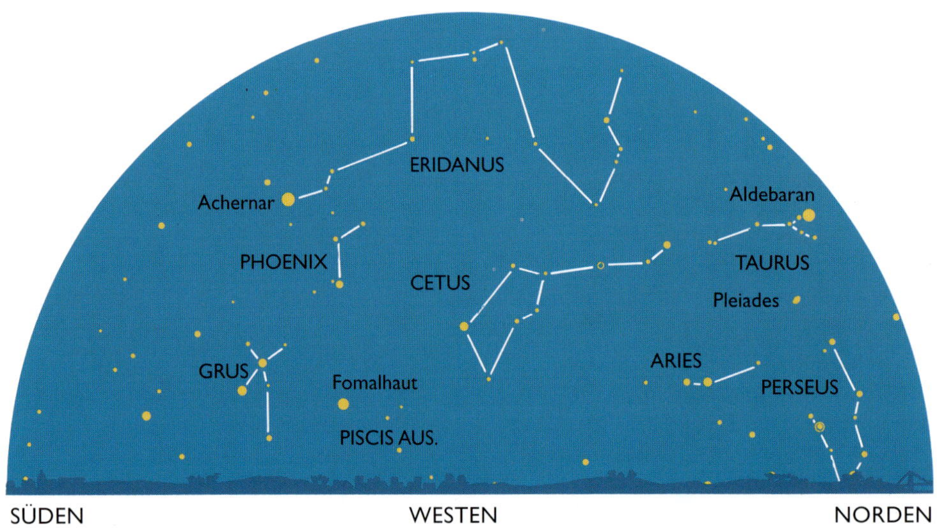

LEGENDE ZUR KARTE

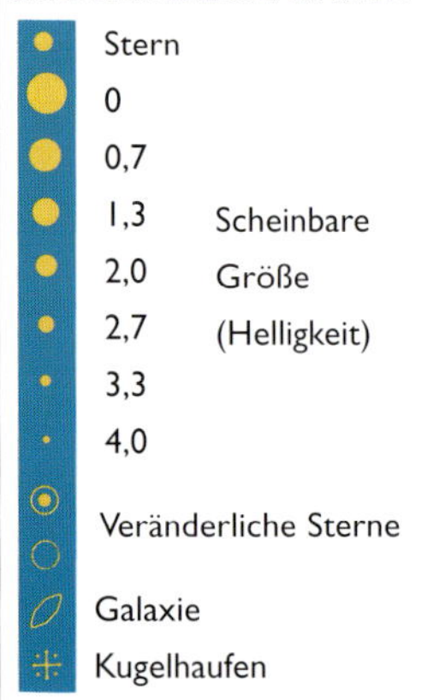

21. Dezember

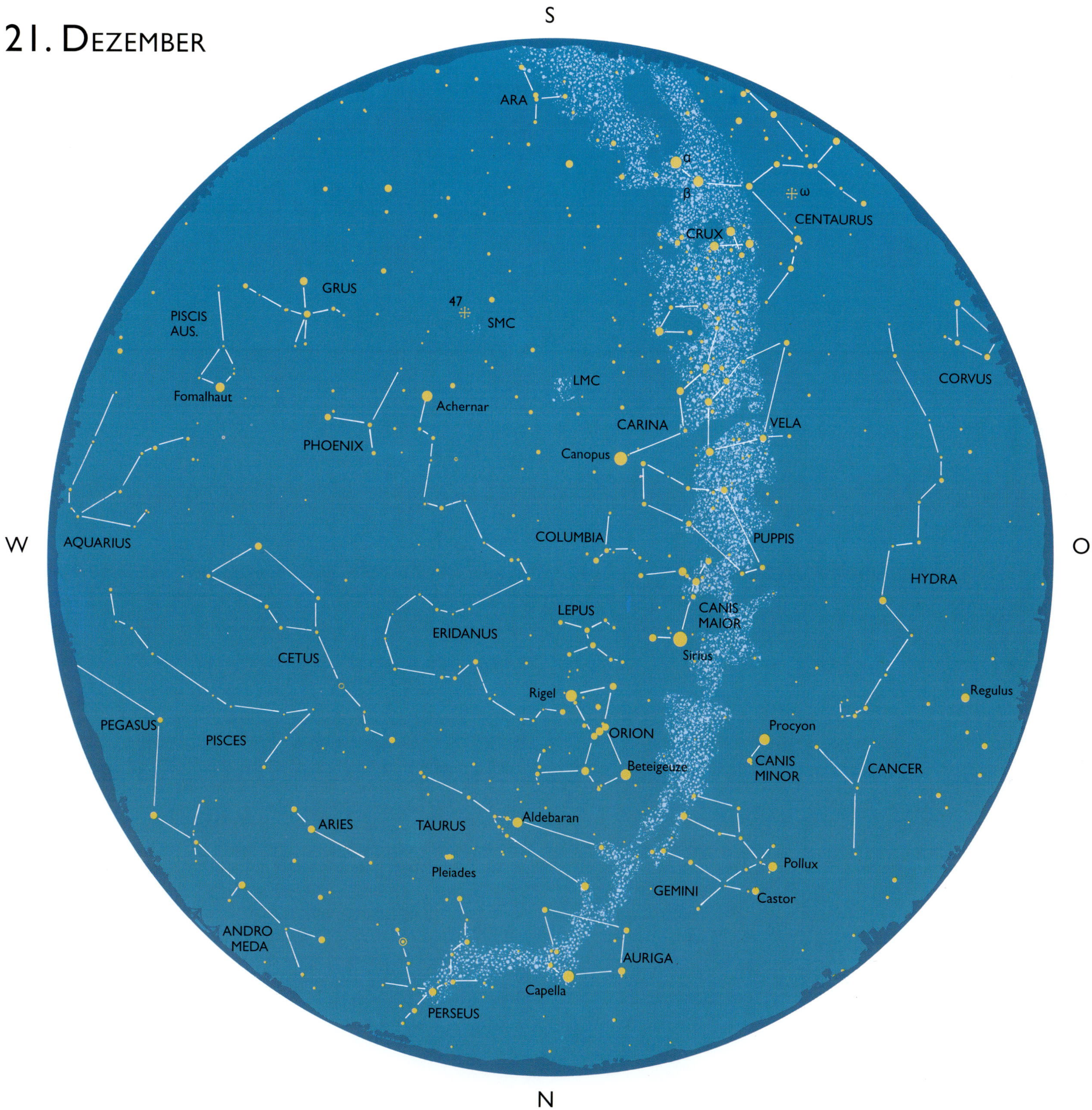
S
W
O
N
ARA
α
β
ω
CENTAURUS
CRUX
GRUS
47
SMC
PISCIS AUS.
LMC
CORVUS
Fomalhaut
Achernar
CARINA
VELA
PHOENIX
Canopus
COLUMBIA
PUPPIS
AQUARIUS
HYDRA
LEPUS
CANIS MAIOR
ERIDANUS
CETUS
Sirius
Regulus
Rigel
PEGASUS
ORION
Procyon
PISCES
Beteigeuze
CANIS MINOR
CANCER
ARIES
TAURUS
Aldebaran
Pleiades
Pollux
GEMINI
Castor
ANDRO MEDA
AURIGA
Capella
PERSEUS

Südliche Hemisphäre Herbst

Die leuchtenden Winterkonstellationen befinden sich auf dem Rückzug. Orion, Gemini, Canis Maior und Canis Minor nähern sich rasch dem westlichen Horizont.

Eine Hauptrolle am nächtlichen Himmel spielt jetzt Leo, dessen hakenförmiges Sternbild von dem leuchtenden Regulus (1. Größe) dominiert wird. Östlich sieht man zwei weitere helle Sterne: Spica (Virgo), etwa auf derselben Höhe wie Regulus (Leo), und etwas tiefer Arcturus (Bootes). Der restliche nördliche Himmel wirkt relativ leer, da das sich weit ausdehnende Sternbild Hydra keine leuchtenden Sterne besitzt.

Quer über den südlichen Himmelsaspekt zieht sich das Band Milchstraße mit jeder Menge stellarischer Attraktionen – vom Kreuz des Südens (Crux) über Alpha und Beta Centauri (Centaurus) bis hin zu dem giftig aufgestellten Schwanz des Skorpions (Scorpius), der gerade über dem östlichen Horizont aufgegangen ist und zu den phantastischen Wundern des Winterhimmels zählen wird.

Der längere Arm des Kreuz des Südens deutet in etwa auf die Kleine Magellan-Wolke (SMC; Tucana) jenseits des Pols. Die Große Magellan-Wolke (LMC; Dorado) liegt höher, in Richtung auf den leuchtenden Canopus (Carina). Beide Wolken bilden ein Dreieck mit Achernar, dem einzigen hellen Stern des Eridanus, der vor kurzem über den Horizont gestiegen ist.

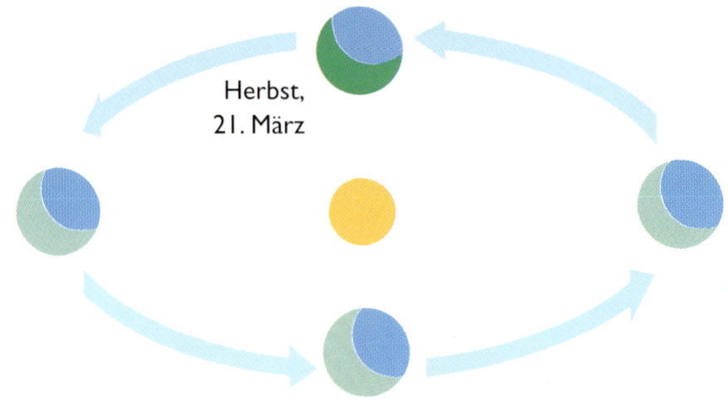

DIE BESCHRIEBENEN STERNBILDER

Näheres zu den auf der Karte abgebildeten Sternbildern erfahren Sie auf den nachfolgend genannten Seiten:

ZUR STERNKARTE:

- Diese Karte zeigt die Himmelskuppel gegen 23 Uhr Ortszeit am Tag der Herbst-Tagundnachtgleiche (21. März).
- Da die Sterne jeden Tag vier Minuten früher aufgehen, bietet sich ein ähnliches Bild am 14. März um 23.30 Uhr und am 28. März um 22.30 Uhr.
- Der Mittelpunkt der Karte ist Ihr Zenit, der Rand Ihr Horizont. Da der Horizont vom Breitengrad Ihres Standorts abhängt, könnte es sein, daß Sie nach Norden oder Süden etwas mehr bzw. weniger sehen.

Blick nach Norden: Um die Sternbilder im nördlichen Teil zu lokalisieren, wenden Sie sich nach Norden. Die Sonne ist links von Ihnen untergegangen. Halten Sie die Karte mit NORDEN nach unten. Die untere Kartenhälfte zeigt jetzt genau den vor Ihnen liegenden Teil des Himmels.

Blick nach Süden: Um die Sternbilder im südlichen Teil zu sichten, wenden Sie sich nach Süden. Die Sonne ist rechts von Ihnen untergegangen. Drehen Sie die Karte so, daß SÜDEN unten liegt. Die untere Kartenhälfte zeigt jetzt den vor Ihnen liegenden Teil des Himmels.

Blick nach Westen

Diese Himmelskarte zeigt die Hauptsternbilder, die Sie am 21. März gegen 23 Uhr Ortszeit in Blickrichtung Westen sehen. Je nach dem genauen Breitengrad Ihres Standorts können die Gestirne geringfügig höher oder tiefer stehen. Eine Fülle strahlender Sterne schmückt in diesem Monat den westlichen Himmel, die hellsten sind Sirius und Canopus.

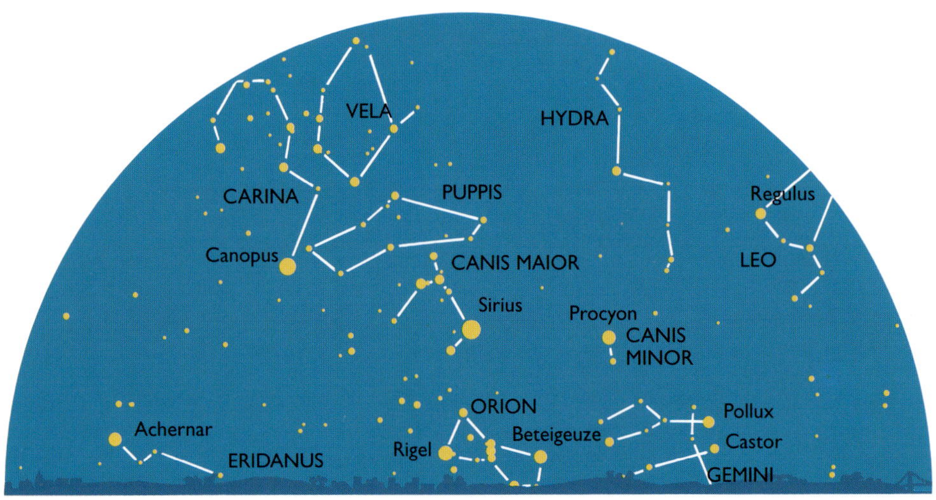

LEGENDE ZUR KARTE

- Stern
- 0
- 0,7
- 1,3 Scheinbare
- 2,0 Größe
- 2,7 (Helligkeit)
- 3,3
- 4,0
- Veränderliche Sterne
- Galaxie
- Kugelhaufen

21. März

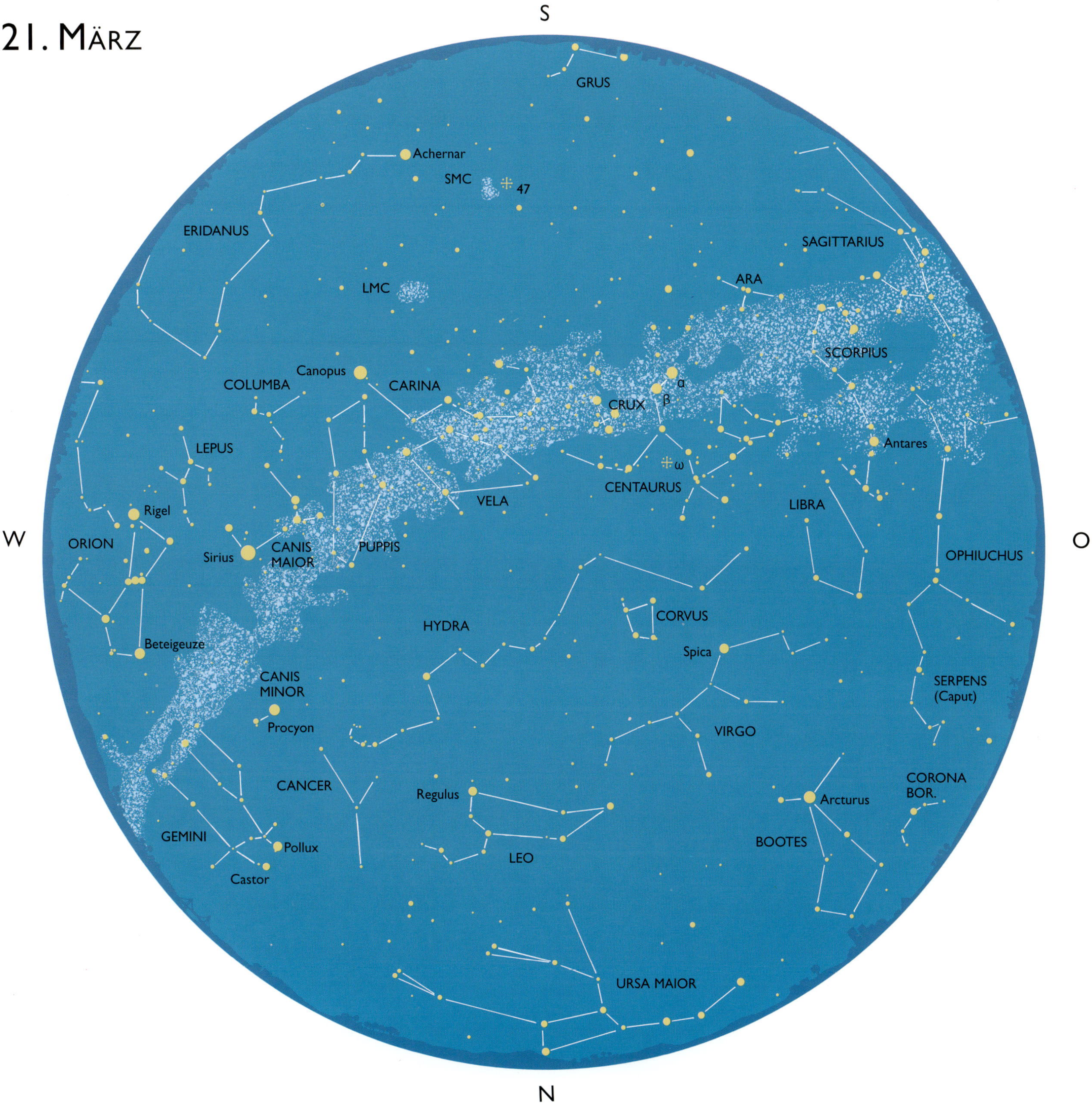
S
GRUS
Achernar
SMC
47
ERIDANUS
SAGITTARIUS
ARA
LMC
SCORPIUS
Canopus
COLUMBA
CARINA
α
β
CRUX
LEPUS
Antares
ω
CENTAURUS
VELA
Rigel
LIBRA
W
ORION
Sirius
CANIS MAIOR
PUPPIS
O
OPHIUCHUS
CORVUS
HYDRA
Beteigeuze
Spica
CANIS MINOR
SERPENS (Caput)
Procyon
VIRGO
CANCER
CORONA BOR.
Regulus
Arcturus
GEMINI
Pollux
BOOTES
LEO
Castor
URSA MAIOR
N

Südliche Hemisphäre Winter

Der Winterhimmel der südlichen Halbkugel steht ganz im Zeichen des Skorpion (Scorpius), dessen aufgestellter Stachel zum tödlichen Stich bereit scheint. Das wunderschöne Sternbild liegt weit oben am Himmel und ist auf den ersten Blick erkennbar. Sein hellster Stern, der rote Antares, leuchtet fast im Zenit.

Sozusagen Wange an Wange mit Scorpius liegt – im interessantesten Teil der Milchstraße – Sagittarius. Dieses Sternbild birgt eine Fülle astronomischer Glanzlichter, die man großenteils schon mit einem kleinen Fernrohr erkennen kann. Da gibt es dichte, leuchtende Sternenwolken, Nebel und offene Sternhaufen. Die Milchstraße erscheint hier besonders dicht, da in dieser Richtung das Zentrum unserer Galaxis liegt.

Im Norden zeigt sich, nördlich von Sagittarius, aber gleichfalls auf der Milchstraße, der helle Altair (Aquila). Wega (Lyra) geht etwas später weiter im Nordosten auf, noch später folgt Deneb (Cygnus). Diese drei Sterne bilden das berühmte Winterdreieck, das auf der nördlichen Hemisphäre Sommerdreieck genannt wird.

Der höher stehende der beiden herausragend hellen Sterne im Nordwesten ist Spica (Virgo), der untere Arcturus (Bootes). Dicht daneben sieht man den Halbkreis der Nördlichen Krone (Corona Borealis), die wesentlich einfacher zu lokalisieren ist als ihr südliches Gegenstück.

Im Süden des Winterhimmels präsentieren sich das Kreuz des Südens (Crux) und die beiden hellen Leitsterne Alpha und Beta Centauri (Centaurus), alle bereits im Absteigen. Alpha Centauri ist der uns am nächsten gelegene helle Stern – »nur« 4,3 Lichtjahre oder rund 40 Billionen (10^{12}) Kilometer entfernt.

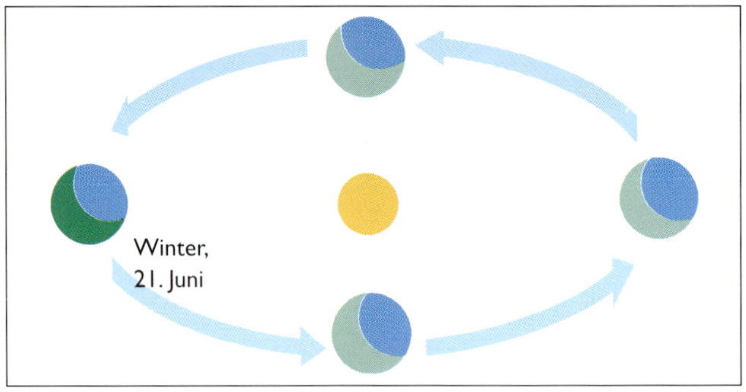

DIE BESCHRIEBENEN STERNBILDER

Näheres zu den auf der Karte abgebildeten Sternbildern erfahren Sie auf den nachfolgend genannten Seiten:

ZUR STERNKARTE:

- Diese Karte zeigt die Himmelskuppel gegen 23 Uhr Ortszeit am Tag der Wintersonnenwende (21. Juni).
- Da die Sterne jeden Tag vier Minuten früher aufgehen, bietet sich ein ähnliches Bild am 14. Juni um 23.30 Uhr und am 28. Juni um 22.30 Uhr.
- Der Mittelpunkt der Karte ist Ihr Zenit, der Rand Ihr Horizont. Da der Horizont vom Breitengrad Ihres Standorts abhängt, könnte es sein, daß Sie nach Norden oder Süden etwas mehr bzw. weniger sehen.

Blick nach Norden: Um die Sternbilder im nördlichen Teil zu lokalisieren, wenden Sie sich nach Norden. Die Sonne ist links von Ihnen untergegangen. Halten Sie die Karte mit NORDEN nach unten. Die untere Kartenhälfte zeigt jetzt genau den vor Ihnen liegenden Teil des Himmels.

Blick nach Süden: Um die Sternbilder im südlichen Teil zu sichten, wenden Sie sich nach Süden. Die Sonne ist rechts von Ihnen untergegangen. Drehen Sie die Karte so, daß SÜDEN unten liegt. Die untere Kartenhälfte zeigt jetzt den vor Ihnen liegenden Teil des Himmels.

Blick nach Westen

Diese Himmelskarte zeigt die Hauptsternbilder, die Sie am 21. Juni gegen 23 Uhr Ortszeit in Blickrichtung Westen sehen. Je nach dem genauen Breitengrad Ihres Standorts können die Gestirne geringfügig höher oder tiefer stehen.

Alpha, Beta und Omega Centauri leuchten im Süden, Arcturus im Norden.

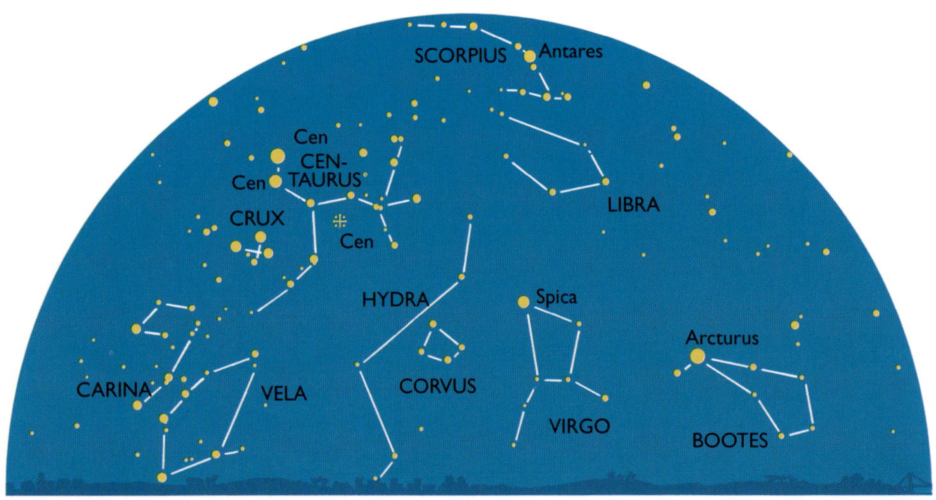

LEGENDE ZUR KARTE

- Stern
- 0
- 0,7
- 1,3 Scheinbare
- 2,0 Größe
- 2,7 (Helligkeit)
- 3,3
- 4,0
- Veränderliche Sterne
- Galaxie
- Kugelhaufen

21. Juni

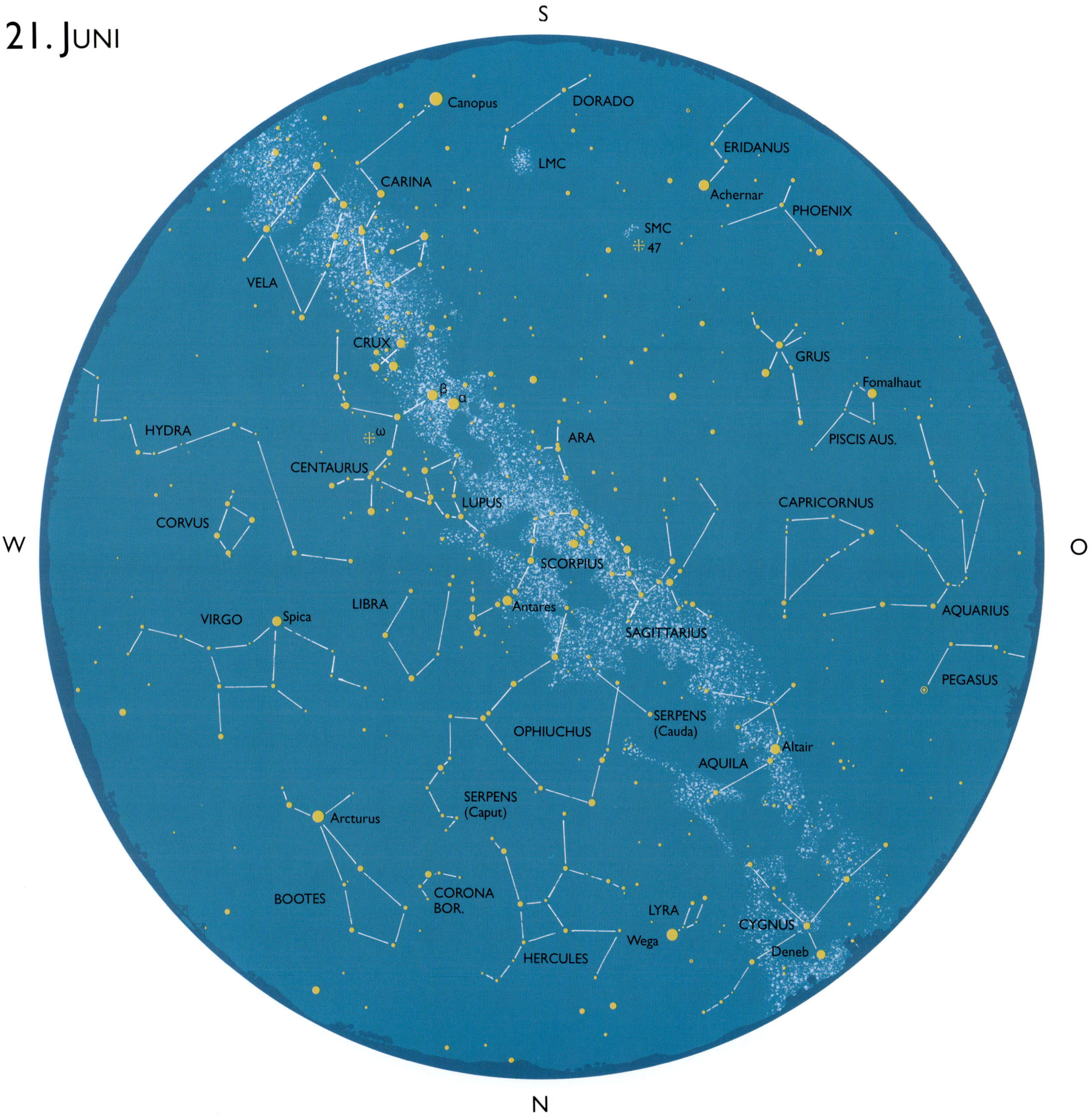
S
W
O
N
Canopus
DORADO
LMC
ERIDANUS
Achernar
PHOENIX
CARINA
SMC
47
VELA
CRUX
GRUS
Fomalhaut
β
α
HYDRA
ARA
PISCIS AUS.
ω
CENTAURUS
LUPUS
CAPRICORNUS
CORVUS
SCORPIUS
LIBRA
Antares
AQUARIUS
VIRGO
Spica
SAGITTARIUS
PEGASUS
SERPENS
(Cauda)
OPHIUCHUS
Altair
AQUILA
SERPENS
(Caput)
Arcturus
BOOTES
CORONA
BOR.
LYRA
CYGNUS
Wega
Deneb
HERCULES

Südliche Hemisphäre Frühjahr

Die großen Attraktionen des Winterhimmels, Sagittarius und Scorpius, erscheinen jetzt im Südwesten. Noch sind sie gut erkennbar, doch im Laufe der nächsten Wochen werden sie langsam vom Abendhimmel verschwinden.

In Blickrichtung Süden sind das Kreuz des Südens (Crux) und die Leitsterne Alpha und Beta Centauri (Centaurus) inzwischen nahe an den Horizont herangerückt; ebenso das »falsche Kreuz«, das aus zwei Sternen der Vela und zwei der Carina besteht.

Beide Magellan-Wolken lassen sich jetzt besonders gut beobachten; die Kleine (SMC) liegt fast genau im Süden, die Große (LMC) etwas weiter östlich und geringfügig tiefer. Auf der verlängerten Schnittgeraden der beiden Wolken leuchtet Canopus (Carina), der an Helligkeit lediglich von Sirius (Canis Maior) übertroffen wird. Letzterer wird in Kürze über dem östlichen Horizont erscheinen.

Im Norden des Frühlingshimmels dominiert das Pegasusquadrat. Die Parade-Sternbilder des Sommers, Taurus und Orion, beginnen sich im Osten zu zeigen. Auch der Sternhaufen der Plejaden, des Siebengestirns (Pleiades), dürfte bereits ein Stück weit über dem Horizont stehen.

Weit oben, fast am Zenit, fällt Fomalhaut (Piscis Austrinus) ins Auge – nicht, weil er besonders hell wäre, sondern weil er in einem relativ »leeren« Stück Himmel liegt.

Im Nordwesten sind noch zwei, möglicherweise sogar alle drei Sterne des Winterdreiecks zu erkennen. Altair (Aquila) steht relativ hoch am Himmel, Deneb (Cygnus) kurz vor dem Untergang, und Wega (Lyra) ist vielleicht bereits hinter dem Horizont verschwunden.

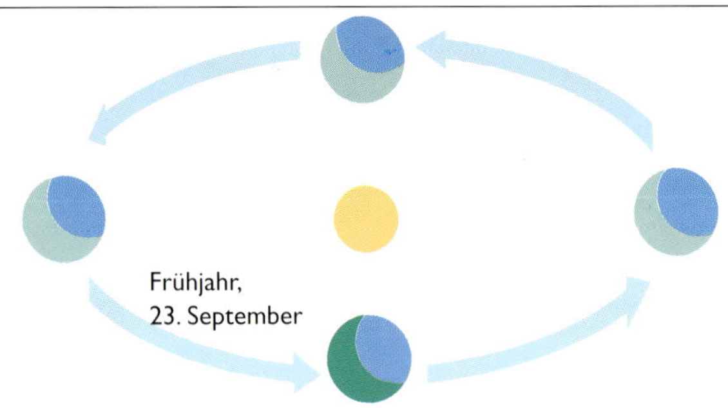

DIE BESCHRIEBENEN STERNBILDER

Näheres zu den auf der Karte abgebildeten Sternbildern erfahren Sie auf den nachfolgend genannten Seiten:

Andromeda	78	Crux	82	Ophinchus	56
Aquarius	60	Cygnus	84	Pegasus	62
Aquila	58	Delphinus	58	Phoenix	62
Ara	42	Dorado	42	Pisces	63
Aries	64	Eridanus	66	Sagittarius	88
Capricornus	58	Grus	60	Scorpius	90
Carina	42	Lupus	53	Serpens Cauda	57
Centaurus	82	Lyra	56	Scutum	57
Cetus	64				
Columba	45				

ZUR STERNKARTE:

- Diese Karte zeigt die Himmelskuppel gegen 23 Uhr Ortszeit am Tag der Frühjahrs-Tagundnachtgleiche (23. September).
- Da die Sterne jeden Tag vier Minuten früher aufgehen, bietet sich ein ähnliches Bild am 16. September um 23.30 Uhr und am 30. September um 22.30 Uhr.
- Der Mittelpunkt der Karte ist Ihr Zenit, der Rand Ihr Horizont. Da der Horizont vom Breitengrad Ihres Standorts abhängt, könnte es sein, daß Sie nach Norden oder Süden etwas mehr bzw. weniger sehen.

Blick nach Norden: Um die Sternbilder im nördlichen Teil zu lokalisieren, wenden Sie sich nach Norden. Die Sonne ist links von Ihnen untergegangen. Halten Sie die Karte mit NORDEN nach unten. Die untere Kartenhälfte zeigt jetzt genau den vor Ihnen liegenden Teil des Himmels.

Blick nach Süden: Um die Sternbilder im südlichen Teil zu sichten, wenden Sie sich nach Süden. Die Sonne ist rechts von Ihnen untergegangen. Drehen Sie die Karte so, daß SÜDEN unten liegt. Die untere Kartenhälfte zeigt jetzt den vor Ihnen liegenden Teil des Himmels.

Blick nach Westen

Diese Himmelskarte zeigt die Hauptsternbilder, die Sie am 23. September gegen 23 Uhr Ortszeit in Blickrichtung Westen sehen. Je nach dem genauen Breitengrad Ihres Standorts können die Gestirne geringfügig höher oder tiefer stehen.

Bestückt mit Herrlichkeiten in Hülle und Fülle, zieht sich die Milchstraße recht tief und fast waagrecht über den westlichen Himmel.

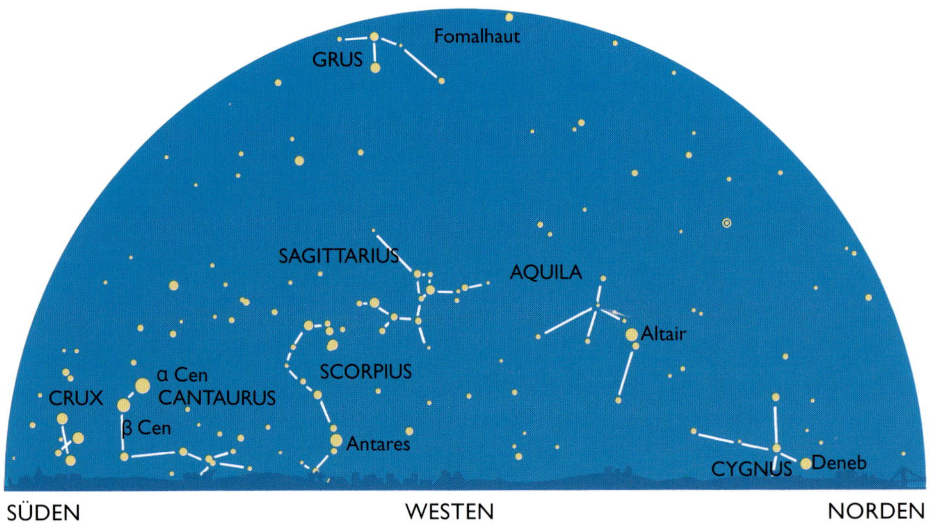

LEGENDE ZUR KARTE

- Stern
- Scheinbare Größe (Helligkeit): 0 · 0,7 · 1,3 · 2,0 · 2,7 · 3,3 · 4,0
- Veränderliche Sterne
- Galaxie
- Kugelhaufen

23. September

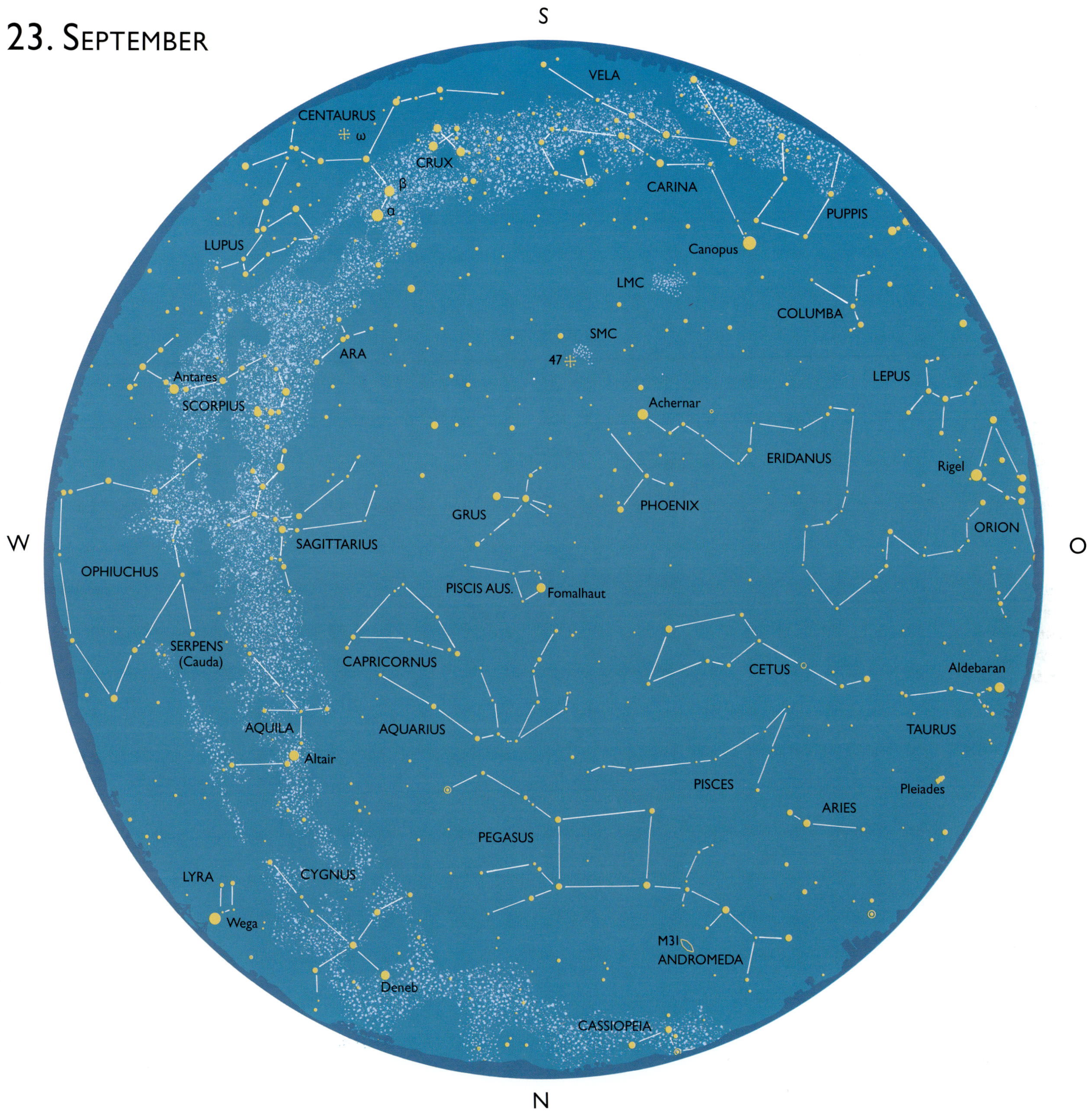

Die Sternbilder

Die Beobachtung der Gestirne hängt ganz wesentlich von den Sternbildern ab, die es uns ermöglichen, einen bestimmten Stern rasch am Himmel auszumachen. Seit Menschengedenken haben sich diese Konstellationen nicht verändert. Die Gestirne scheinen tatsächlich an einem bestimmten Platz fixiert. Doch dies ist, wie so vieles, reine Illusion.

▼ Die Sternbilder der nördlichen Hemisphäre, dargestellt in einem alten Astronomie-Lehrbuch. Der Künstler hat seiner Phantasie freien Lauf gelassen und einprägsame Charaktere geschaffen. Hinter jeder Figur steht ein faszinierender Mythos – Geschichten von Liebe, Sinnenlust, Machtgier, Eifersucht, Haß, Heldenmut und Opfergeist…

Die Sterne, aus denen sich die Sternbilder zusammensetzen, stehen in der Regel in keinerlei Verbindung miteinander, sondern sind fast immer unendliche Weiten voneinander entfernt. Wir betrachten sie nur deshalb als »Gruppe«, weil sie von der Erde aus gesehen zufällig in derselben Richtung liegen. Von den sieben hellsten Sternen des bekannten Sternbilds Orion ist beispielsweis der nächste (Gamma) 300 Lichtjahre, der weiteste (Kappa) mehr als 1800 Lichtjahre von unserer Sonne entfernt.

Auch daß die Sterne einen festen Platz innehaben, ist ein alter Irrglaube. Sie alle bewegen sich durch den Raum – mit unterschiedlicher Geschwindigkeit und in verschiedenen Richtungen.

Doch aufgrund der riesigen Entfernung nehmen wir diese Bewegungen (bis auf ganz wenige Ausnahmefälle) nicht wahr. Bevor sich die Konstellationen, die wir heute sehen, merklich ändern, müssen mehrere Zehntausend Jahre vergehen.

Die Namen der Sternbilder

Insgesamt gibt es 88 benannte Sternbilder (siehe gegenüber). Viele davon sind mehr sind 5000 Jahre alt. Schon in Babylon und im Ägypten der Pharaonenzeit fertigten frühe Astronomen entsprechende Aufzeichnungen an. Die meisten Namen freilich verdanken wir den alten Griechen, wenngleich heute die lateinische Übersetzung gängig ist. Häufig wird auch deren deutsche Form benutzt. So nennen wir das Sternbild Ursa Maior den Großen Bären und kennen Leo als Löwe und Cygnus als Schwan.

Mythen und Monster

Die alten Griechen benannten die Sternbilder nach Göttern, Heldengestalten, Untieren und Gegenständen ihrer Sagenwelt. Allerdings braucht man bei den meisten Konstellationen eine sehr blühende Phantasie, um eine Ähnlichkeit zwischen dem Sternenmuster und der Figur zu entdecken, die es darstellen soll.

In einigen Fällen jedoch erinnern die Sternbilder tatsächlich an die Gestalten, die sie repräsentieren. Scorpius zum Beispiel sieht wirklich ein bißchen wie ein Skorpion mit angriffslustig in die Höhe gestelltem Stachel aus; und wirkt Cygnus mit seinem langgestreckten Hals nicht wie ein fliegender Schwan? Auch in Ursa Maior läßt sich – etwas Phantasie vorausgesetzt – ein Bär sehen, in Leo ein Löwe.

Ptolemäus und Bayer

Die alten Griechen kannten 48 Sternbilder. Der letzte große Astronom der Antike, Claudius Ptolemäus, führt sie in seinem gefeierten astronomischen Werk (um 140 n.Chr.) auf, das in arabischer Übersetzung als *Almagest* zu uns gelangte.

Die 40 übrigen Sternbilder kamen später dazu, viele durch die deutschen Astronomen Johann Bayer (1603) und Johann Hevelius (1690) sowie den Franzosen Nicolas Lacaille (1752).

Bayer führte auch die Benennung der Sterne durch griechische Buchstaben innerhalb der Sternbilder ein. Er taufte den hellsten Stern Alpha (α), den zweithellsten Beta (β), den dritthellsten Gamma (γ) usw. Es folgt der lateinische Name des Sternbilds im Genitiv. Obwohl Bayers Reihenfolge nicht immer exakt war, halten sich die Wissenschaftler bis heute an seine Einteilung.

1 Andromeda
2 Antlia, Luftpumpe
3 Apus, Paradiesvogel
4 Aquarius, Wassermann
5 Aquila, Adler
6 Ara, Altar
7 Aries, Widder
8 Auriga, Fuhrmann
9 Bootes, Bärenhüter
10 Caelum, Grabstichel
11 Camelopardalis, Giraffe
12 Cancer, Krebs
13 Canes Venatici, Jagdhunde
14 Canis Maior, Großer Hund
15 Canis Minor, Kleiner Hund
16 Capricornus, Steinbock
17 Carina, Schiffskiel
18 Cassiopeia
19 Centaurus
20 Cepheus
21 Cetus, Walfisch
22 Chamaeleon, Chamäleon
23 Circinus, Zirkel
24 Columba, Taube
25 Coma Berenices, Haar der Berenike
26 Corona Australis, Südliche Krone
27 Corona Borealis, Nördliche Krone
28 Corvus, Rabe
29 Crater, Becher
30 Crux, Kreuz des Südens
31 Cygnus, Schwan
32 Delphinus, Delphin
33 Dorado, Schwertfisch
34 Draco, Drache
35 Equuleus, Füllen
36 Eridanus, Fluß Eridanus
37 Fornax, Ofen
38 Gemini, Zwillinge
39 Grus, Kranich
40 Hercules, Herkules
41 Horologium, Pendeluhr
42 Hydra, Wasserschlange
43 Hydrus, Kleine Schlange
44 Indus, Indianer
45 Lacerta, Eidechse
46 Leo, Löwe
47 Leo Minor, Kleiner Löwe
48 Lepus, Hase
49 Libra, Waage

Nördliche Hemisphäre

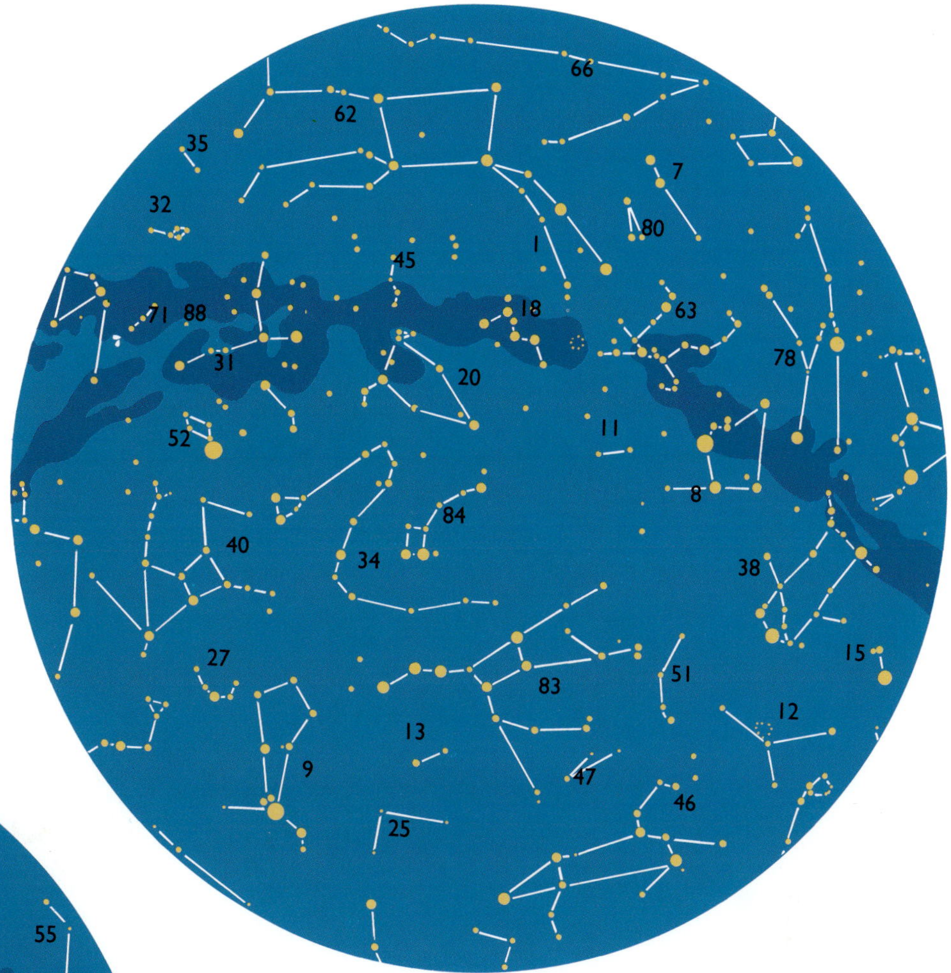

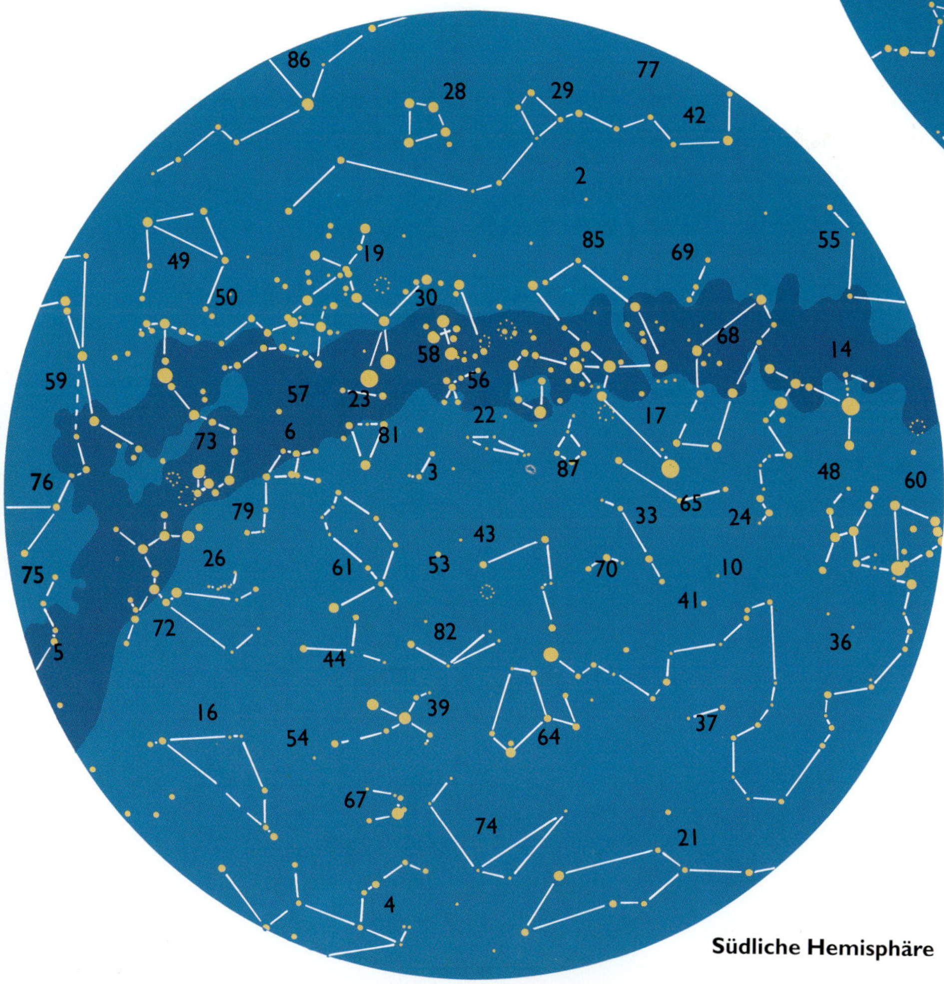

Südliche Hemisphäre

50 Lupus, Wolf
51 Lynx, Luchs
52 Lyra, Leier
53 Mensa, Tafelberg
54 Microscopium, Mikroskop
55 Monoceros, Einhorn
56 Musca, Fliege
57 Norma, Winkelmaß
58 Octans, Oktant
59 Ophiuchus, Schlangenträger
60 Orion
61 Pavo, Pfau
62 Pegasus
63 Perseus
64 Phoenix, Phönix
65 Pictor, Maler
66 Pisces, Fische
67 Piscis Austrinus, Südlicher Fisch
68 Puppis, Hinterdeck
69 Pyxis, Kompaß
70 Reticulum, Netz
71 Sagitta, Pfeil
72 Sagittarius, Schütze
73 Scorpius, Skorpion
74 Sculptor, Bildhauer
75 Scutum, Schild
76 Serpens, Schlange (Caput = Kopf, Cauda = Schwanz)
77 Sextans, Sextant
78 Taurus, Stier
79 Telescopium, Fernrohr
80 Triangulum, Dreieck
81 Triangulum Australe, Südliches Dreieck
82 Tucana, Tukan
83 Ursa Maior, Großer Bär
84 Ursa Minor, Kleiner Bär
85 Vela, Segel
86 Virgo, Jungfrau
87 Volans, Fliegender Fisch
88 Vulpecula, Fuchs

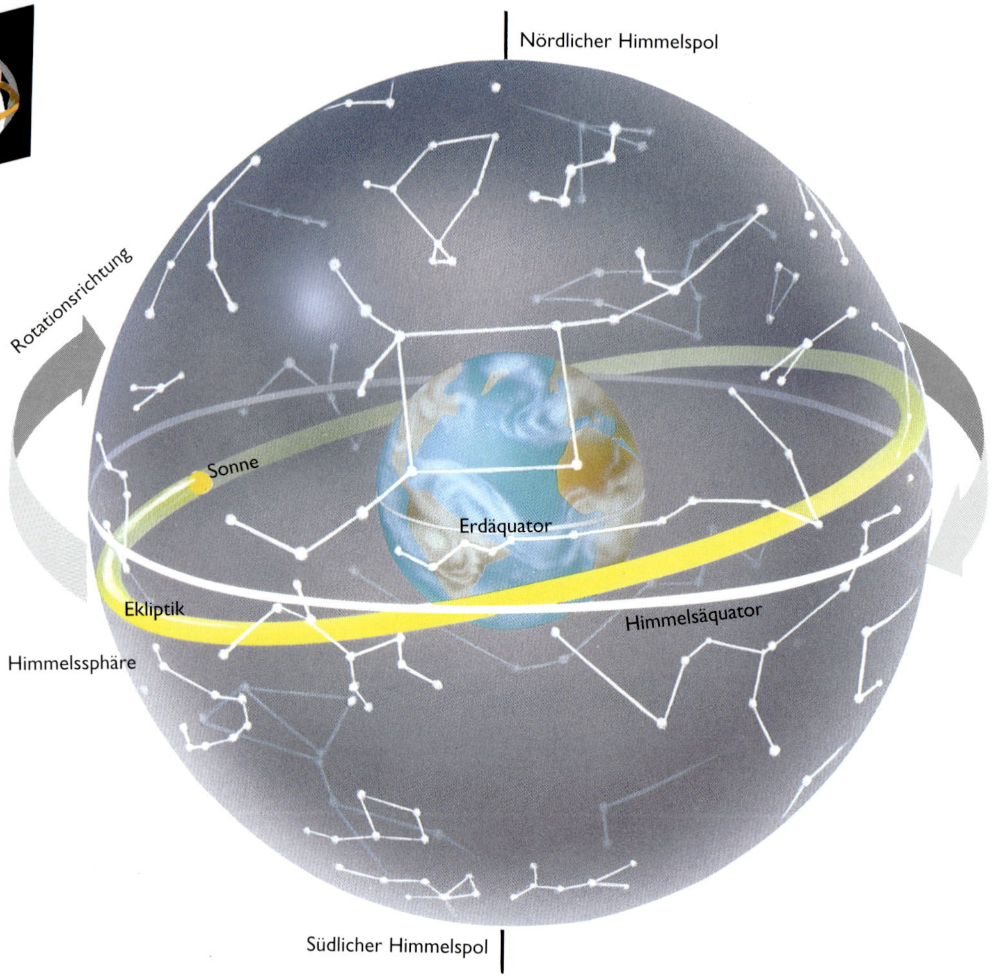

▲ Das Konzept der Himmelssphäre: Die Sterne sind an der Innenseite der imaginären Kugel an bestimmten Stellen fixiert. Die Erde steht fest und unbeweglich im Mittelpunkt, während die Sphäre von Ost nach West um sie herum rotiert.

Die Himmelssphäre

Aus unserer Warte haben wir Erdenbürger den Eindruck, im Mittelpunkt einer riesigen imaginären Kugel zu stehen, an der die Sterne und andere Himmelskörper befestigt sind und die in westliche Richtung um unseren Planeten rotiert.

Natürlich wissen wir, daß die Himmelssphäre ein reines Gedankengebäude und die Bewegung der Himmelskörper bloßer Schein ist, der de facto auf der Rotation der Erde um ihre eigene Achse beruht. Dennoch ist dieses Denkmodell äußerst hilfreich. Die beiden Diagramme auf dieser Seite erklären die gängigsten Begriffe, die Astronomen häufig benutzen.

Der *nördliche* und der *südliche* Himmelspol liegen genau über dem Nord- bzw. Südpol unserer Erde. Die Sphäre scheint also um die verlängerte Erdachse zu rotieren. Der Stern Polaris leuchtet in relativer Nähe zum nördlichen Himmelspol und wird deshalb Polarstern genannt. In der Nähe des südlichen Himmelspols gibt es kein vergleichbar helles Gestirn. Der *Himmelsäquator* ist der Schnittkreis einer durch den Erdäquator führenden Ebene mit der Himmelskugel. Die Sterne ziehen ihre Bahnen parallel zum Himmelsäquator.

Die Sichtweite eines Betrachters wird durch den *Horizont* begrenzt, der dort liegt, wo die Horizontalebene durch den Beobachtungsort die Himmelssphäre schneidet. Der Punkt genau senkrecht über dem Beobachtungsort auf der Himmelskugel heißt *Zenit*, sein Gegenpunkt *Nadir*.

Als *Meridian* bezeichnet man den Großkreis, der durch den nördlichen Himmelspol, Zenit und den südlichen Himmelspol verläuft. Am Meridian erreichen alle Gestirne ihre größte Höhe (obere Kulmination).

Die Ekliptik ist die scheinbare Bahn, die die Sonne im Jahreslauf auf der Himmelskugel beschreibt. Die Sonne kreuzt den Himmelsäquator am 21. März von Süden nach Norden und am 23. September von Norden in Richtung Süden. An diesen Daten sind Tag und Nacht überall auf der Erde exakt 12 Stunden lang. Deshalb heißen sie Äquinoktien (Tagundnachtgleichen).

▼ Sternengucker mittlerer Breitengrade sehen den nördlichen Himmelspol auf halber Strecke zwischen Zenit und Horizont. Aus ihrer Sicht gehen die Sterne im Osten auf, ziehen ihre Bahn über den Himmel und gehen anschließend im Westen unter. Sterne in der Umgebung des nördlichen Himmelspols beschreiben ganze Kreise und sind immer sichtbar.

▶ Sternspuren über dem Observatorium Roque de los Muchachos auf La Palma (Kanarische Inseln). Die beiden Kuppeln beherbergen ein 1-Meter-Jacobus-Kapteyn-Teleskop (links) und ein 2,5-Meter-Isaac-Newton-Teleskop. Die Aufnahme (mehrstündige Belichtungszeit) zeigt Sterne, die den nördlichen Himmelspol umkreisen.

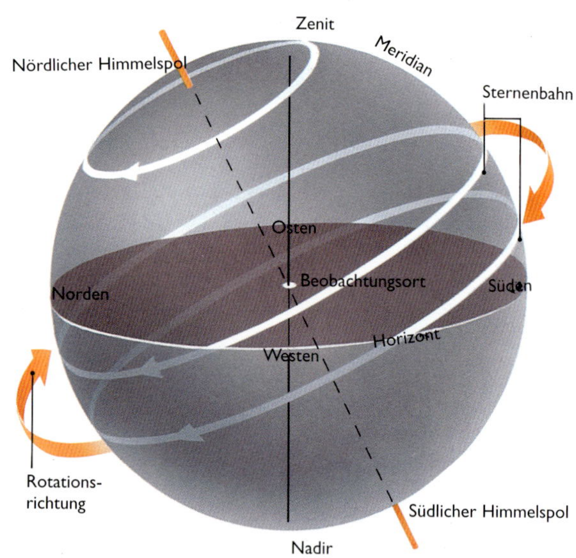

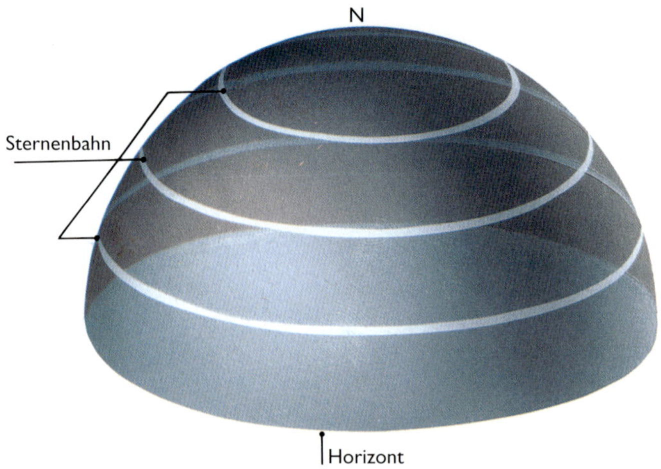

Vom Nord- und Südpol sowie vom Äquator aus präsentiert sich der Himmel ganz anders als von anderen Standorten. Am Nordpol beispielsweise *(links)* bewegen sich die Sterne parallel zum Horizont. Am Äquator *(rechts)* gehen die Gestirne senkrecht auf und unter. Blickt man dort nach Osten oder Westen, steigen die Sternbilder vertikal vom Horizont auf bzw. zum Horizont hin ab.

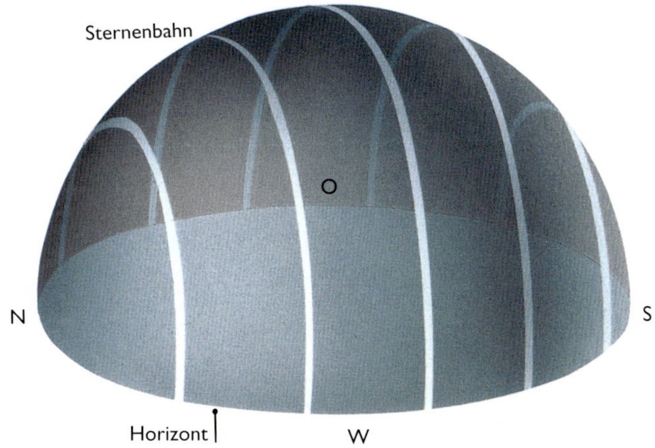

Sternzeit

Die Rotation der Erde dient als Basis für unsere Zeitmessung. Der 24-Stunden-Tag ist genau die Zeit, die die Erde braucht, um sich einmal um die eigene Achse zu drehen und in Relation *zur Sonne* wieder dieselbe Position zu erreichen. Deshalb heißt diese Zeiteinteilung auch »Sonnenzeit«.

Nun könnte man vermuten, daß auch die Himmelssphäre sich einmal in 24 Stunden um uns dreht. Aber das ist nicht der Fall. Notiert man sich einmal die Zeit, zu der ein bestimmter Stern am Horizont aufgeht, so wird man feststellen, daß er sich jeden Tag knappe vier Minuten eher zeigt. In anderen Worten: Für eine Rotation um die Erde benötigt die Himmelssphäre nicht 24 Stunden, sondern nur 23 Stunden und 56 Minuten.

Oder noch anders ausgedrückt: *In Relation zu den Sternen* braucht die Erde 23 Stunden und 56 Minuten, um sich einmal um die eigene Achse zu drehen. Dies ist die tatsächliche Rotationszeit der Erde, und auf ihr basiert die sogenannte »Sternzeit«. Astronomische Angaben und Berechnungen beziehen sich folglich immer auf diese Zeitrechnung, da nur dann die Sterne immer zur gleichen Zeit aufgehen, ihre obere Kulmination erreichen und wieder untergehen. Ein Sterntag ist um knapp vier Minuten kürzer als ein »normaler« Tag.

Wegweiser zu den Sternen

Die meisten sehr hellen Sterne lassen sich leicht lokalisieren, da sie Teil auffälliger Konstellationen sind. Andere Sterne jedoch sind nicht so leicht aufzufinden. Deshalb haben Astronomen – wie Geographen auf der Erde – Sternkarten entwickelt. In diesen zu lesen ist nicht schwieriger als die Orientierung auf einer gewöhnlichen Landkarte, da auch hier in Längen- und Breitengraden gemessen wird.

Die geographische Breite eines Ortes wird vom Äquator (0°) aus zu den Polen (90°) gemessen und in Grad und Minuten gezählt.

▼ Die Sonne kreuzt auf ihrer jährlichen Bahn (Ekliptik) auf der Himmelssphäre zweimal den Himmelsäquator. Bei der Frühjahrs-Tagundnachtgleiche am 21. März geschieht dies am sogenannten Frühlings- oder Widderpunkt (F.), beim Herbstäquinoktium am 23. September am sogenannten Herbst- oder Waagepunkt (H.).

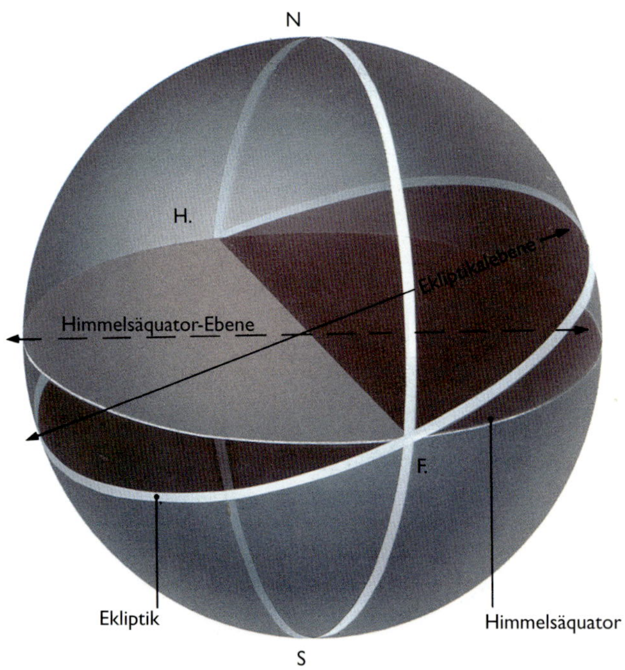

Himmelskoordinaten

Die Position eines Sterns an der Himmelssphäre wird durch ein System von himmlischen Breiten- (Deklination) und Längengraden (Rektaszension) bestimmt. Die Deklination (δ) ist der Winkelabstand eines Gestirns vom Himmelsäquator und wird als Bogenmaß in Grad angegeben. Die Rektaszension (AR) bezeichnet den Winkel zwischen dem Frühlingspunkt und dem Schnittpunkt des Himmelsäquators mit dem Stundenkreis eines Sterns. Die Rektaszension wird in Stunden und Minuten gemessen.

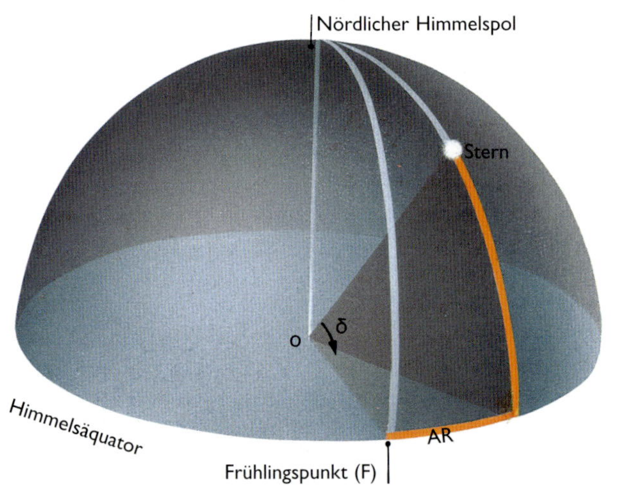

In der Astronomie wird die Breite als Deklination bezeichnet und definiert sich als der Winkelabstand eines Gestirn vom Himmelsäquator. Auch die Deklination wird im Bogenmaß gemessen. Die Deklinationen beginnen bei 0° am Himmelsäquator und gehen bis +90° (nördlicher Himmelspol) und –90° (südlicher Himmelspol).

Himmlische Längen

Die geographische Länge wird vom Nullmeridian (Greenwich, England) bis 180° nach Osten bzw. nach Westen gezählt. Wie bei der Breite gelten Grad und Minuten als Einheit.

Die astronomische Länge heißt Rektaszension (AR) und wird als Winkelmaß vom Himmelsäquator aus gemessen. Ausgangspunkt zur Bestimmung der Rektaszension ist der Frühlingspunkt (wo die Ekliptik am 21. März zum Frühjahrsäquinoktium den Himmelsäquator kreuzt).

Die Rektaszension eines Sterns entspricht folglich dem Winkel zwischen dem Frühlingspunkt und dem Stundenkreis des Gestirns. Sie wird jedoch nicht in Grad angegeben, sondern in Sternzeit-Einheiten. Das hängt damit zusammen, daß die Himmelssphäre einmal in 24 Sternstunden rotiert, einem vollen Kreis von 360 Grad also 24 Sternstunden entsprechen. Eine Stunde ist daher 15 Grad gleichzusetzen, oder in anderen Worten: Die Himmelskugel dreht sich in einer Stunde um 15 Grad.

Das alles klingt reichlich kompliziert, woran allerdings hauptsächlich die Terminologie schuld ist. Das Konzept selbst ist denkbar einfach. Wer auf einem Atlas mit Hilfe von Länge und Breite eine Ortsbestimmung vornehmen kann, findet sich auch bald auf der Himmelssphäre zurecht.

Planisphären

Ein praktischer Begleiter beim Sternengucken ist die Planisphäre. Diese drehbare Sternkarte ermöglicht die Orientierung am Himmelszelt und macht es leicht, die zu einem bestimmten Zeitpunkt sichtbaren Sterne zu identifizieren. Da es vom Standort des Betrachters abhängt, welche Gestirne am Himmelszelt erscheinen, gibt es für unterschiedliche Breitengrade auch verschiedene Planisphären.

Eine Planisphäre besteht aus zwei Teilen: einer Grundscheibe und einer drehbaren Auflage. Auf dem Unterteil ist eine Sternkarte abgebildet, die sämtliche von der vorgegebenen Breite aus sichtbaren Gestirne enthält. Am Rand verläuft eine Skala mit den Monaten und Tagen. Der drehbare Teil besitzt ein elliptisches Fenster, mit dem sich der zu einem bestimmten Zeitpunkt sichtbare Himmelsausschnitt einstellen läßt.

Der Rand der beweglichen Scheibe zeigt eine Skala mit den Tageszeiten (Ortszeit). Bringt man die Uhrzeit mit dem Datum auf Deckung, erscheint im Fenster der zu diesem Zeitpunkt sichtbare Himmelsausschnitt mit den entsprechenden Gestirnen.

▲ Bei einem Besuch im Planetarium holt man sich leicht die »Sternenguckeritis«. Ein riesiger Projektor wirft Bilder des nächtlichen Himmels auf das halbkugelförmige Kuppeldach des Raumes. So werden Gestirne und Sternbilder aller geographischen Breiten und Erdzeitalter sichtbar: Der Blick in die Vergangenheit, Gegenwart und sogar in die Zukunft wird möglich.

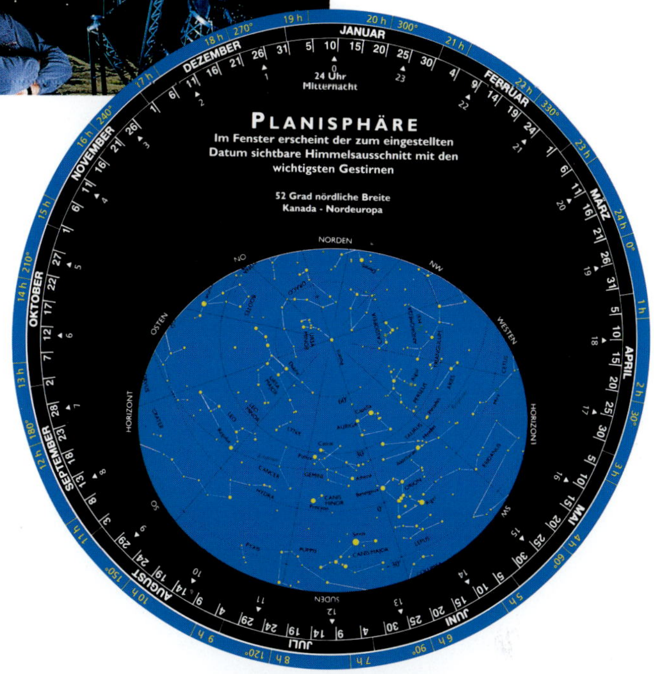

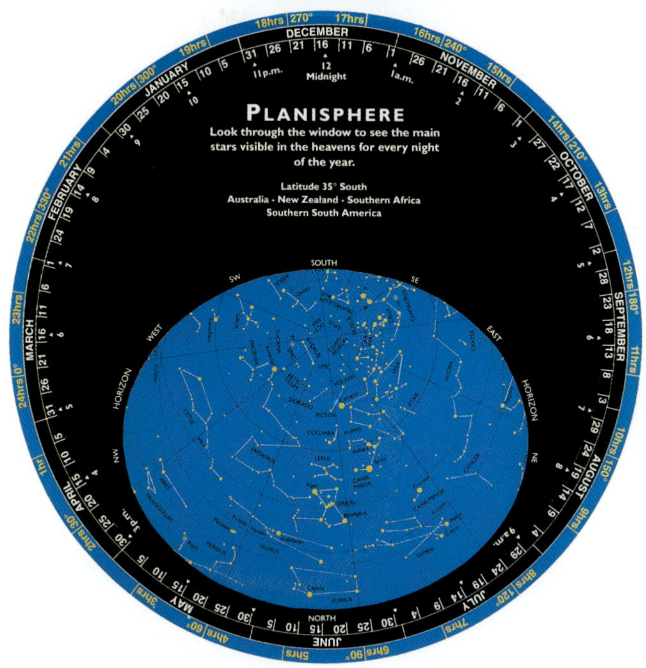

▶ Planisphären (drehbare Sternkarten) für die geographischen Breiten 52° Nord (oben) und 35° Süd (unten). Erstere ist gültig für Südeuropa und den größten Teil der USA, die untere für Südamerika, Australien und Neuseeland. Beachten Sie, daß die Skalen auf beiden Planisphären genau entgegengesetzt sind. Das hängt damit zusammen, daß sich die nördliche Planisphäre am nördlichen Himmelspol ausrichtet, die untere am südlichen. Mit Blickrichtung auf die Pole scheint sich die Himmelskugel also in umgekehrte Richtungen zu drehen.

◀ Leuchtende Sterne und rotglühendes Gas prägen diese Aufnahme des südlichen Sternbilds Carina. Die Gaswolke umwogt den veränderlichen Riesenstern Eta Carinae und trägt deshalb den Namen Eta-Carinae-Nebel (NGC3372). Dunkle Staubstraßen sorgen für ein interessantes Muster.

2

Gestirne auf der Karte

Im 1. Kapitel haben wir gesehen, daß mit den Jahreszeiten, das heißt mit dem Lauf der Erde um die Sonne, verschiedene Sternzeichen sichtbar werden. Dieses Kapitel stellt die Konstellationen nun Monat für Monat vor.

Zwölf Sternkarten – von Januar bis Dezember – zeigen den nächtlichen Himmel im Jahreslauf. Als Ausschnitt der Himmelssphäre enthält jede Karte sämtliche Sternbilder, die zu diesem bestimmten Zeitpunkt in diesem Teil erkennbar sind. Welche Konstellationen der Beobachter sieht, hängt allerdings von seinem genauen Standort (Breitengrad) ab. Ein Sterngucker in Südafrika wird niemals die nördlichen Sternbilder bewundern können, die sich Hobby-Astronomen in Schweden präsentieren – und umgekehrt.

Zwei weitere Sternkarten zeigen die Himmelspole, also obere und untere Kappe der Himmelssphäre. Hoch oben im Norden und tief im Süden sind diese Teile des Himmels das ganze Jahr über sichtbar.

Die Monatssternkarten

Dieses Kapitel enthält 14 Sternkarten – eine für jeden Monat des Jahres plus jeweils eine für die nördliche und südliche Polregion. Zusammengenommen decken die Karten die gesamte Himmelssphäre ab (mit reichlich Überlappungen). Wie bei allen kartographischen Darstellungen bedingt die plane Darstellung auch hier eine gewisse Verzerrung.

▼ Mit Hilfe des europäischen Astronomie-Satelliten Hipparchos (**high precision parallax** collecting satellite) konnte die Position von über 120 000 Sternen präzise bestimmt werden. Er hat im Bereich der Astrometrie oder Positionsastronomie neue Maßstäbe gesetzt.

Die Karten sind auf ein Koordinatengitter aus astronomischer Breite (Deklination) und Länge (Rektaszension) gezeichnet. Die Deklination wird in Grad nördlich (+) oder südlich (–) des Himmelsäquators gemessen, die Rektaszension in Stunden und Minuten Sternzeit. Mit Hilfe der Koordinaten sind die Gestirne auf der Himmelssphäre leicht ausfindig zu machen.

In die Karten aufgenommen wurden Sterne bis zur 5. Größe, die sämtlich gut mit bloßem Auge zu erkennen sein sollten. Lichtschwächere Gestirne sind nur vermerkt, sofern sie von besonderem Interesse sind.

▶ Auf dem Band der Milchstraße liegen die Sterne besonders dicht gesät. Die Aufnahme zeigt das Sternbild Monoceros mit der leuchtend diffusen Gaswolke, die aufgrund ihrer Rosenblüten-Form den Namen Rosettennebel trägt. Der offene Sternhaufen im Zentrum (NGC2244) ist mit dem Fernrohr gut sichtbar.

Die Sterne sind entsprechend dem Bayer-System mit griechischen Buchstaben benannt. α (Alpha) bezeichnet dabei den hellsten Stern einer Konstellation, β (Beta) den nächsthellsten, usw. Auf unseren Karten sind gewöhnlich nur die Sterne markiert, die im Text vorkommen. Da ihre Namen dort ausgeschrieben sind (z. B. Alpha Centauri), ist als Gedächtnishilfe auf Seite 39 das griechische Alphabet abgedruckt.

Die meisten besonders hellen Sterne tragen darüber hinaus echte Eigennamen (etwa Sirius für Alpha Canis Maioris). Wo es günstig erschien, wurde dieser Name in die Karte aufgenommen.

Einige Veränderliche sind mit ihrem Bayer-Buchstaben aufgeführt, andere nach einem anderen System. Der erste Veränderliche Stern, der in einer Konstellation entdeckt wurde, trägt die Bezeichnung R, der nächste S, usw. Nach Z folgen RR, RS etc. Es wurden zwei Symbole für Veränderliche benutzt: ⦿ für Veränderliche, die auch im dunkelsten Zustand noch mit bloßem Auge sichtbar sind, ◯ für alle übrigen außerhalb der Sichtbarkeit für das bloße Auge.

Weitere Himmelsobjekte

Nebel, offene Sternhaufen, Kugelhaufen und Galaxien haben auf den Karten eigene Symbole und lassen sich anhand ihrer M-Nummer oder einer anderen Ziffer leicht identifizieren.

Objekte mit dem Kennbuchstaben M gehen auf die Nebelliste des französischen Astronomen Charles Messier zurück, der im 18. Jahrhundert einen Katalog von mehr als 100 verschwommenen, nebelartigen Gebilde aufstellte. M42 im Sternbild Orion etwa ist der Orionnebel. Messier war ein glühender Kometenjäger und legte seinen Katalog nicht zuletzt deshalb an, um vorhandene Nebel und Sternhaufen nicht mit neuen Kometen zu verwechseln.

Ziffern ohne Buchstaben neben einem Symbol stehen für die NGC-Nummer des Objekts. NGC ist die Abkürzung für *New General Catalog of Nebulae and Clusters of Stars*, den der dänische Astronom Johann Dreyer 1888 veröffentlichte. Auch M-Objekte haben ihre NGC-Nummer. M42 zum Beispiel ist NGC1976. Auf den Karten sind jedoch nur die Messier-Nummern aufgeführt.

Diese Abbildung zeigt die Aufteilung der Himmelssphäre in Monatssternkarten. Die Himmelskugel ist in zwölf Segmente »explodiert« – eines für jeden Kalendermonat.
Jeder Teil deckt zwei Stunden Rekaszension ab und stellt die Hauptsternkarte (siehe rechts). Die Sterne liegen selbstverständlich auf der Innenseite der Segmente.
Die Nordpolar- und die Südpolar-Himmelskarte zeigen die nördliche und die südliche Kappe der Himmelssphäre mit dem jeweiligen Himmelspol im Zentrum.

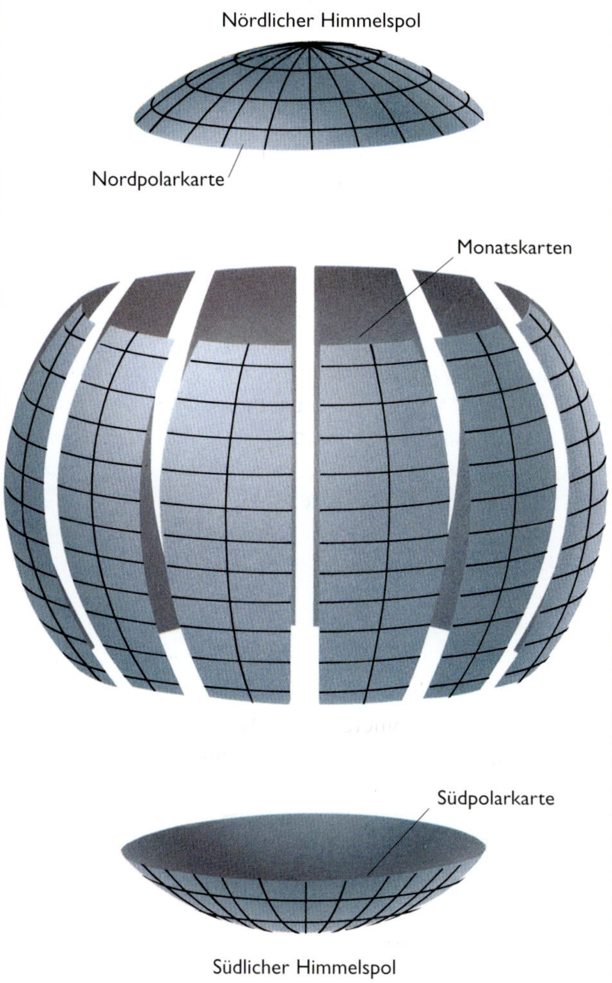

DAS GRIECHISCHE ALPHABET

α Alpha	ι Jota	ϱ Rho
β Beta	ϰ Kappa	σ Sigma
γ Gamma	λ Lambda	τ Tau
δ Delta	μ My	υ Ypsilon
ε Epsilon	ν Ny	φ Phi
ζ Zeta	ξ Xi	χ Chi
η Eta	ο Omikron	ψ Psi
ϑ Theta	π Pi	ω Omega

▼ Verkleinerung einer der Monatssternkarten (Oktober) mit Anmerkungen zu den wichtigsten Himmelsphänomenen.

A
Dieses hellgetüpfelte Gebiet markiert die Milchstraße.

B
Symbol für einen planetarischen Nebel. Die Ziffer entspricht der NGC-Nummer.

C
Symbol für einen offenen Sternhaufen. Die Ziffer entspricht der NGC-Nummer.

D
Symbol für eine Galaxie. Die M-Ziffer bezeichnet die Nummer im Messier-Katalog.

E
Diese gestrichelte Linie zeigt die Ekliptik (scheinbare Bahn der Sonne).

F
Die Linie der Deklination 0° markiert den Himmelsäquator.

G
Der griechische Buchstabe Beta (Bayer-Bezeichnung) deutet an, daß dieser Stern der zweithellste seines Sternbilds ist.

H
Sternname. Bei den bekanntesten Sternen steht neben dem Eigennamen auch ihre Bezeichnung nach Bayer.

I
Lateinischer Name des Sternbilds

J
Skala der Deklination oder astronomischen Breite. Auf der südlichen Hemisphäre ist ein Minus vorgestellt.

K
Skala der Rektaszension oder astronomischen Länge.

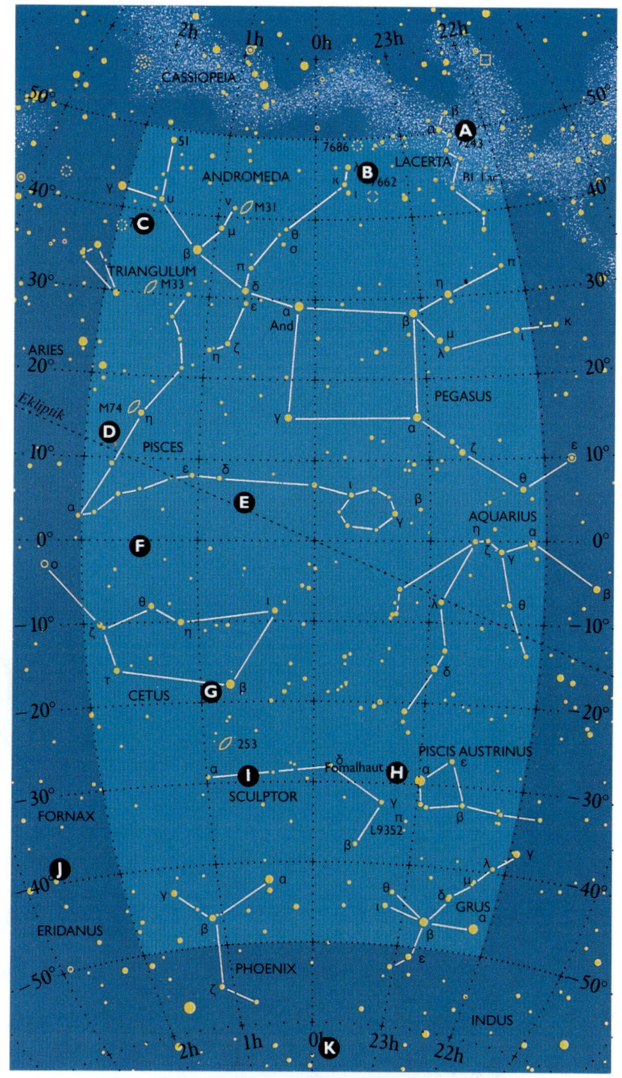

▶ Jede Doppelseite enthält neben der Hauptsternkarte auch zwei »Himmels-Ansichten«. Eine zeigt, was ein Betrachter auf der nördlichen Hemisphäre (etwa in Mitteleuropa) mit Blickrichtung Süden gegen 23 Uhr Ortszeit in der ersten Monatswoche sehen würde. Die andere bietet dieselbe Information für Bewohner der südlichen Halbkugel mit Blickrichtung Norden.

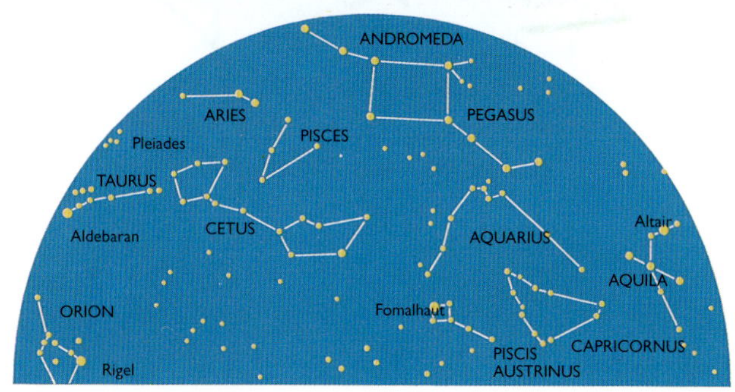

Nordpolargestirne

Im Zentrum der nördlichen Polarregion steht Polaris, der Polarstern, der sich auf der Himmelskuppel kaum bewegt. Ursa Maior, das dominierende Sternbild dieses Himmelsabschnitts, bleibt von mittleren nördlichen Breiten aus beobachtet stets über dem Horizont und zählt folglich zu den Zirkumpolarsternbildern.

▲ Sterne ziehen ihre (kreisförmige) Bahn um den nördlichen Himmelspol. Diese Aufnahme entstand mit einer gewöhnlichen Kamera (Stativ!) bei extrem langer Belichtungszeit. Der kurze Bogen in der Mitte stammt von Polaris, der weniger als ein Grad vom Pol entfernt ist.

Andromeda *Siehe Seite 78.*

Auriga, der Fuhrmann *Siehe Seite 44.*

Bootes, der Bärenhüter *Siehe Seite 52.*

Cassiopeia *Siehe Seite 80.*

Cepheus
Eine recht lichtschwache Konstellation, die man am leichtesten über die Leitsterne Alpha und Beta Cassiopeiae ortet. Der weitaus auffälligste Stern dieses Sternbilds ist My, den William Herschel aufgrund seiner tiefroten Farbe Granatstern taufte. My ist ein veränderlicher Mirastern und schwankt in der Helligkeit zwischen den Größen 3,5 und 5. Die Periode liegt bei etwa zwei Jahren.

Ein weiterer bemerkenswerter Stern ist Delta. Er schwankt mit absoluter Präzision innerhalb 5,4 Tagen zwischen den Größen 3,5 und 4,4. Delta gilt als Prototyp der langperiodisch veränderlichen Delta-Cephei-Sterne (Cepheiden). Zudem ist Delta ein Doppelstern mit einem bläulichen Begleiter.

Cygnus, der Schwan *Siehe Seite 84.*

Draco, der Drache
Dieses ausgedehnte Sternbild erstreckt sich weit um den nördlichen Himmelspol. Vor etwa 4500 Jahren war Alpha, auch Thuban genannt, der Polarstern. Ein Gang in der um diese Zeit erbauten Großen Pyramide von Giseh war auf diesen Stern ausgerichtet. Die Position des Himmelspols verlagert sich aufgrund der Präzession, einer Art Kreiselbewegung der Erdachse.

Einer der zahlreichen Doppelsterne dieser Konstellation ist Ny, ein Paar weißer, identisch heller Sterne. Auch Eta, Psi und Xi sind Doppelsterne. Im »Hals« des Drachen liegt einer der schönsten planetarischen Nebel überhaupt, 37 Draconis (NGC6543), der sich als blaue Scheibe präsentiert, dessen Zentralstern jedoch schwer auszumachen ist.

Hercules, Herkules *Siehe Seite 54.*

Lacerta, die Eidechse *Siehe Seite 61.*

Lynx, der Luchs *Siehe Seite 49.*

Perseus *Siehe Seite 67.*

Ursa Maior, der Große Bär *Siehe Seite 94.*

Ursa Minor, der Kleine Bär
Diese auch »Kleiner Wagen« genannte Konstellation verdankt ihre Berühmtheit ihrem hellsten Stern, Polaris, der weniger als ein Grad vom nördlichen Himmelspol entfernt liegt. Polaris, auch Polarstern oder Nordstern, ist nicht besonders hell, läßt sich aber mit Hilfe der Leitsterne Merak und Dubhe (Ursa Maior) lokalisieren.

Polaris ist ein Stern 2. Größe und genaugenommen ein Veränderlicher des Cepheidentyps, doch sind seine Helligkeitsschwankungen kaum wahrnehmbar. Darüber hinaus ist er ein Doppelstern mit einem bläulichen Begleiter 9. Größe.

Beta oder Kochab besitzt in etwa dieselbe Helligkeit wie Polaris und wird manchmal mit diesem verwechselt, geht jedoch deutlich ins Orange.

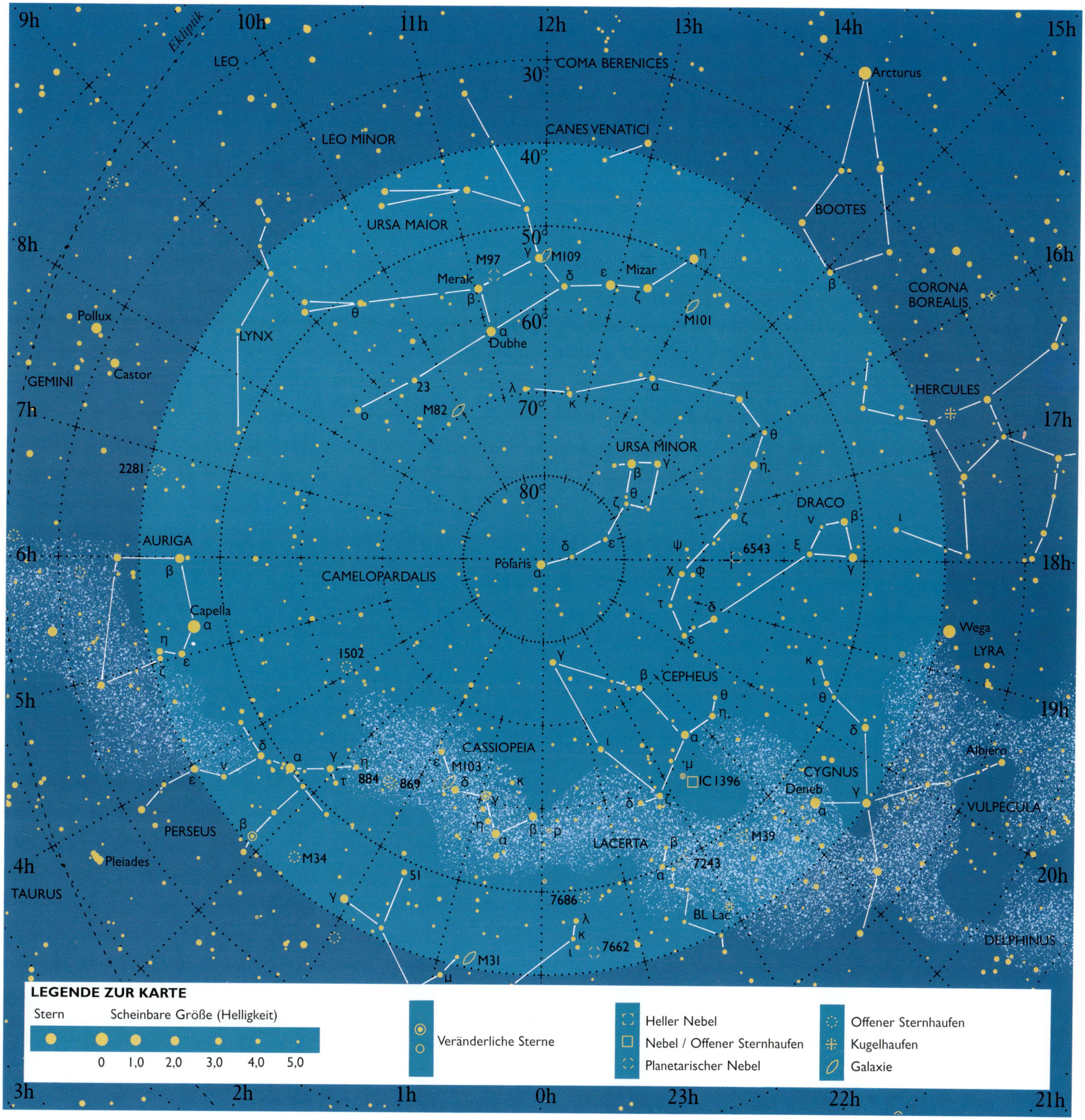
9h
10h
11h
12h
13h
14h
15h
16h
17h
18h
19h
20h
21h
22h
23h
0h
1h
2h
3h
4h
5h
6h
7h
8h
30°
40°
50°
60°
70°
80°
Ekliptik
LEO
LEO MINOR
COMA BERENICES
CANES VENATICI
Arcturus
BOOTES
URSA MAIOR
M97
M109
Merak
Mizar
M101
Dubhe
CORONA BOREALIS
Pollux
Castor
GEMINI
LYNX
M82
HERCULES
URSA MINOR
2281
Polaris
DRACO
6543
AURIGA
Capella
CAMELOPARDALIS
Wega
LYRA
1502
CEPHEUS
CASSIOPEIA
M103
884
869
IC 1396
CYGNUS
Deneb
Albireo
VULPECULA
PERSEUS
M34
Pleiades
TAURUS
LACERTA
M39
7243
7686
BL Lac
7662
M31
DELPHINUS
LEGENDE ZUR KARTE
Stern
Scheinbare Größe (Helligkeit)
0 1,0 2,0 3,0 4,0 5,0
Veränderliche Sterne
Heller Nebel
Nebel / Offener Sternhaufen
Planetarischer Nebel
Offener Sternhaufen
Kugelhaufen
Galaxie

SÜDPOLARGESTIRNE

Die Südpolregion mag keinen ausgesprochenen Polarstern besitzen, aber strahlend helle Gestirne gibt es in Hülle und Fülle. Auf dem schwach leuchtenden Band der Milchstraße liegen das Kreuz des Südens und die Leitsterne Alpha und Beta Centauri.

▲ Die größere der beiden Magellan-Wolken, zwei mit bloßem Auge erkennbare Galaxien in der Nähe des südlichen Himmelspols. Sie ist eine Dorado zugehörige, eher formlose Masse von Sternen mit einem Durchmesser von ca. 30 000 Lichtjahren. Die Kleine Magellan-Wolke, in Tucana, liegt etwa 20 000 Lichtjahre weiter von uns entfernt und mißt »nur« rund 16 000 Lichtjahre im Durchmesser.

Ara, der Altar
Dieses Sternbild liegt zum größten Teil auf der Milchstraße. Es enthält schöne Kugelhaufen, darunter einen der uns am nächsten liegenden, NGC6397 (etwa auf halber Strecke Beta – Theta).

NGC6193 auf der Verlängerung der Verbindung Theta – Alpha ist der hellste offene Sternhaufen der Konstellation.

Carina, der Schiffskiel
Ein schönes Sternbild mit hellen Sternen, Nebeln und Sternhaufen, ebenfalls auf der Milchstraße gelegen. Sein Leitstern Canopus leuchtet selbst in dieser reichhaltigen Himmelsregion deutlich sichtbar. Mit einer Größe von –0,7 ist er der zweithellste Stern am Nachthimmel überhaupt (nach Sirius). Von Canopus erstreckt sich Carina fast bis zu Crux. Jota und Epsilon Carinae bilden zusammen mit Delta und Kappa Velae das sogenannte »falsche Kreuz«, das manchmal mit dem echten Kreuz des Südens (Crux) verwechselt wird.

Eta ist einer der interessantesten Sterne; heute nicht besonders auffällig, war er einst so groß wie Canopus. Er liegt eingebettet in einen der prächtigsten Nebel, den Eta-Carinae-Nebel (NGC3372), der, schon mit bloßem Auge sichtbar, durch das Fernrohr absolut faszinierend ist.

Nahe bei Epsilon befindet sich der offene Sternhaufen NGC2516, ebenfalls mit bloßem Auge erkennbar. Der bläulichweiße Theta wird von dem leuchtenden offenen Sternhaufen IC2602 umringt. Weitere Attraktionen dieser hellen Konstellation sind der offene Sternhaufen NGC3114 und der Kugelhaufen NGC2808.

Centaurus *Siehe Seite 82.*

Crux, das Kreuz des Südens *Siehe Seite 82.*

Dorado, der Schwertfisch
Unter den wenigen hellen Sternen dieser eher unauffälligen Konstellation ist Beta, einer der hellsten Cepheiden-Veränderlichen.

Seine Bekanntheit verdankt Dorado vorwiegend der an seinem Südrand gelegenen Großen Magellan-Wolke (LMC), der uns nächstgelegenen – und schon mit bloßem Auge erkennbaren – Galaxie. Durch Feldstecher oder ein Amateurteleskop sind einige der hellsten Sterne und Nebel auszumachen.

In dem besonders hellen Tarantelnebel (NGC2070, auch 30 Doradus genannt), ereignete sich im Februar 1987 die spektakuläre Explosion der Supernova SN1987A, ein phantastisches Schauspiel, das sich nur alle paar Jahrhunderte bietet.

Eridanus *Siehe Seite 66.*

Grus, der Kranich *Siehe Seite 60.*

Lupus, der Wolf *Siehe Seite 53.*

Puppis, das Hinterdeck *Siehe Seite 47.*

Tucana, der Tukan
Trotz seiner eher lichtschwachen Sterne ist Tucana berühmt, denn zu ihm gehören die Kleine Magellan-Wolke (SMC) und einer der beiden schönsten Kugelhaufen des gesamten Nachthimmels: 47 Tucanae.

Die SMC ist eine Nachbargalaxie, etwas weiter von uns entfernt als die LMC in Dorado und nicht ganz so spektakulär. Dennoch lassen sich schon mit einem einfachen Teleskop Nebel, Sternhaufen und sogar einzelne Sterne ausmachen.

Der Kugelhaufen 47 Tucanae (NGC104) liegt am Rand der SMC und nimmt es an Leuchtkraft fast mit Omega Centauri auf. Schon mit bloßem Auge sichtbar, fasziniert er durch ein Fernrohr. Ein weiterer Kugelhaufen, NGC362, liegt ganz in der Nähe, ebenfalls am Rand der SMC.

Sagittarius, der Schütze *Siehe Seite 88.*

Vela, das Segel *Siehe Seite 49.*

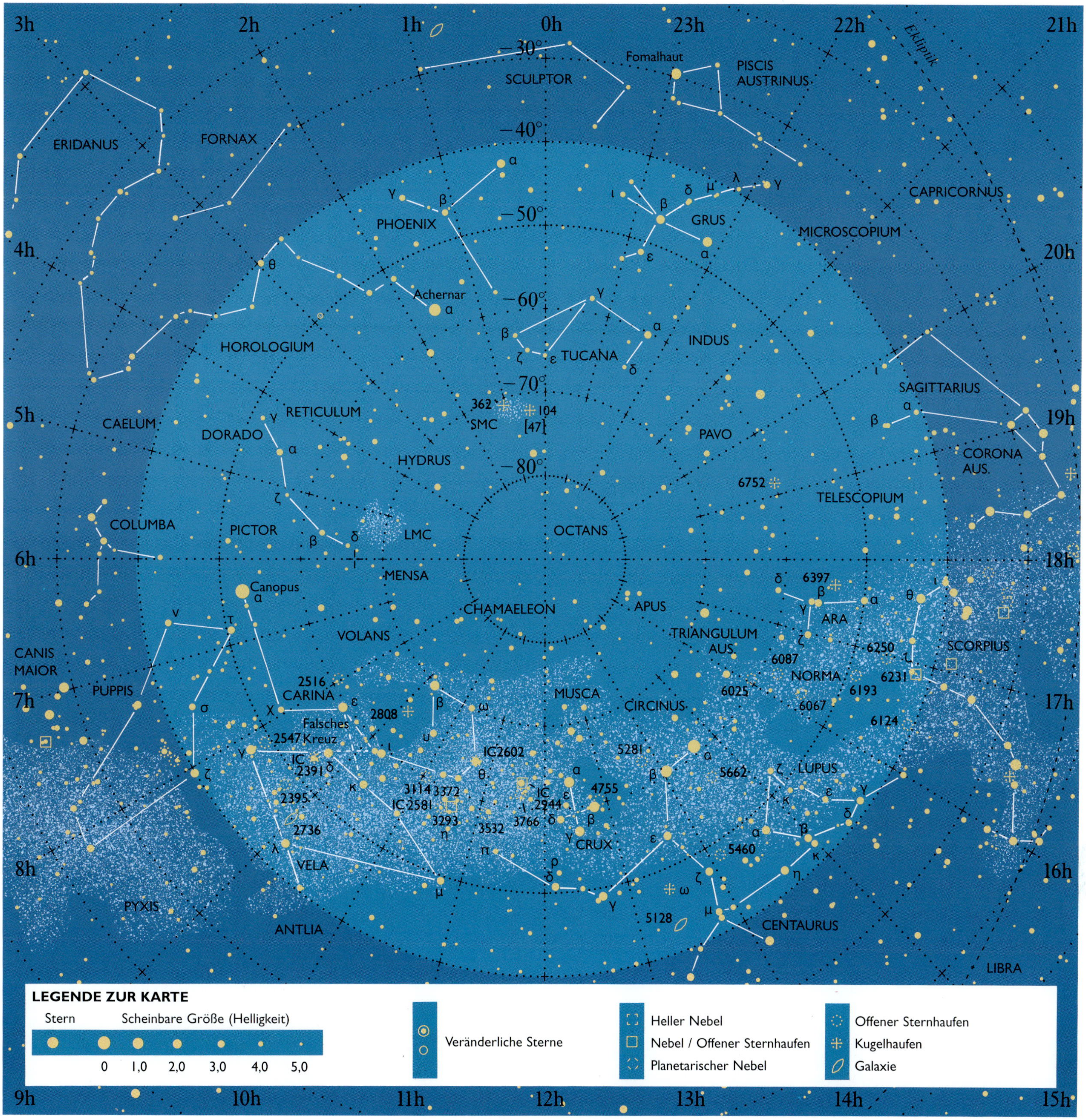

3h
2h
1h
0h
23h
22h
21h
Ekliptik
−30°
−40°
−50°
−60°
−70°
−80°
Fomalhaut
PISCIS AUSTRINUS
SCULPTOR
ERIDANUS
FORNAX
PHOENIX
Achernar
GRUS
MICROSCOPIUM
CAPRICORNUS
4h
20h
HOROLOGIUM
TUCANA
INDUS
SAGITTARIUS
5h
19h
CAELUM
DORADO
RETICULUM
362
SMC
104
[47]
HYDRUS
PAVO
CORONA AUS.
6752
TELESCOPIUM
COLUMBA
PICTOR
LMC
OCTANS
6h
18h
MENSA
Canopus
6397
CHAMAELEON
APUS
ARA
VOLANS
TRIANGULUM AUS.
6250
SCORPIUS
CANIS MAIOR
PUPPIS
6087
NORMA
6231
2516
CARINA
MUSCA
6025
6193
7h
17h
2808
CIRCINUS
6067
Falsches Kreuz
6124
2547
IC2602
5281
IC 2391
LUPUS
5662
3114
3372
IC 2944
4755
2395
IC 2581
3293
3532
3766
CRUX
2736
5460
8h
16h
VELA
PYXIS
ANTLIA
5128
CENTAURUS
LIBRA
LEGENDE ZUR KARTE
Stern
Scheinbare Größe (Helligkeit)
0
1,0
2,0
3,0
4,0
5,0
Veränderliche Sterne
Heller Nebel
Nebel / Offener Sternhaufen
Planetarischer Nebel
Offener Sternhaufen
Kugelhaufen
Galaxie
9h
10h
11h
12h
13h
14h
15h

Sterne im Januar

Das Wintersechseck aus den hellen Sternen Sirius, Rigel, Aldebaran, Capella, Pollux und Procyon umfaßt die Nord-Süd-Achse des Meridian. Direkt am Meridian liegt noch ein siebter heller Stern, der rötliche Beteigeuze.

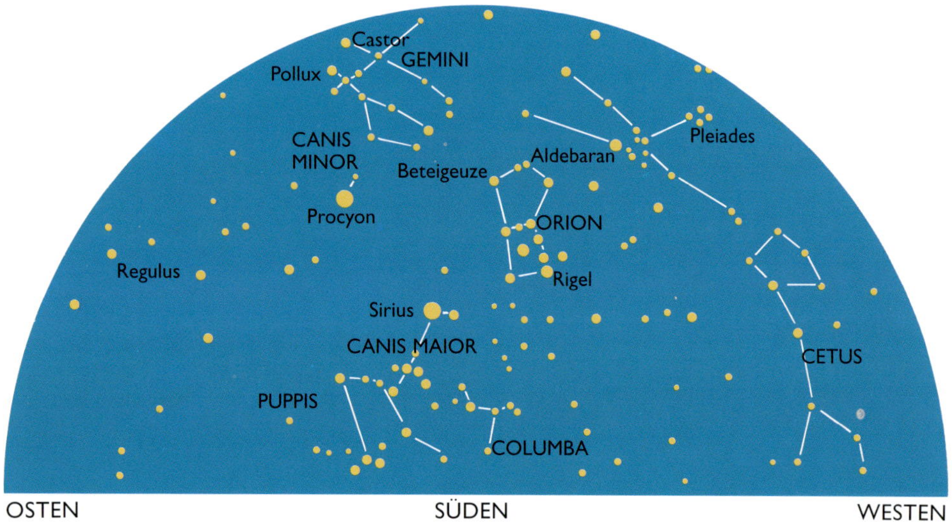

▲ Nördliche Hemisphäre Der Nachthimmel mittlerer Breitengrade um den 7. Januar gegen 23 Uhr Ortszeit – Blickrichtung Süden. Mitten am Himmel weist Orion den Weg südostwärts zu Sirius sowie nordwestwärts zum orangen Aldebaran.

▼ Südliche Hemisphäre Der Nachthimmel Australiens und Südafrikas um den 7. Januar gegen 23 Uhr Ortszeit – Blickrichtung Norden. Auf diesem Himmelsabschnitt steht das Sternensechseck direkt im Zentrum des Firmaments. Ein atemberaubender Anblick.

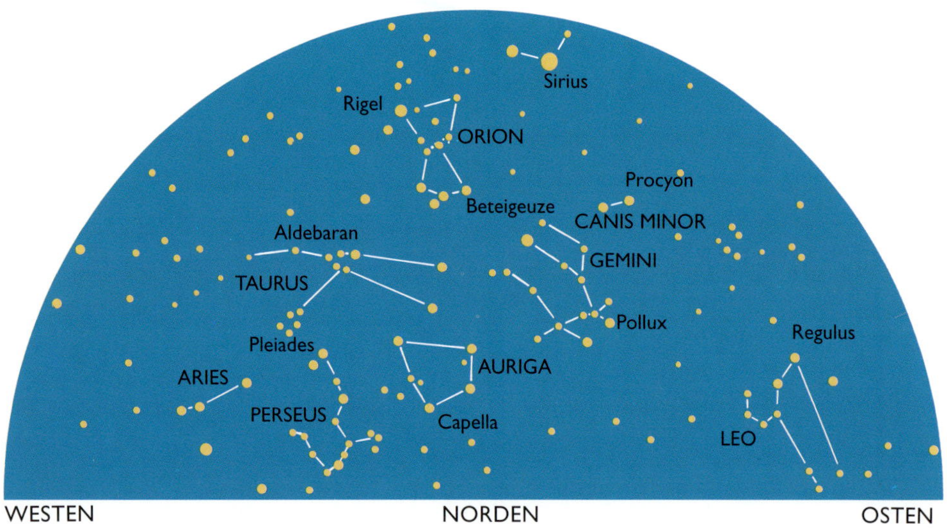

Auriga, der Fuhrmann
Diese auffällige, drachenförmige Konstellation in der Milchstraße läßt sich über ihren Leitstern Capella, den sechshellsten Stern am Nachthimmel, leicht lokalisieren. In der Nähe von Capella liegt ein Dreieck weniger strahlender Sterne, Haedi genannt. Zwei der drei, Epsilon und Zeta, sind Bedeckungsveränderliche Doppelsterne.

Das Epsilon-System besteht aus einem gelben Überriesen und einem großen dunklen Begleiterstern, den wir nicht sehen können. Gewöhnlich etwa Größe 3, verdunkelt er sich alle 27 Jahre auf Größe 4, wenn sein dunkler Begleiter vor ihn tritt. Die beiden Komponenten des farbenprächtigeren Zeta-Systems sind ein oranger Überriese und ein kleinerer blauer Stern. Ihr Helligkeitswechsel (alle 2 Jahre und 8 Monate) ist weniger leicht zu verfolgen.

Zu Auriga gehören auch drei mit dem Fernrohr gut sichtbare helle offene Sternhaufen, M36, M37 und M38. Sie liegen mehr oder weniger auf einer Geraden am Rande der Milchstraße zwischen Theta Aurigae und Beta Tauri.

Canis Maior, der Große Hund
In diesem relativ kleinen Sternbild leuchtet Sirius, der mit Größe –1,5 hellste Stern des Himmels. Absolut gesehen ist Sirius gar nicht besonders lichtstark, er liegt jedoch weniger als neun Lichtjahre von uns entfernt, nach astronomischen Maßstäben also gerade mal einen Katzensprung.

Sirius ist ein Doppelstern mit einem kleinen Begleiter. Diese Sirius B genannte Komponente ist ein weißer Zwerg und war der erste Stern dieses Typs, der 1862 entdeckt wurde. Trotz seiner Größe 8 ist er schlecht zu sehen, da sein Orbit dicht bei Sirius liegt und er neben dem helleren Stern verblaßt.

Der nächsthellste Stern nach Sirius ist Epsilon, der in Wahrheit zehntausendmal heller strahlt als dieser, aber hundertmal weiter entfernt ist.

Der hellste der offenen Sternhaufen von Canis Maior ist M41. Direkt südlich von Sirius gelegen, läßt er sich bei guten Sichtverhältnissen auch mit bloßem Auge als heller Nebelfleck erkennen. Ein kleines Teleskop zeigt bis zu zwei Dutzend der insgesamt rund 100 Sterne.

Ein weiterer faszinierender Sternhaufen ist NGC2362, der Tau (4. Größe) umgibt und aus etwa 40 jungen Sternen besteht. Mit dem Feldstecher ist der ganze südliche Teil dieser Konstellation, der in die Milchstraße hineinragt, ein echtes Erlebnis.

Canis Minor, der Kleine Hund *Siehe Seite 46.*

Carina, der Schiffskiel *Siehe Seite 42.*

Columba, die Taube
Dieses Sternbild verfügt zwar über keine hellen Sterne, ist aber leicht aufzufinden, da es in einer recht »leeren« Region des Südhimmels liegt. Zu Columba zählen einige Kugelhaufen und Galaxien; mit einem Amateurteleskop sichtbar ist jedoch nur NGC1851.

Eridanus *Siehe Seite 66.*

Gemini, die Zwillinge *Siehe Seite 46.*

Lepus, der Hase
Direkt südlich von Orion gelegen, läßt sich dieses kleine Sternbild leicht orten. Unter den interessanten Objekten sind R Leporis, ein Veränderlicher des Mira-Typs, der über eine Periode von etwa 14 Monaten zwischen den Größen 5 und 10 schwankt. Er ist einer der rötesten Sterne, die wir kennen.
Gamma ist ein interessanter Doppelstern mit einer orangen und einer gelben Komponente. Gleich weit von Gamma und Epsilon entfernt und auf einer Geraden mit Alpha und Beta liegt der kleine, aber helle Kugelhaufen M79.

Lynx, der Luchs *Siehe Seite 49.*

Monoceros, das Einhorn *Siehe Seite 47.*

Orion *Siehe Seite 86.*

Perseus *Siehe Seite 67.*

Puppis, das Hinterdeck *Siehe Seite 47.*

Taurus, der Stier *Siehe Seite 92.*

LEGENDE ZUR KARTE

Stern
0
1,0
2,0 Scheinbare Größe
3,0 (Helligkeit)
4,0
5,0

Veränderliche Sterne

Heller Nebel
Nebel / Offener Sternhaufen
Planetarischer Nebel
Offener Sternhaufen
Kugelhaufen
Galaxie

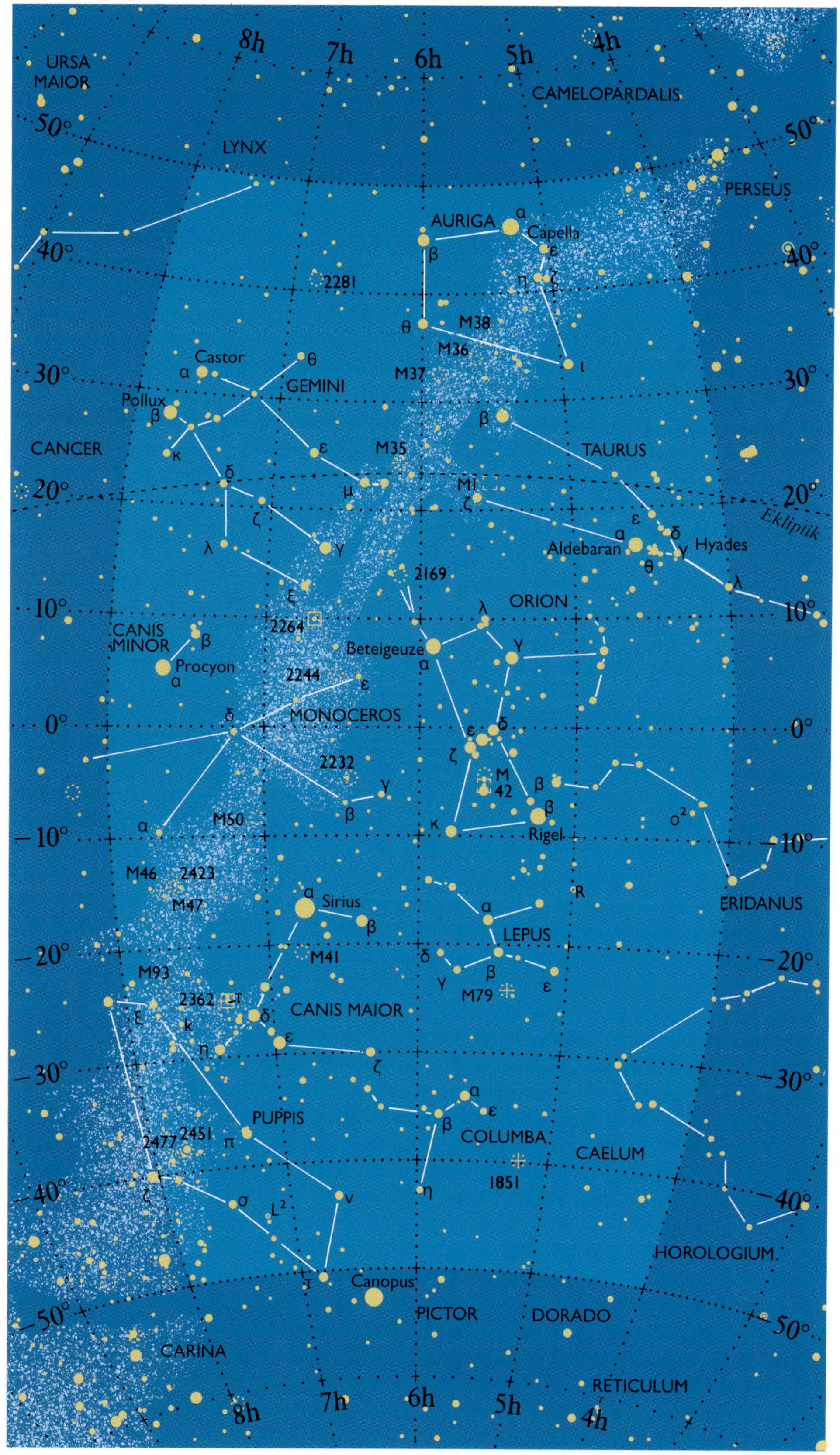

Sterne im Februar

Die faszinierende Fülle heller Sterne auf und westlich der Milchstraße ist aus der Bildmitte verschwunden, aber am Westhimmel noch sichtbar. Was östlich des Bandes nachrückt, hält einem Vergleich nicht stand.

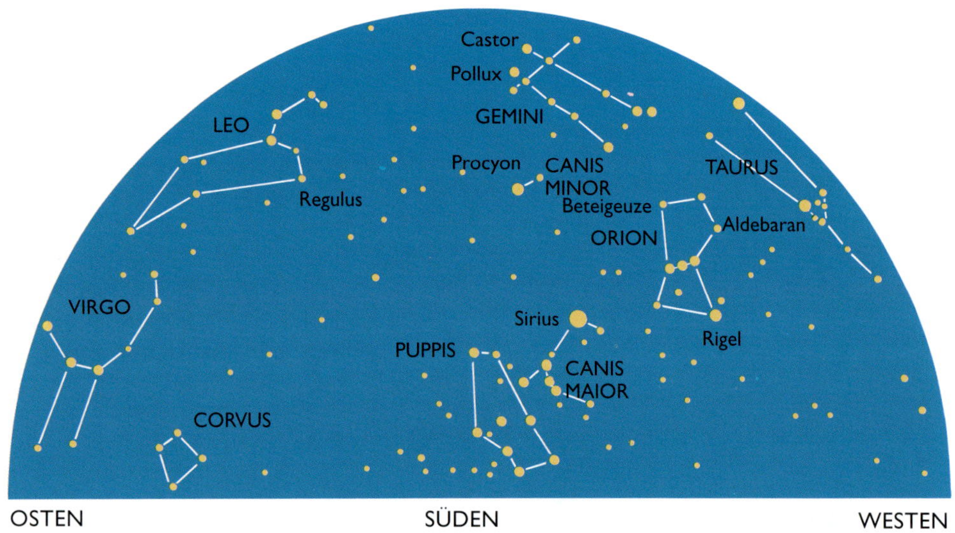

▲ Nördliche Hemisphäre Der Nachthimmel um den 7. Februar gegen 23 Uhr Ortszeit – Blickrichtung Süden. Vier helle Sterne bilden fast eine Parallele zum Horizont. Von Ost nach West sind es: Regulus, Procyon, Beteigeuze und Aldebaran.

▼ Südliche Hemisphäre Der Nachthimmel um den 7. Februar gegen 23 Uhr Ortszeit – Blickrichtung Norden. Das Sechseck heller Sterne ist nach Westen gewandert, Capella kaum mehr sichtbar. Im Osten kommt Leo über den Horizont.

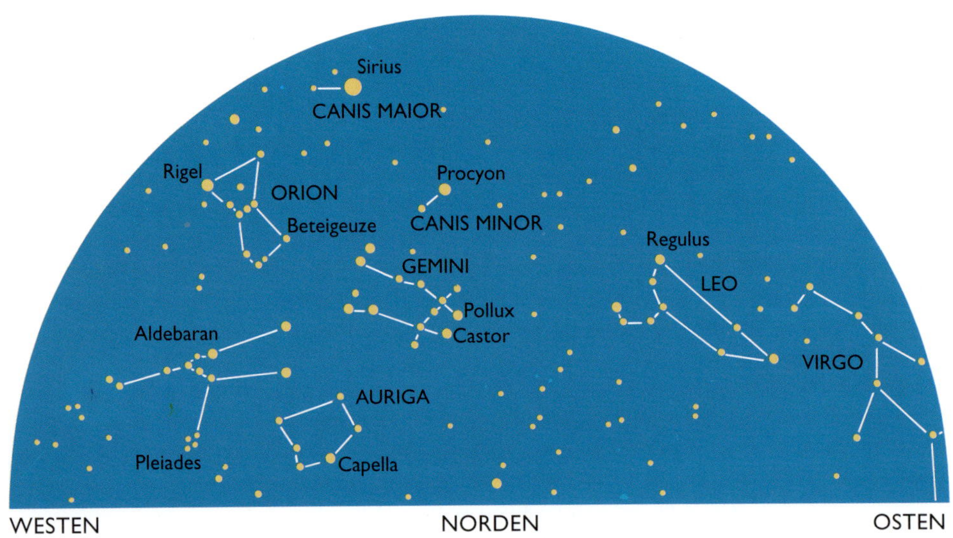

Auriga, der Fuhrmann *Siehe Seite 44.*

Cancer, der Krebs
Zwischen Leo und Gemini steht Cancer, wie seine beiden Nachbarn ein Tierkreiszeichen. Obwohl relativ lichtschwach, bietet diese Konstellation doch viel Interessantes: In der Mitte liegt der schöne, bereits mit bloßem Auge sichtbare offene Sternhaufen M44, Praesepe (Bienenkorb) genannt. Mit einem Feldstecher sieht man Dutzende Sterne, mit einem größeren Teleskop mehrere Hundert.

Für einen anderen Sternhaufen, M67 in der Nähe von Alpha, benötigt man ein gutes Fernrohr. Cancer besitzt auch zwei sehenswerte Doppelsterne, Jota und Zeta, jeweils mit einer gelben und einer blauen Komponente.

Canis Maior, der Große Hund *Siehe Seite 44.*

Canis Minor, der Kleine Hund
Der »kleine« Hund ist tatsächlich ein kleines Sternbild, das seine Bekanntheit eigentlich nur Procyon verdankt. Etwa elf Lichtjahre entfernt, ist Procyon der uns drittnächste helle Stern – hinter Alpha Centauri und Sirius. Und wie Sirius hat er einen blassen weißen Zwerg als Begleiter.

Carina, der Schiffskiel *Siehe Seite 42.*

Columba, die Taube *Siehe Seite 45.*

Gemini, die Zwillinge
Dieses prächtige Sternbild des Tierkreises trägt seinen Namen zurecht, denn es kann mit zwei Sternen 1. Größe aufwarten: Castor und Pollux. Pollux ist der hellere der beiden und mit seinem kräftigen Gelborange auch farbiger.

Trotzdem ist Castor der interessante Zwilling, denn er ist ein Mehrfachstern. Schon ein kleines Teleskop löst Castor in zwei Komponenten und macht einen lichtschwachen dritten Begleiter sichtbar. Da jeder der drei ein spektroskopischer Doppelstern ist, handelt es sich folglich um ein Sechs-Sterne-System.

Ein weiterer Doppelstern in Gemini ist Zeta, dessen Hauptkomponente als Veränderlicher des Cepheiden-Typs über eine Periode von zehn Tagen deutliche Helligkeitsschwankungen zeigt. Dies läßt sich vor allem im Vergleich zu Delta, einem weiteren Doppelstern der Konstellation, sehr schön verfolgen. Mit dem Feldstecher lohnt sich ein Blick auf M35, einen großen offenen Sternhaufen nördlich von My und Eta, und ein Teleskop macht nahe Delta die grünliche Scheibe des planetarischen Nebels NGC2392 sichtbar.

Hydra, die Wasserschlange *Siehe Seite 48 und 50.*

Leo, der Löwe *Siehe Seite 48.*

Lepus, der Hase *Siehe Seite 45.*

Lynx, der Luchs *Siehe Seite 49.*

Monoceros, das Einhorn
Das lichtschwache Sternbild Monoceros liegt zwischen den beiden »Hunden« Canis Minor und Canis Maior. Es besitzt keine eigenen hellen Sterne, liegt aber auf einer dichten Region der Milchstraße. Interessant ist vor allem Beta, ein Mehrfachstern, dessen drei Komponenten schon durch ein kleines Teleskop betrachtet ein fast gleichschenkliges Dreieck bilden. Nahe Epsilon sieht man den auffälligen offenen Sternhaufen NGC2244, den einer der schönsten Nebel des Nachthimmels umgibt: der blütenartige Rosettennebel (NGC2237). Ein anderer Nebel begleitet den offenen Sternhaufen NGC2264 südlich von Chi Geminorum. Auf halbem Wege zwischen Alpha und Beta liegt der offene Sternhaufen M50.

Puppis, das Hinterdeck
Durch dieses schöne Sternbild des Südhimmels zieht sich das Band der Milchstraße. Puppis ist reich an Sternenfeldern und Sternhaufen. Hauptstern ist der leuchtend blaue Zeta (2. Größe), mit einer Oberflächentemperatur von mehreren Zehntausend Grad einer der heißesten Sterne.

Zu den zahlreichen Doppelsternen der Konstellation zählen Kappa und Sigma. Pi entpuppt sich beim Blick durch ein Teleskop als Vier-Sterne-System. Unweit von Sigma liegt L^2, ein langperiodischer Veränderlicher, der über eine Zeitspanne von fünf Monaten zwischen Größe 3 und 6 schwankt.

Unter den vielen offenen Sternhaufen verdienen M47 (mit bloßem Auge sichtbar) und der blassere M46 Erwähnung; beide findet man nebeneinander unweit NGC2423. Weiter südlich, bei Xi, sieht man M93, und bei Zeta NGC2477, dessen viele hundert Sterne so dicht liegen, daß er fast wie ein Kugelhaufen wirkt.

Ursa Maior, der Große Bär *Siehe Seite 94.*

Vela, das Segel *Siehe Seite 49.*

LEGENDE ZUR KARTE

- Stern
- 0
- 1,0
- 2,0 Scheinbare Größe
- 3,0 (Helligkeit)
- 4,0
- 5,0

- Veränderliche Sterne
- Heller Nebel
- Nebel / Offener Sternhaufen
- Planetarischer Nebel
- Offener Sternhaufen
- Kugelhaufen
- Galaxie

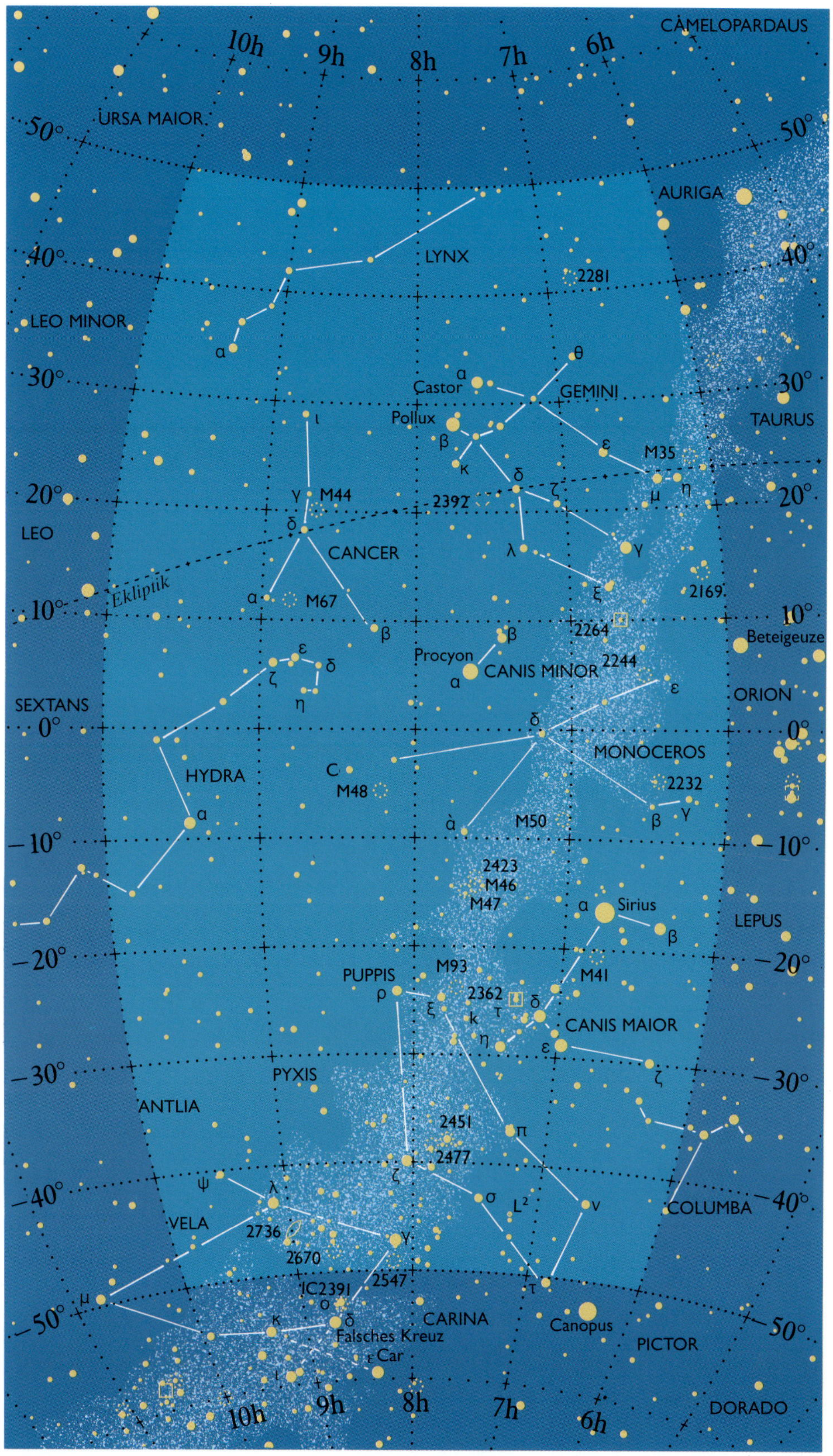

Sterne im März

Während sich Orion im Westen verabschiedet, beherrscht Leo den Nachthimmel. Sein Erscheinen kündigt auf der nördlichen Hemisphäre den Frühling, auf der Südhalbkugel den Herbst an.

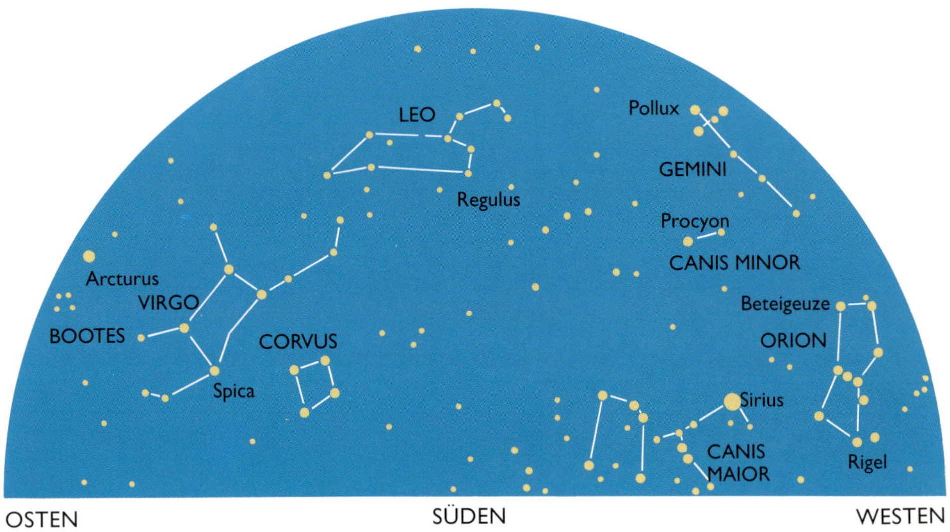

▲ Nördliche Hemisphäre Der Nachthimmel mittlerer Breitengrade um den 7. März gegen 23 Uhr Ortszeit – Blickrichtung Süden. Rigel wird bald im Westen untergehen, und auch Sirius steht bereits sehr tief. Im Osten tritt Spica in Erscheinung.

▼ Südliche Hemisphäre Der Nachthimmel Australiens und Südafrikas um den 7. März gegen 23 Uhr Ortszeit – Blickrichtung Norden. Regulus steht im Zentrum des nördlichen Himmels. Spica und Arcturus erscheinen direkt senkrecht übereinander im Osten.

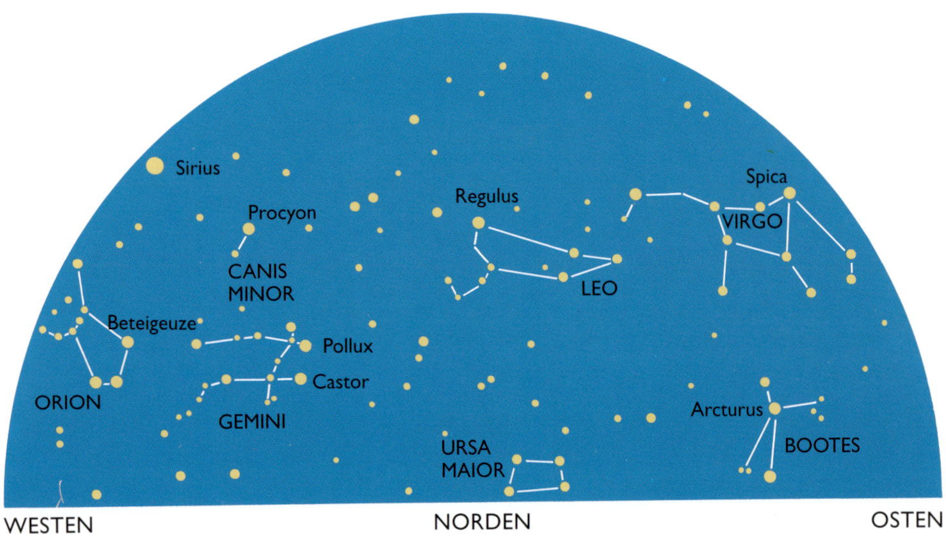

Cancer, der Krebs *Siehe Seite 46.*

Gemini, die Zwillinge *Siehe Seite 46.*

Hydra, die Wasserschlange (Kopf)

Hydra, das am weitesten ausgedehnte Sternbild überhaupt, erstreckt sich schlangenartig über mehr als ein Viertel der Himmelssphäre. Ihr »Kopf« reckt sich in Richtung Canis Minor, während ihr Schwanz bis zur Libra hinabreicht.

Hauptstern der Konstellation ist Alpha (2. Größe), auch Alphard, »Der Einsame« genannt, weil er der einzige einigermaßen helle Stern in einer ansonsten lichtarmen Himmelsregion ist. Zuweilen findet man für ihn auch die Bezeichnung Cor Hydrae (Herz der Wasserschlange).

Für die Sterne im Kopf der Hydra reicht ein mittlerer Feldstecher. Den farbenprächtigen Doppelstern Epsilon erkennt man freilich nur mit einem besseren Teleskop. M48 ist ein heller Sternhaufen südlich des Schlangenkopfes, vorbei an dem Sternentrio C.

Zu Hydra gehört der hellste planetarische Nebel des Himmels, NGC3242, direkt südlich von My. Bereits kleine Teleskope zeigen dieses Objekt 9. Größe als eine blaß blaugrüne Scheibe mit klar erkennbarem Hauptstern. (Schwanz der Hydra siehe Seite 50.)

Leo, der Löwe

Dieses Tierkreis-Sternbild gehört zu den wenigen Konstellationen, die dem Tier, das sie darstellen sollen, tatsächlich in gewisser Weise ähnlich sehen. Am einfachsten erkennt man Leo an der »Sichel«, die Kopf und Mähne des Löwen bildet: Gamma, My und Lambda sind sämtlich orange. Gamma, auch Algieba (Löwenmähne) genannt, ist ein Doppelstern, den das Teleskop in ein Paar goldgelbe Einzelsterne auflöst.

Heller als die Sichelsterne ist Regulus (1. Größe), auch Cor Leonis (Herz des Löwen) genannt. Auch er ist ein Doppelstern, dessen Begleiter allerdings der 8. Größe zugerechnet wird.

Das zweite Charakteristikum ist das Dreieck heller Sterne an der Schwanzquaste. Von diesen dreien ist Denebola oder Beta (2. Größe) der hellste.

Direkt südlich von Delta beginnt ein galaxienreicher Himmelsabschnitt. Die hellsten liegen südlich auf der Verbindungslinie Beta – Regulus. Südlich von Theta findet man M65 und M66, beide etwa 9. Größe und bei guten Sichtverhältnissen mit dem Feldstecher erkennbar. Wie unsere eigene Galaxis besitzen sie Spiralform, was allerdings nur mit einem guten Instrument erkennbar ist. Auf etwa halber Strecke zwischen ihnen und Regulus befindet sich ein weiteres Spiralgalaxien-Paar, M95 und M96. Alle vier Galaxien liegen etwa gleich weit von der Erde entfernt: jeweils rund 30 Millionen Lichtjahre.

Lynx, der Luchs
Angeblich so benannt, weil man Luchsaugen braucht, um dieses lichtschwache Sternbild des nördlichen Himmels überhaupt ausmachen zu können. Alpha (3. Größe) zeigt ein deutliches Rot.

Monoceros, das Einhorn *Siehe Seite 47.*

Puppis, das Hinterdeck *Siehe Seite 47.*

Ursa Maior, der Große Bär *Siehe Seite 94.*

Vela, das Segel
Vela liegt im südlichen Teil der Milchstraße und ist wie die angrenzenden Sternbilder Centaurus, Puppis und Carina reich an Sternenfeldern und Sternhaufen. Aufgrund weit entfernter Dunkelwolken scheint die Milchstraße innerhalb dieser Konstellation unterbrochen.

Kappa und Delta sind Sterne 2. Größe, die zusammen mit Jota und Epsilon Carinae ein Kreuz bilden – das sogenannte »Falsche Kreuz«, das zwar dieselbe Ausrichtung hat wie das nahe gelegene echte Kreuz des Südens (Crux), aber weiter auseinandergezogen ist.

Direkt nördlich von Delta liegt Omikron, der zum Sternhaufen IC2391 gehört. Delta, Omikron und der Rest des Sternhaufens sind wunderbar mit dem Feldstecher sichtbar. Auch NGC2547, unmittelbar südlich von Gamma, lohnt den Blick durch ein kleines Instrument.

Der Doppelstern Gamma ist leicht zu erkennen. Seine bläulichweiße Hauptkomponente gehört zu den Wolf-Rayet-Sternen, einer Klasse sehr heißer Sterne, die vermutlich kurz vor dem Helligkeitsausbruch zu einer Supernova stehen.

Südlich von Lambda wurden Fetzen eines weitläufigen Nebels entdeckt. Dieser Gum-Nebel (NGC2736) gilt als Überrest einer vor etwa 11 000 Jahren explodierten Supernova.

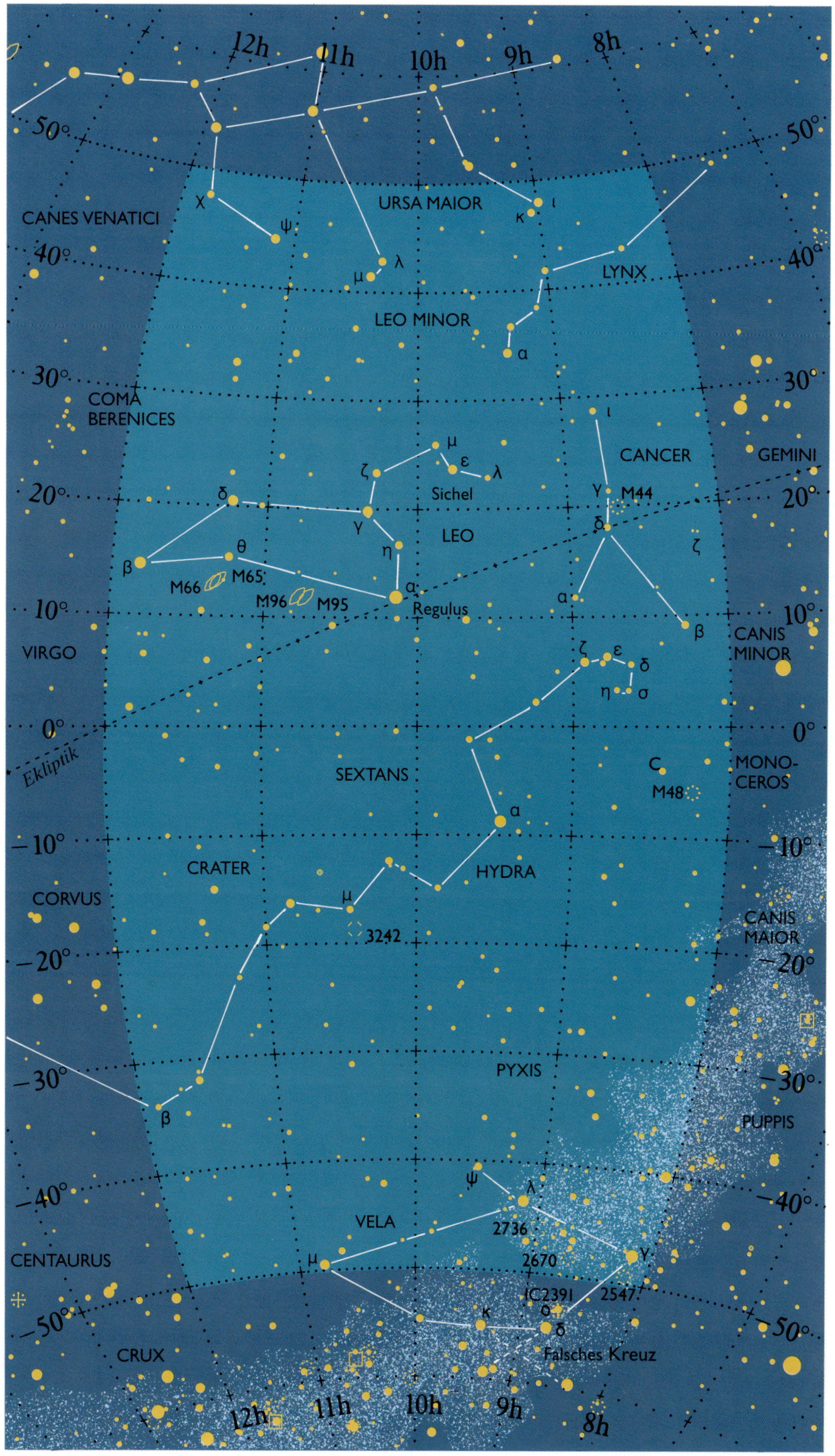

LEGENDE ZUR KARTE

- Stern
- 0
- 1,0
- 2,0 Scheinbare Größe
- 3,0 (Helligkeit)
- 4,0
- 5,0
- Veränderliche Sterne
- Heller Nebel
- Nebel / Offener Sternhaufen
- Planetarischer Nebel
- Offener Sternhaufen
- Kugelhaufen
- Galaxie

Sterne im April

Obwohl Leo nach wie vor dominant ist, wirkt das Firmament aufgrund der weitausgedehnten Hydra und Virgo sternenarm. Diese beiden Konstellationen, die größten überhaupt, besitzen nur einen einzigen hellen Stern: Spica.

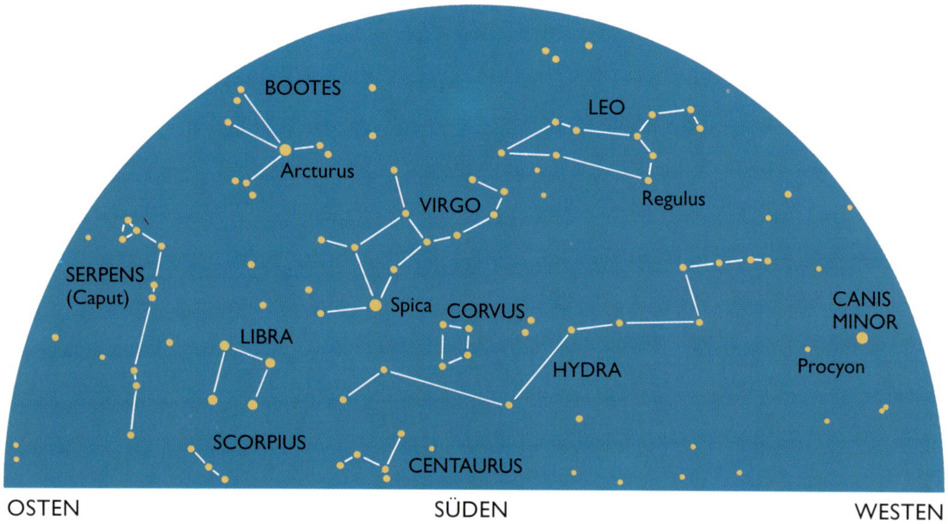

▲ Nördliche Hemisphäre Der Nachthimmel um den 7. April gegen 23 Uhr Ortszeit – Blickrichtung Süden. Arcturus hoch oben im Osten ist der hellste Stern. Mit Regulus und Spica bildet er ein weites Dreieck. Im Westen steht Procyon.

▼ Südliche Hemisphäre Der Nachthimmel um den 7. April gegen 23 Uhr Ortszeit – Blickrichtung Norden. Ein geeigneter Monat zur Erforschung der extragalaktischen Attraktionen der »leeren« Himmelsregion zwischen Leo und Bootes.

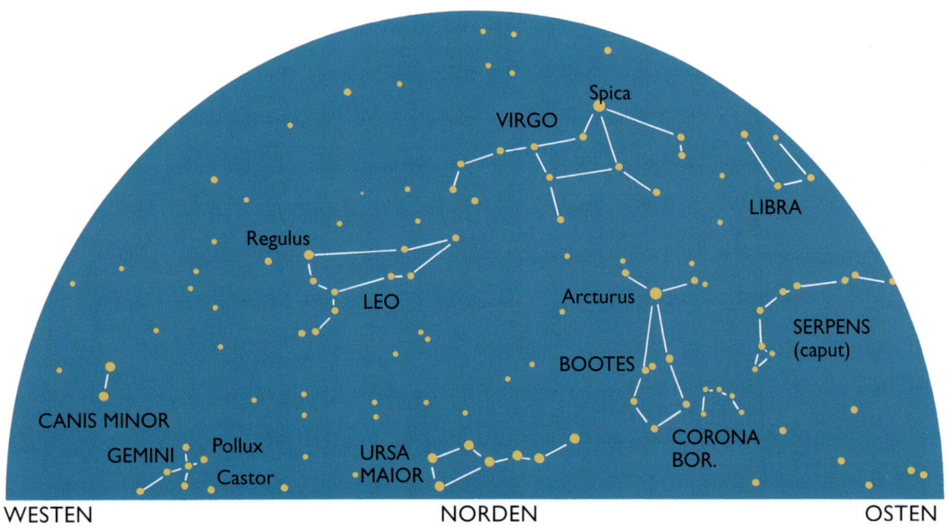

Canes Venatici, die Jagdhunde
Diese insgesamt eher lichtschwache Konstellation unterhalb des Griffkreuzes des Großen Wagens beherbergt einen der schönsten Kugelhaufen des gesamten Nordhimmels sowie eine ausgesprochen eindrucksvolle Galaxie.

Selbst der Hauptstern des Sternbilds, Alpha, erreicht nur gerade die 3. Größe. Mit Hilfe eines Teleskops zeigt er sich als Doppelstern.

Das erste der teleskopischen Highlights von Canes Venatici ist der Kugelhaufen M3, etwa auf halber Strecke zwischen Alpha und dem hellen Arcturus des Nachbarsternbilds Bootes. Etwa 6. Größe, also gerade noch mit bloßem Auge ausmachbar, präsentiert er sich durch das Fernglas als deutlicher heller Fleck. Ein Teleskop verwandelt ihn in eine riesige Kugel dicht beieinanderliegender Sterne.

Der zweite Höhepunkt der Konstellation ist die berühmte Strudel-Galaxie M51. Kleine Teleskope zeigen sie als zwei verwaschene Flecken. Größere Instrumente machen die klassische Spiralstruktur sichtbar und verdeutlichen, daß es sich bei den beiden Punkten in Wahrheit um zwei Galaxien handelt.

Wie das Nachbarsternbild Coma Berenices ist Canes Venatici reich an Galaxien. Als hellere verdienen M63, M94 und M106 Beachtung. M63 liegt direkt nördlich von 20 Canes Venatici, M94 auf halben Wege zwischen 20 und Beta, und M106 findet man auf halber Strecke zwischen Beta und Gamma Ursae Maioris. Große Teleskope machen südlich von M106 eine Kette lichtschwächerer Galaxien sichtbar.

Centaurus *Siehe Seite 82.*

Coma Berenices, Haar der Berenike *Siehe Seite 52.*

Corvus, der Rabe
Das winzige Sternbild auf dem Rücken von Hydra ist mit dem Feldstecher leicht auszumachen, da die vier Hauptsterne (alle etwa 3. Größe) ein auffälliges Viereck bilden.

Delta ist ein Doppelstern mit farblich kontrastierenden Komponenten.

Hydra, die Wasserschlange (Schwanz)
Das langgestreckte Sternbild zieht sich auch durch dieses Segment der Himmelssphäre. Unter den nun sichtbaren Objekten befindet sich das Schwanzende der Wasserschlange, der Stern R (unweit Gamma). R ist ein veränderlicher Mirastern und deutlich rot. In knapp über einem Jahre schwankt er in der Helligkeit zwischen Größe 4 und 11.

Etwas südlich von R, am Rand des Sternbilds, liegt M83, eine der hellsten Spiralgalaxien. Größere Instrumente lassen erkennen, daß es sich um eine Balkenspirale handelt, deren Kern aus einem nahezu geraden Balken besteht.

Leo, der Löwe *Siehe Seite 48.*

Ursa Maior, der Große Bär *Siehe Seite 94.*

Vela, das Segel *Siehe Seite 49.*

Virgo, die Jungfrau *Siehe Seite 96.*

▼ Eines der interessantesten Objekte am Himmel ist die Strudel-Galaxie M51, die genaugenommen aus zwei zusammenhängenden Galaxien besteht. Die Hauptspirale weist einen sehr hellen Kern und klar definierte Spiralarme auf.

LEGENDE ZUR KARTE

Stern
0
1,0
2,0 Scheinbare Größe
3,0 (Helligkeit)
4,0
5,0

Veränderliche Sterne
Heller Nebel
Nebel / Offener Sternhaufen
Planetarischer Nebel
Offener Sternhaufen
Kugelhaufen
Galaxie

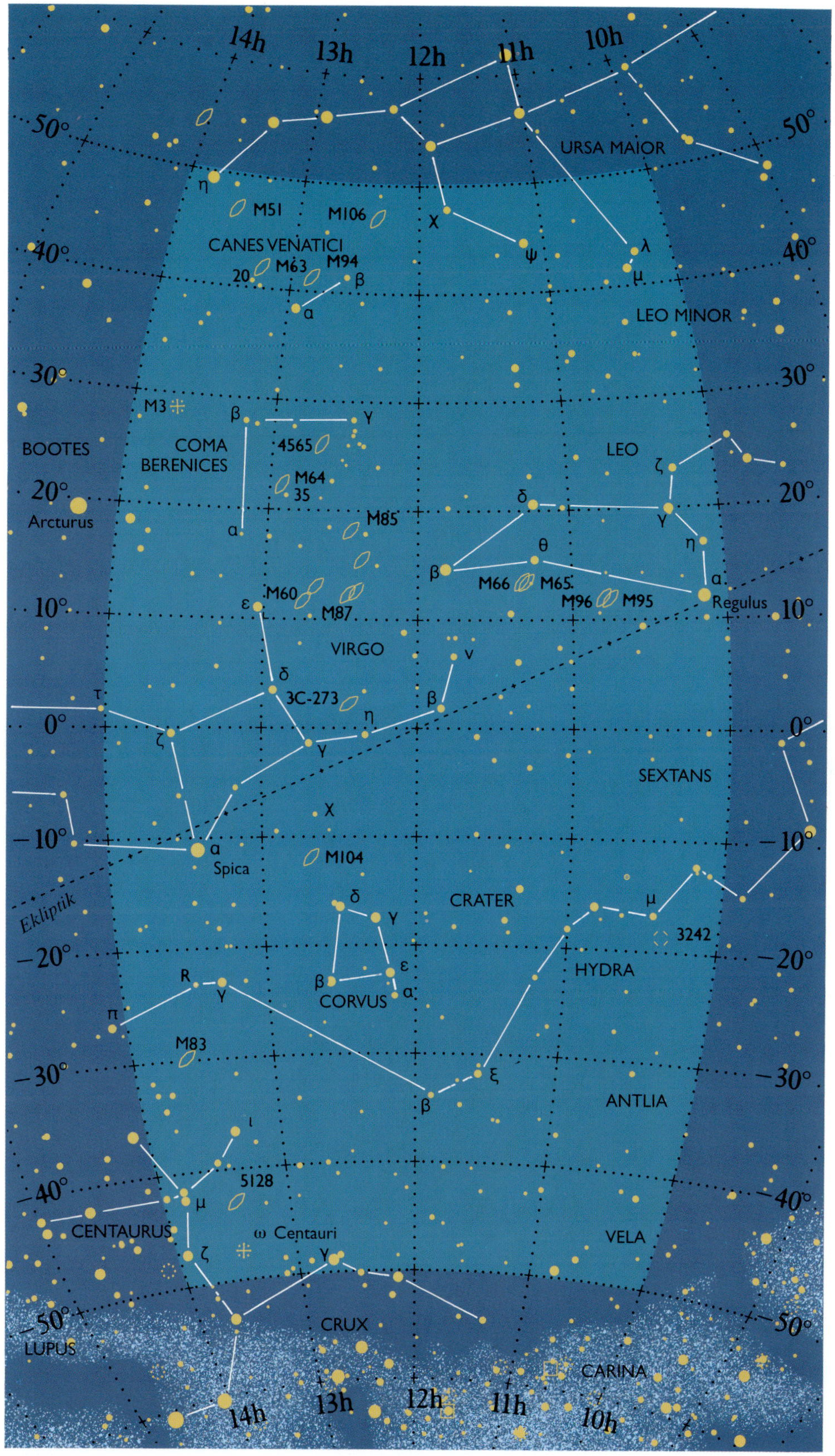

Sterne im Mai

Arcturus und Spica stehen in diesem Monat nahe am Meridian und bieten einen schönen Farbkontrast: Arcturus präsentiert sich in einem warmen Orange, Spica in strahlendem Reinweiß. Beide sind Riesensterne, einer jedoch kalt, der andere glühend heiß.

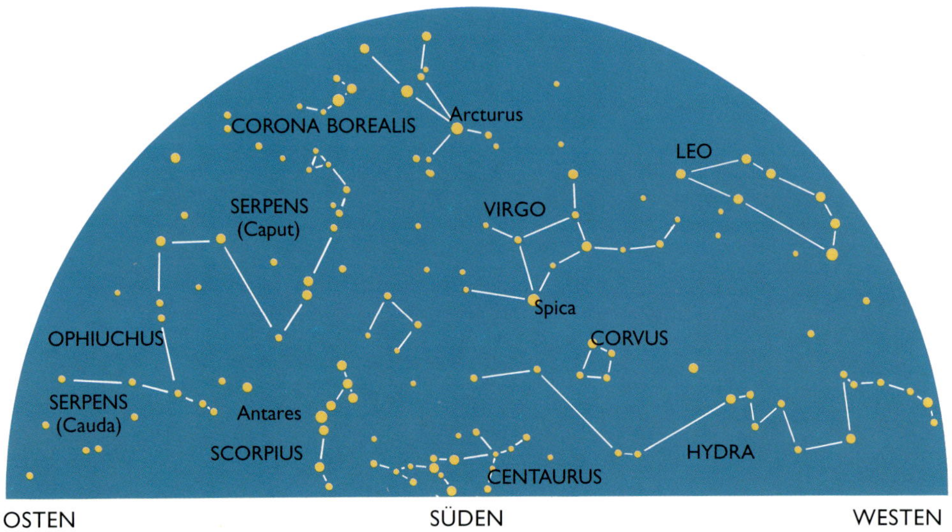

▲ Nördliche Hemisphäre Der Nachthimmel um den 7. Mai gegen 23 Uhr Ortszeit – Blickrichtung Süden. Als Konkurrenz zum orangen Arcturus steigt der rote Antares über den Horizont. Serpens ist im Osten jetzt in voller Länge (Caput und Cauda) sichtbar.

▼ Südliche Hemisphäre Der Nachthimmel um den 7. Mai gegen 23 Uhr Ortszeit – Blickrichtung Norden. Leo neigt sich langsam, aber sicher dem Horizont zu. Sternengucker in Äquatornähe können einen Blick auf den Großen Wagen erhaschen.

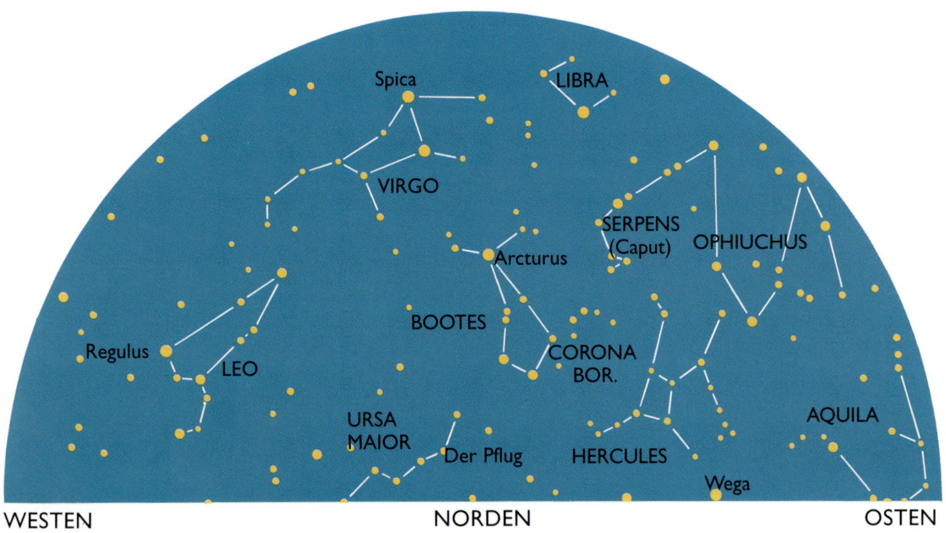

Bootes, der Bärenhüter

In dieser drachenförmigen Konstellation leuchtet der hellste Stern des Nordhimmels und der vierthellste Stern überhaupt: Arcturus (griech.: Bärenhüter) ist ein roter Riese, daher auch seine auffällige Orangefärbung.

Das Sternbild enthält eine ganze Reihe Doppelsterne. Der schönste ist Epsilon, der durch den Feldstecher nur leicht getönt erscheint, sich unter dem Teleskop aber in zwei wunderschöne gelborange bzw. blaugrüne Komponenten aufspaltet und zu den attraktivsten Doppelsternen überhaupt gerechnet wird.

Xi, einen weiteren farbintensiven Doppelstern, teilt schon ein Amateur-Teleskop in ein gelb-orangefarbenes Paar. Ein Feldstecher reicht aus, um My, den dritten bemerkenswerten Doppelstern des Sternbilds, als zwei gelbe Sterne zu erkennen. Der Blick durchs Teleskop macht deutlich, daß der dunklere der beiden wiederum aus zwei gelben Komponenten besteht.

Fernere Himmelsobjekte findet man in Bootes kaum. Beachtung verdient lediglich der Kugelhaufen NGC5466, der eine Ecke eines Parallelogramms mit Rho, Alpha und Eta bildet.

Canes Venatici, die Jagdhunde *Siehe Seite 50.*

Centaurus *Siehe Seite 82.*

Coma Berenices, das Haar der Berenike

Wie das nördlich gelegen Sternbild Canes Venatici ist Coma Berenices eine auf den ersten Blick unauffällige Konstellation, die sich jedoch beim Blick durch Feldstecher und Teleskop als überaus interessant entpuppt.

In erster Linie wird Coma Berenice von Galaxien geprägt. In diesem Teil des Himmels, Coma-Haufen genannt, findet man buchstäblich Hunderte. Die rund 450 Millionen Lichtjahre entfernten Galaxien liegen außerhalb der Reichweite der meisten Amateur-Teleskope, aber es gibt auch eine Reihe wesentlich näherer. Eine davon ist M64, auf der Verbindungslinie Alpha – Gamma, unweit von Stern 35. Große Instrumente zeigen sie als Ellipse mit einem deutlichen dunklen Fleck, der ihr den Namen »Galaxie mit dem schwarzen Auge« eingebracht hat.

Ein Stück weiter auf der Achse Alpha – Gamma liegt die etwas lichtschwächere Galaxie NGC4565. Sie wirkt zigarrenförmig, weil wir sie in Kantenstellung sehen. Die Galaxien M85 und M100, beide 9. Größe, sind Teil einer dichten Galaxiengruppe am Südrand des Sternbilds, die sich bis in Virgo hinüberzieht. Diese gesamte Himmelsregion ist eine echte Fundgrube für Hobbyastronomen (mit besserem Teleskop).

Corona Borealis, die Nördliche Krone *Siehe Seite 54.*

Corvus, der Rabe *Siehe Seite 50.*

Hydra, die Wasserschlange *Siehe Seite 48 und 50.*

Libra, die Waage
Libra ist ein lichtschwaches Tierkreis-Sternbild ohne auffällige helle Sterne. Möglicherweise leidet die Waage etwas unter der Nachbarschaft zu den auffallend hellen Sternen des Skorpion, dessen Klauen Libra ursprünglich bildete. Ihr Hauptstern Alpha (Größe 2,7) heißt auch Zubenelgenubi, was soviel wie »Südliche Klaue« bedeutet. Er ist geringfügig dunkler als Beta, die »Nördliche Klaue«, Zubenelchemale.

Alpha ist ein schöner Doppelstern, der schon mit einem Feldstecher aufgelöst werden kann. Wäre die schwächere Komponente (5. Größe) minimal heller, ließe sich Alpha schon mit bloßem Auge trennen.

Beta besitzt eine ungewöhnliche grünliche Färbung. Delta ist ein Bedeckungsveränderlicher vom Typ Algol. Alle 56 Stunden tritt die dunkle Komponente vor die helle, und das System sackt für kurze Zeit von der 4. auf die 6. Größe ab.

Lupus, der Wolf
Dieses Sternbild liegt zwischen Scorpius und Centaurus am Rande der Milchstraße und bietet deshalb viele Attraktionen, für die man allerdings einen Feldstecher benötigt. Pi, Kappa und Eta sind nur drei der schönen Doppelsterne. Mit einem größeren Instrument lassen sich diverse Sternhaufen ausmachen. Schon mit einem kleineren Teleskop erkennt man nahe Eta den Kugelhaufen NGC5986 und unweit von Zeta den offenen Kugelhaufen NGC5822.

Scorpius, der Skorpion *Siehe Seite 90.*

Serpens Caput, der Schlangenkopf *Siehe Seite 55.*

Ursa Maior, der Große Bär *Siehe Seite 94.*

Virgo, die Jungfrau *Siehe Seite 96.*

LEGENDE ZUR KARTE

Stern		Veränderliche Sterne
0		Heller Nebel
1,0		Nebel / Offener Sternhaufen
2,0	Scheinbare Größe	Planetarischer Nebel
3,0	(Helligkeit)	Offener Sternhaufen
4,0		Kugelhaufen
5,0		Galaxie

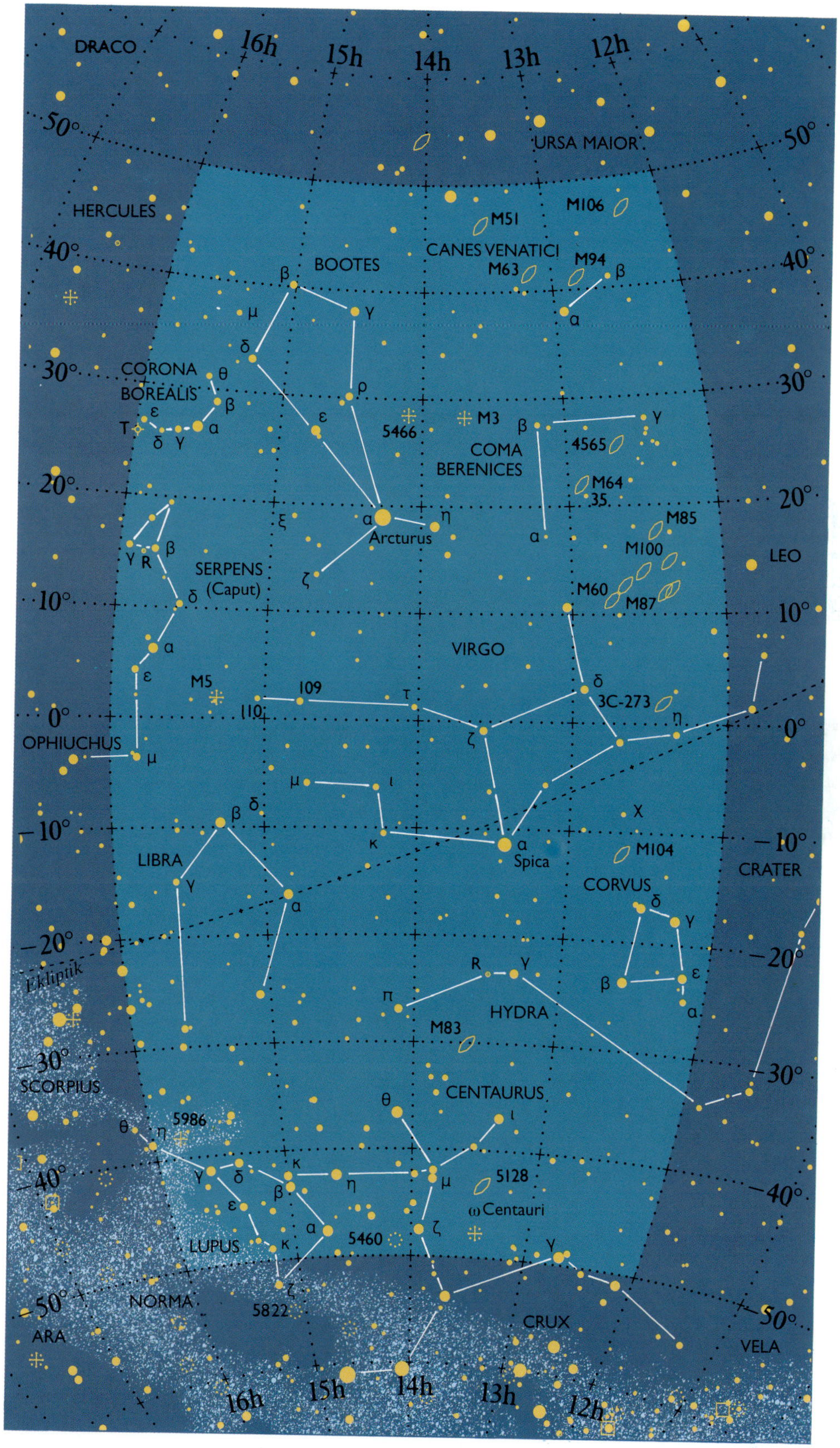

Sterne im Juni

Im Juni und Juli sollte man sein Fernrohr auf Scorpius richten, der auf der nördlichen Halbkugel relativ tief, auf der südlichen nahe dem Zenit steht. Sein Hauptstern Antares erleuchtet jetzt gemeinsam mit Arcturus, Wega, Deneb, Altair und Spica den Nachthimmel.

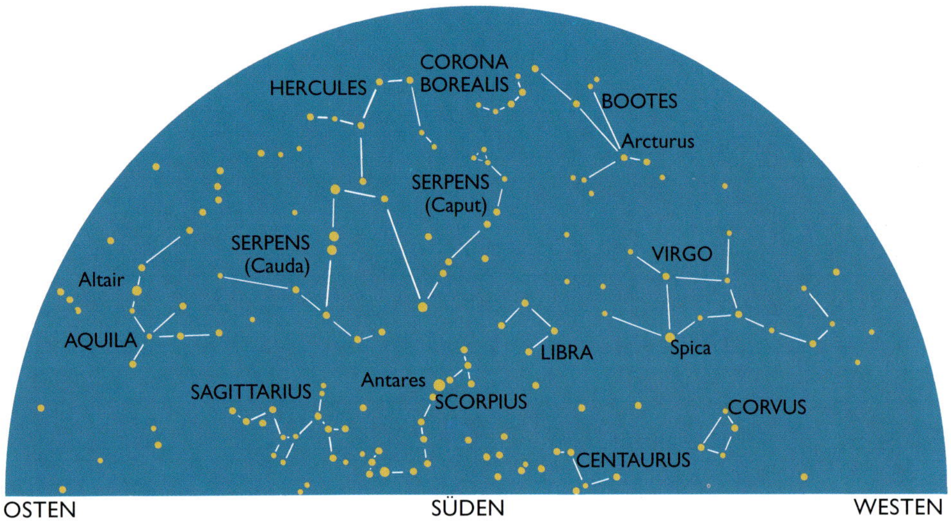

▲ **Nördliche Hemisphäre Der Nachthimmel um den 7. Juni gegen 23 Uhr Ortszeit – Blickrichtung Süden.** Schlangenkopf und Skorpion liegen fast genau im Süden. Vergleichen Sie die Farben von Antares (nahe dem Horizont) und Arcturus (weit oben).

▼ **Südliche Hemisphäre Der Nachthimmel Australiens und Südafrikas um den 7. Juni gegen 23 Uhr Ortszeit – Blickrichtung Norden.** In diesem Monat bietet sich Gelegenheit, die nördlichen Sternbilder Bootes und Hercules zu beobachten.

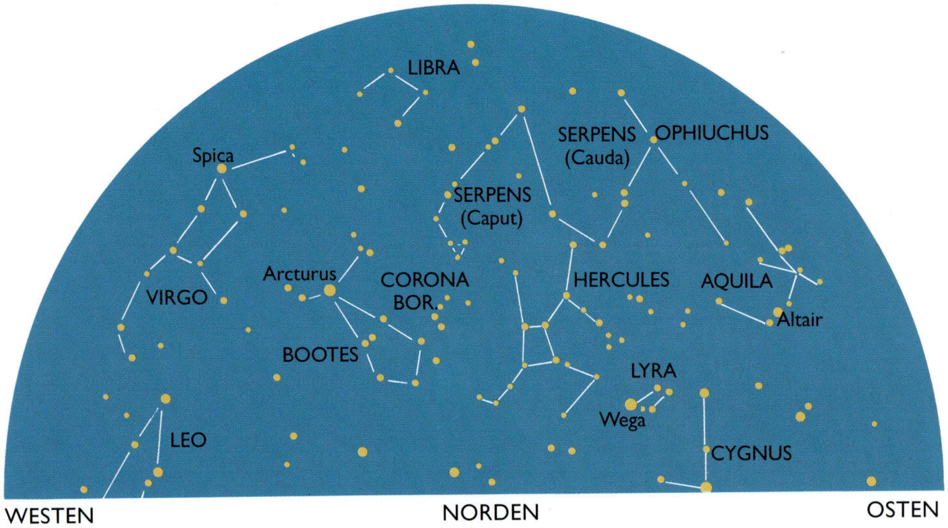

Ara, der Altar *Siehe Seite 42.*

Bootes, der Bärenhüter *Siehe Seite 52.*

Centaurus *Siehe Seite 82.*

Corona Borealis, die Nördliche Krone
Ein sehr kleines, aber leicht erkennbares Sternbild, das, den Hauptstern Alpha (2. Größe) in der Bogenmitte, einen fast perfekten Halbkreis bildet. Zeta und Ny sind zwei von mehreren Doppelsternen, besondere Beachtung verdienen jedoch zwei bemerkenswerte Veränderliche.

Der erste ist R, nördlich von Delta in der »Schüssel« gelegen. Die meiste Zeit besitzt R Größe 6 und ist mit dem Feldstecher leicht auszumachen. Ab und zu jedoch verdunkelt er sich plötzlich auf die 12. Größe. Dann ist es eine Sache von Monaten, manchmal aber auch Jahren, bis er seine alte Helligkeit zurückgewinnt. Astronomen erklären diese abrupten Verdunkelungen damit, daß der Stern gelegentlich Dunkelwolken abstößt, die sein Licht absorbieren.

Der zweite faszinierende Veränderliche heißt T und liegt südlich von Epsilon. Gewöhnlich 10. Größe, flackert dieser Stern sporadisch auf Helligkeitsstufe 6 oder höher auf und wird dann mit bloßem Auge sichtbar. 1866 und 1946 erreichte er sogar 2. Größe. Der Stern T wird zur Gruppe der Wiederkehrenden Novae gezählt. Da niemand weiß, wann der nächste Helligkeitsausbruch stattfinden wird, lohnt es sich immer, ihn im Auge zu behalten.

Unterhalb der »Schüssel« jenseits Beta zeigen große Teleskope einen der dichtesten Galaxiehaufen überhaupt, Abell 2065 genannt. In etwa einer Milliarde (10^9) Lichtjahren Entfernung liegen hier mehr als 400 Galaxien relativ dicht beisammen.

Draco, der Drachen *Siehe Seite 40.*

Hercules, Herkules
Hercules, das fünftgrößte Sternbild, wirkt mit bloßem Auge wenig eindrucksvoll, gewinnt jedoch bei näherer Betrachtung mit Feldstecher und Teleskop an Attraktivität.

Highlight ist M13, der schönste Kugelhaufen des Nordhimmels, der in sehr dunklen Nächten fast ohne Hilfsmittel erkennbar wird. Er liegt auf der Verbindungslinie Zeta – Eta. Das Fernglas zeigt ihn als verwaschenen hellen Fleck, der sich im Teleskop in eine Unzahl Einzelsterne auflöst.

Auch der Kugelhaufen M92, auf der Verbindungslinie Eta – Jota gelegen, verdient die Aufmerksamkeit des Hobby-Astronomen. Ein stärkeres Glas ist zur Beobachtung von NGC6210 nötig, einem kleinen, hellen planetarischen Nebel mit leuchtend blauem Zentralgestirn.

Alpha, der durch seine rote Färbung auffällt, schwankt im Laufe mehrerer Monate zwischen 3. und 4. Größe.

Er ist zudem ein Doppelstern mit einer rötlichen und einer grünlichen Komponente. Auch Delta, Rho und My sind Doppelsterne, deren nähere Erforschung sich lohnt.

Hydra, die Wasserschlange (Schwanz) *Siehe Seite 50.*

Libra, die Waage *Siehe Seite 53.*

Lupus, der Wolf *Siehe Seite 53.*

Lyra, die Leier *Siehe Seite 56.*

Ophiuchus, der Schlangenträger *Siehe Seite 56.*

Sagittarius, der Schütze *Siehe Seite 88.*

Scorpius, der Skorpion *Siehe Seite 90.*

Serpens Caput, der Kopf der Schlange
Dies ist der Kopf von Serpens, der Schlange, einer Konstellation, die durch Ophiuchus, den Schlangenträger, in zwei Teile getrennt wird. Der Schwanzteil heißt Serpens Cauda (siehe Seite 57). Das Sternendreieck im Kopf wirkt schon durch das Fernglas, Kappa und Rho (im Norden) präsentieren sich rötlich.

Ganz in der Nähe, dicht bei Beta, liegt R, ein veränderlicher Mirastern mit starken Helligkeitsschwankungen (bis zur 6. Größe) und einer Periode von etwas unter einem Jahr. Delta und der orangefarbene Stern Alpha geben sich durch das Teleskop als Doppelsterne zu erkennen.

Interessantestes Objekt des Schlangenkopfes ist jedoch der Kugelhaufen M5, einer der schönsten des Nordhimmels. Man findet ihn unweit von Stern 5 auf der Verlängerung einer Geraden durch Lambda und Alpha. Er steht auch auf einer Linie mit den Sternen 110 und 109 Virginis der Nachbarkonstellation Virgo.

Virgo, die Jungfrau *Siehe Seite 96.*

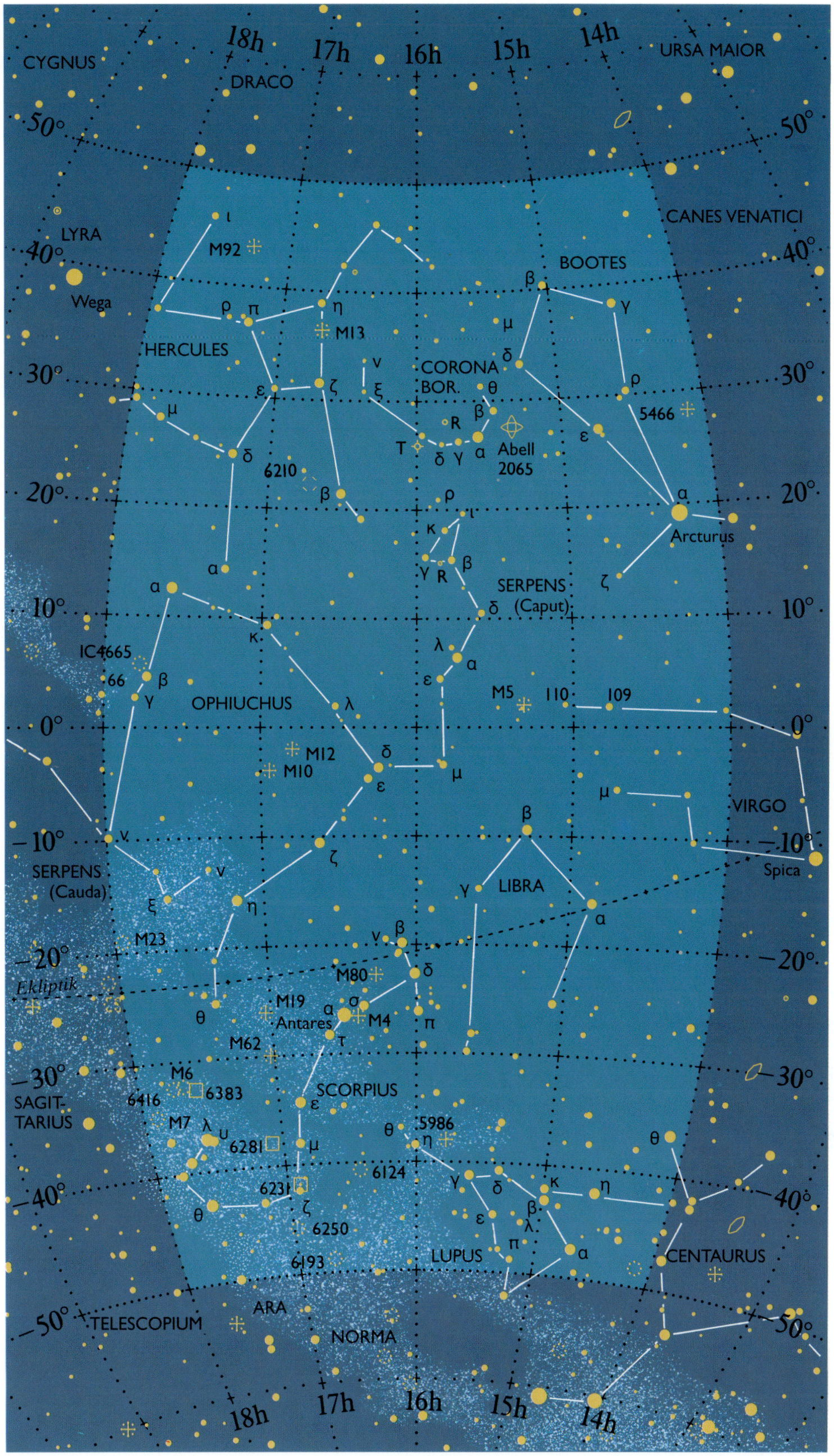

LEGENDE ZUR KARTE

- Stern
- 0
- 1,0
- 2,0 Scheinbare Größe
- 3,0 (Helligkeit)
- 4,0
- 5,0
- Veränderliche Sterne
- Heller Nebel
- Nebel / Offener Sternhaufen
- Planetarischer Nebel
- Offener Sternhaufen
- Kugelhaufen
- Galaxie

Sterne im Juli

Wega, am Nordhimmel weit oben, am Südhimmel hingegen recht tief stehend, bildet zusammen mit Altair und Deneb das sogenannte Sommerdreieck. Vor allem in der Region von Sagittarius lockt die Milchstraße jetzt mit vielen Attraktionen.

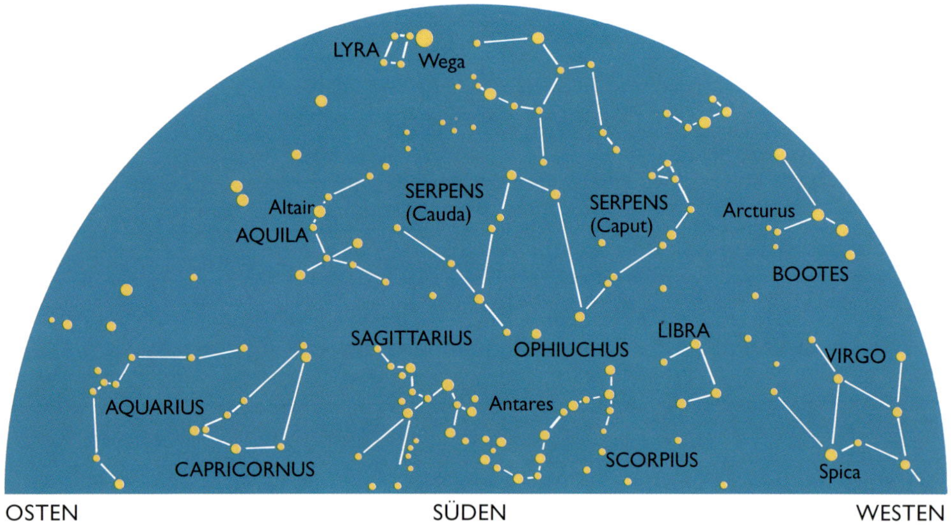

▲ Nördliche Hemisphäre Der Nachthimmel um den 7. Juli gegen 23 Uhr Ortszeit – Blickrichtung Süden. Sagittarius zieht neben Scorpius am südlichen Horizont auf und lädt Sternengucker der Nordhalbkugel zu einem kurzen Ausflug in den Südhimmel ein.

▼ Südliche Hemisphäre Der Nachthimmel um den 7. Juli gegen 23 Uhr Ortszeit – Blickrichtung Norden. Schwan und Adler fliegen über das Band der Milchstraße hinweg. Die Sterne Deneb und Altair stehen fast senkrecht übereinander.

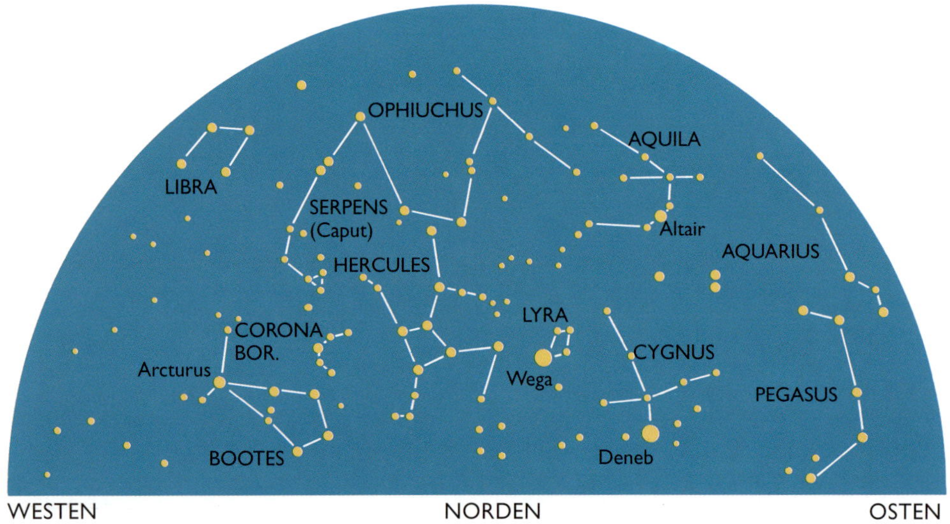

Aquila, der Adler *Siehe Seite 58.*

Cygnus, der Schwan *Siehe Seite 84.*

Hercules, Herkules *Siehe Seite 54.*

Lyra, die Leier
Dieses kleine Sternbild birgt nichtsdestotrotz eine Fülle interessanter Objekte.

Der einzige wirklich helle Stern in Lyra ist Wega (1. Größe), manchmal auch »Harfenstern« genannt. Als fünfthellster Stern überhaupt leuchtet sie hell am Sommerhimmel der Nordhalbkugel und bildet gemeinsam mit Deneb (Cygnus) und Altair (Aquila) das Sommerdreieck.

Unweit von Wega liegt Epsilon, ein bekannter Mehrfachstern, der sich schon mit einem Opernglas zu einem Doppelstern auflöst. Ein kleines Teleskop macht dann beide Komponenten wiederum als Doppelsternsysteme kenntlich.

Direkt südlich von Wega bilden vier Sterne ein Parallelogramm. Der astronomisch interessanteste ist Beta, auf den ersten Blick ein Doppelstern mit einer gelben und einer blauen Komponente. Der hellere gelbe Stern ist zugleich ein Bedeckungsveränderlicher, dessen beide Sterne sehr dicht beieinanderliegen (vermutlich weniger als 35 Millionen Kilometer) und wegen dieser geringen Distanz fast eiförmig verformt sind. Zwischen beiden findet Gasaustausch statt. Beta wechselt alle 13 Tage von der 3. zur 4. Größe. Diese Helligkeitsschwankungen lassen sich sehr schön im Vergleich mit Delta oder Zeta (beide Größe 4,3) verfolgen. Auch diese beiden sind Doppelsterne, das Deltasystem löst sich bereits im Feldstecher auf.

Zwischen Beta und Gamma findet man eines der bestechendsten Himmelsobjekte überhaupt, den Ringnebel M57. Dieser farbintensive »Rauchring« gilt als Überrest eines sterbenden Sterns. Seine wahre Pracht zeigt sich allerdings nur in einem großen Teleskop.

Ophiuchus, der Schlangenträger
Diese große Konstellation teilt Serpens, die Schlange, in zwei Teile – Caput (Kopf) und Cauda (Schwanz). Im Süden deckt sie sich mit einer besonders reichhaltigen Region der Milchstraße mit besonders vielen Kugelhaufen.

Einer dieser Sternhaufen ist M19, zu finden auf halber Strecke zwischen Theta und Antares des Nachbarsternbilds Scorpius. Direkt nördlich von Antares, an der Grenze Ophiuchus – Scorpius, findet man den lichtarmen Stern Rho, in dessen Umgebung weitläufige Gas- und Staubwolken liegen. Einige Staubstraßen lassen sich schon mit dem Feldstecher ausmachen.

Im relativ sternarmen Inneren von Ophiuchus liegen die hellen Kugelhaufen M10 und M12. M12 bildet ein gleichschenkliges Dreieck mit Lambda und Delta, M10 ist nicht weit entfernt.

Stern 70 leuchtet in prächtigem Orange und Gelb (im Teleskop als Doppelstern erkennbar). Unweit von Stern 66 sieht man einen blassen roten Stern (9. Größe), Barnards Pfeilstern genannt, der aus zwei Gründen interessant ist: Erstens ist er nach Proxima und Alpha Centauri der der Erde am nächsten gelegene Stern (nur 5,9 Lichtjahre entfernt), und zweitens zeigt er die größte Eigenbewegung oder sichtbare Bewegung über den Himmel: Er legt mehr als zehn Sekunden pro Jahr zurück.

Sagitta, der Pfeil *Siehe Seite 59.*

Sagittarius, der Schütze *Siehe Seite 88.*

Scorpius, der Skorpion *Siehe Seite 90.*

Scutum, der Schild

Diese kleine Konstellation ohne besonders helle Sterne liegt jedoch am Rand eines dicht bestückten Teils der Milchstraße und ist deshalb reich an Sternenwolken und dunklen Nebelregionen.

Die beiden Highlights des Sternbilds finden Sie nahe beieinander. Direkt südlich von Beta sieht man R, einen Veränderlichen, der unregelmäßig zwischen den Helligkeiten 6 und 9 schwankt. Unweit davon befindet sich der wunderschöne offene Sternhaufen M11, auch »Wildente« genannt, weil er in der Form an eine fliegende Ente erinnert.

Serpens Cauda, der Schwanz der Schlange

Der hintere Teil des Sternbild Serpens, das durch Ophiuchus in zwei Hälften gespalten wird. Der Kopf der Schlange heißt Serpens Caput (siehe Seite 55). Das interessanteste Objekt des Schlangenschwanzes ist M16, ein ausgedehnter Sternhaufen, den man mit dem Feldstecher nahe bei Gamma Scuti (Nachbarkonstellation) entdeckt. Durch ein Teleskop wird deutlich, daß die Sterne in einen leuchtenden Nebel eingebettet sind, der auch Adlernebel genannt wird.

LEGENDE ZUR KARTE

- Stern
- 0
- 1,0
- 2,0 Scheinbare Größe
- 3,0 (Helligkeit)
- 4,0
- 5,0
- Veränderliche Sterne
- Heller Nebel
- Nebel / Offener Sternhaufen
- Planetarischer Nebel
- Offener Sternhaufen
- Kugelhaufen
- Galaxie

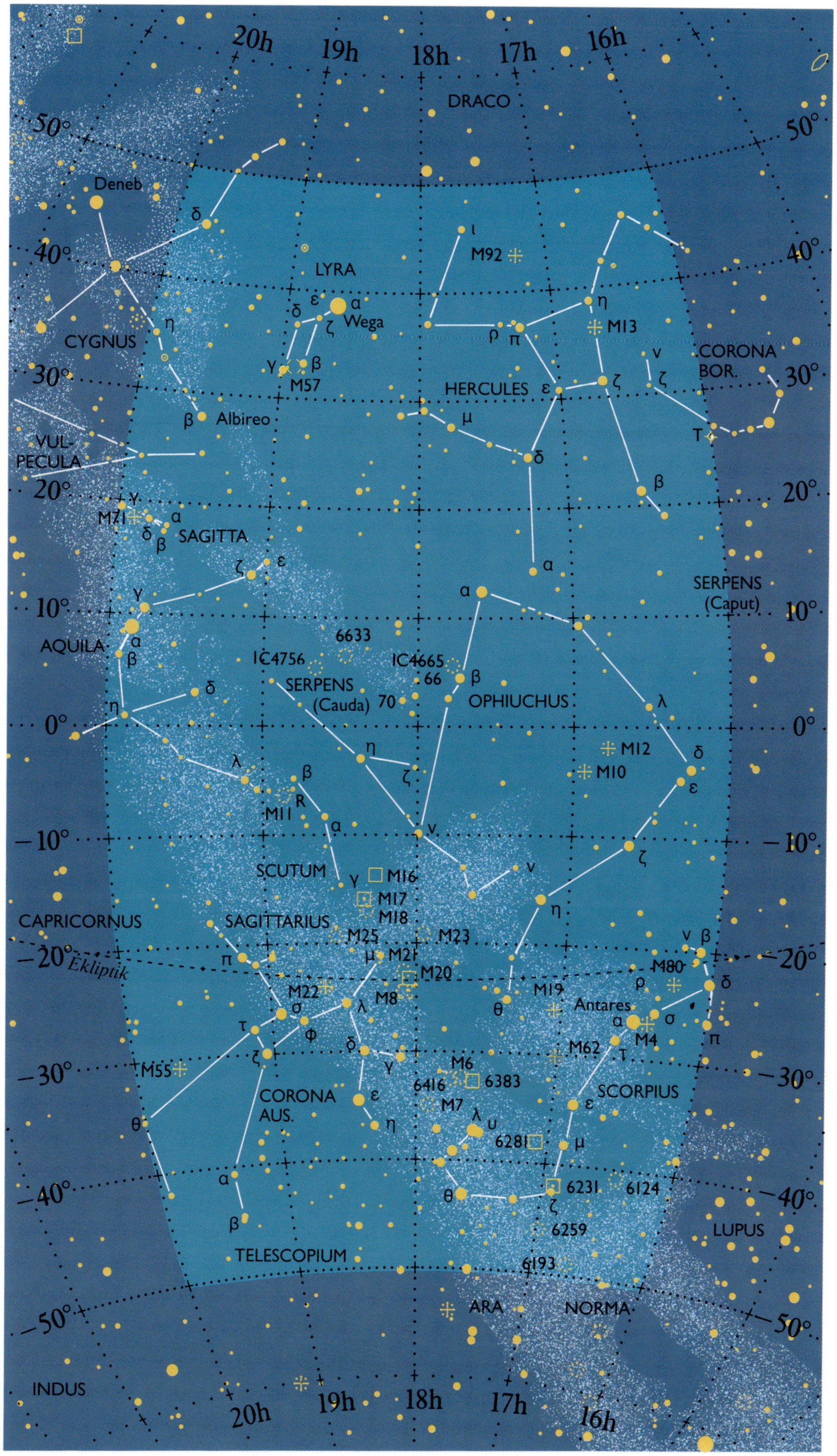

Sterne im August

Die strahlend weißen Sterne Deneb, Wega und Altair legen sich als Sommerdreieck über den Meridian – auf der Nordhalbkugel hoch oben am Himmel, in der südlichen Hemisphäre deutlich tiefer. Das Erscheinen von Pegasus im Osten kündigt einen Jahreszeitenwechsel an.

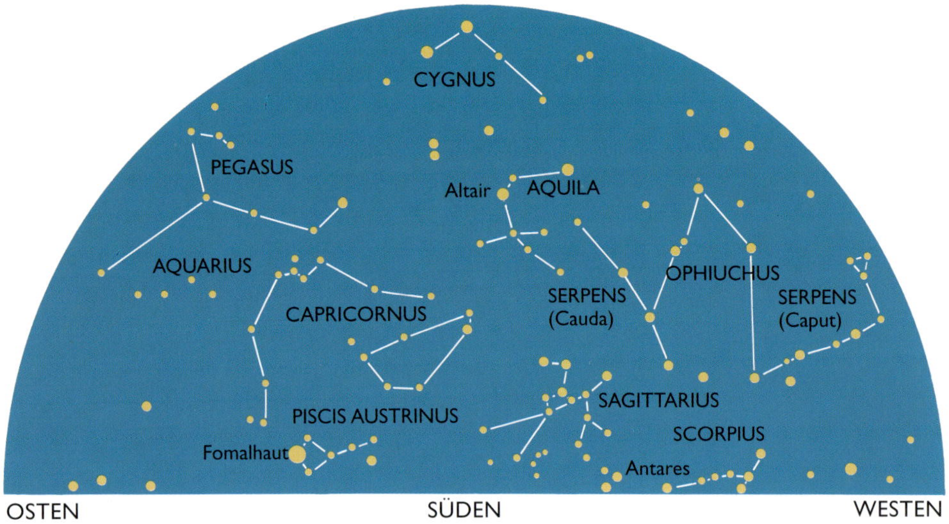

▲ Nördliche Hemisphäre Der Nachthimmel um den 7. August gegen 23 Uhr Ortszeit – Blickrichtung Süden. Ein Teil von Sagittarius ist diesen Monat noch sichtbar, in südlicheren Breiten auch Antares, der weiter nördlich jedoch schon untergegangen ist.

▼ Südliche Hemisphäre Der Nachthimmel Australiens und Südafrikas um den 7. August gegen 23 Uhr Ortszeit – Blickrichtung Norden. Wega und Deneb dominieren mit ihrer Leuchtkraft den unteren Teil des Südhimmels, höher oben steht Altair.

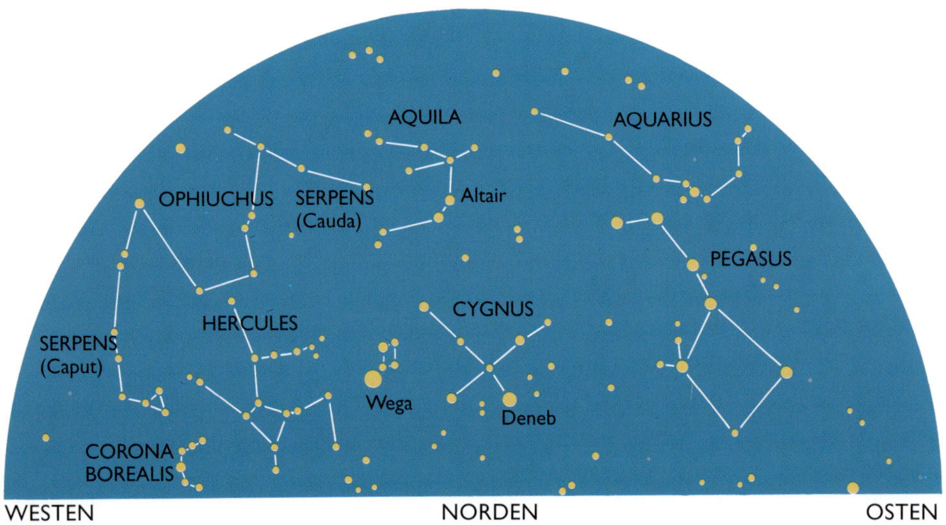

Aquarius, der Wassermann *Siehe Seite 60.*

Aquila, der Adler
Die Kurve heller Sterne dieser schönen Konstellation weist eine gewisse Ähnlichkeit mit den Schwingen eines fliegenden Vogels auf. Aquila liegt auf dem Himmelsäquator und dem Band der Milchstraße und bietet schon mit dem Feldstecher eine Fülle sehenswerter Objekte.

Der hellste Stern, Altair, bildet zusammen mit Deneb (Cygnus) und Wega (Lyra) das auffällige Sommerdreieck. In seinem strahlenden Reinweiß kontrastiert Altair aufs Schönste mit dem benachbarten Gamma, der ein kräftiges Orange zeigt.

Südlich von Altair liegt eine einprägsame Gerade aus drei Sternen: Theta und Delta flankieren Eta, einen Cepheiden-Veränderlichen, der mit einer Periodenlänge von etwas über einer Woche zwischen 3. und 4. Größe schwankt. Im Vergleich mit Theta und Delta (beide 3. Größe) und Jota (4. Größe) läßt sich dieser Helligkeitswechsel sehr schön verfolgen.

Der Bogen um Lambda eignet sich als Wegweiser zum »Wildenten«-Sternhaufen M11 im Nachbarsternbild Scutum.

Capricornus, der Steinbock
Capricornus zählt zu den Tierkreis-Sternbildern, ist jedoch relativ unauffällig. Seine hellsten Sterne, alle etwa 3. Größe, bilden ein schiefes Dreieck.

Alpha ist ein optischer Doppelstern, der sich schon mit bloßem Auge trennen läßt; der lichtschwächere Stern ist mehr als zehnmal so weit von uns entfernt wie der hellere – allerdings sind beide ihrerseits Doppelsterne. Beta dagegen ist ein »echter« Doppelstern, dessen Komponenten gemeinsam durch den Weltraum ziehen.

Der einzige bemerkenswerte Sternhaufen der Konstellation, M30, liegt etwas außerhalb des Dreiecks unweit von Zeta. Um die Sterne dieses Kugelhaufens aufzulösen, bedarf es allerdings eines großen Teleskops.

Cygnus, der Schwan *Siehe Seite 84.*

Delphinus, der Delphin
Um in diesem winzigen Sternbild einen springenden Delphin zu sehen, bedarf es keiner großen Phantasie. Seine hellen Sterne bilden eine so kompakte Gruppe, daß man sie fast für einen offenen Sternhaufen halten könnte. Gamma ist ein schöner Doppelstern, den ein kleines Teleskop in zwei goldgelbe Komponenten auflöst.

Grus, der Kranich *Siehe Seite 60.*

Lacerta, die Eidechse *Siehe Seite 61.*

Lyra, die Leier *Siehe Seite 56.*

Sagitta, der Pfeil
Eines der kleinsten Sternbilder überhaupt, zeigt Sagitta tatsächlich Ähnlichkeit mit einem Pfeil. Es liegt auf der Milchstraße fast direkt nördlich der hellen Sterne von Aquila.

Mit bloßem Auge betrachtet, erscheint Sagitta in einer relativ »leeren« Himmelsregion, doch schon mit dem Feldstecher werden wunderschöne Sternenfelder sichtbar. Auch die vier Hauptsterne lohnen den Blick durch das Glas. Auf halbem Wege zwischen Delta und Gamma zeigen Amateur-Teleskope den Sternhaufen M71.

Sagittarius, der Schütze *Siehe Seite 88.*

Scutum, der Schild *Siehe Seite 57.*

Serpens Cauda, der Schwanz der Schlange *Siehe Seite 57.*

Vulpecula, der Fuchs
Dieses südlich von Cygnus in der Milchstraße gelegene Sternbild besitzt keinerlei helle Sterne und ist schwer auszumachen. Mit Feldstecher und Teleskop erkennt man jedoch einige attraktive Sternenfelder sowie eine Reihe anderer interessanter Objekte.

Besondere Beachtung verdient der Dumbbell- oder Hantelnebel M27, einer der hellsten planetarischen Nebel überhaupt. Er liegt direkt nördlich von Gamma Sagittae. Durch ein Fernglas bleibt M27 ein verwaschener Fleck, doch die meisten Teleskope machen die charakteristische hantelförmige Gestalt erkennbar.

In Verlängerung der Pfeilflugrichtung des Nachbarsternbilds Sagitta liegt Stern 4 in einer Folge lichtschwächerer Sterne, die zu einem offenen Sternhaufen gehören. Der Feldstecher zeigt daneben eine Gerade aus sechs Sternen, die zusammengenommen an einen Kleiderbügel erinnern; daher der Spitzname dieses Sternhaufens.

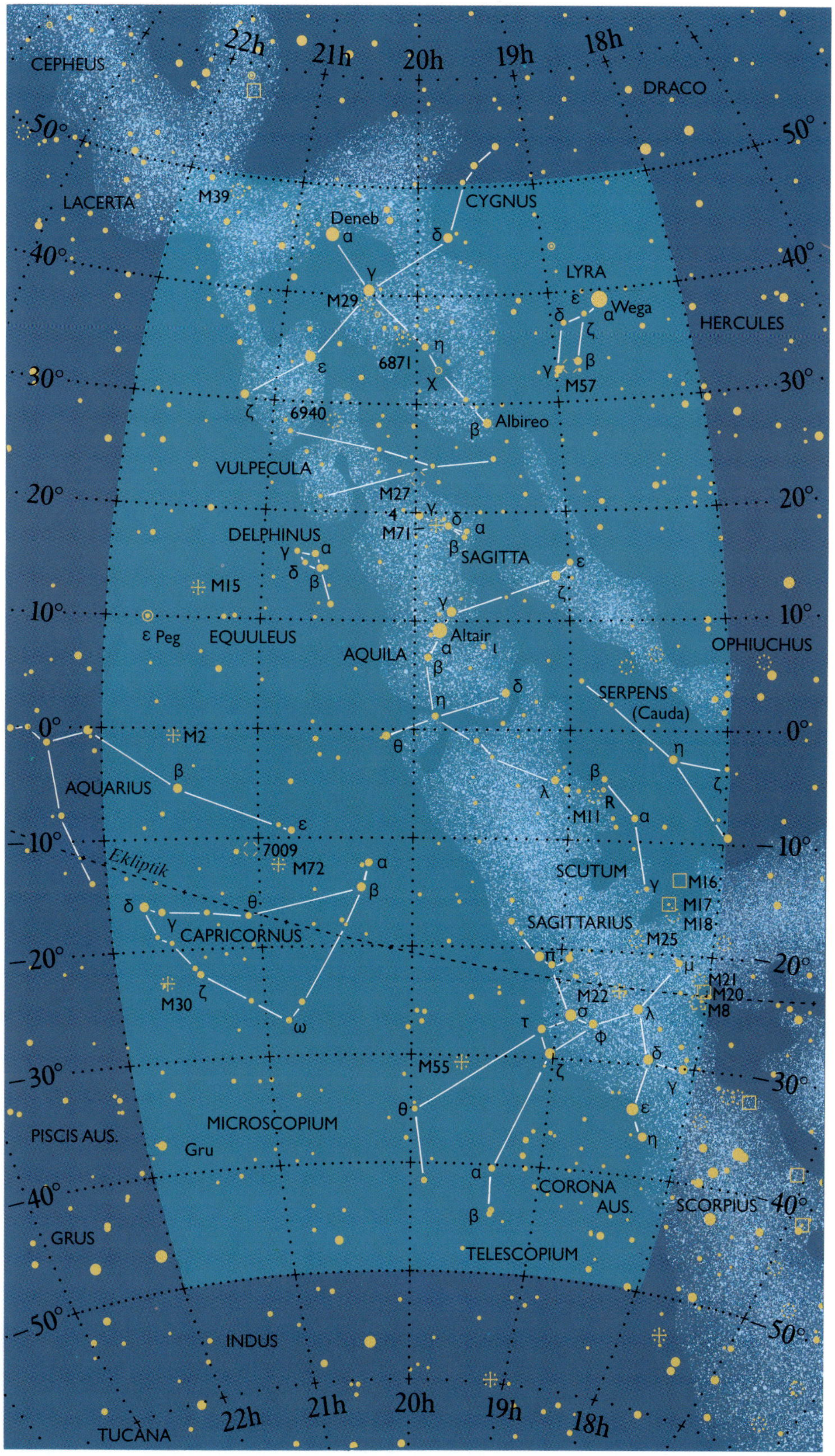

LEGENDE ZUR KARTE

- Stern
- 0
- 1,0
- 2,0 Scheinbare Größe
- 3,0 (Helligkeit)
- 4,0
- 5,0
- Veränderliche Sterne
- Heller Nebel
- Nebel / Offener Sternhaufen
- Planetarischer Nebel
- Offener Sternhaufen
- Kugelhaufen
- Galaxie

Sterne im September

Im Laufe dieses Monats treibt Pegasus die Sterne des Sommerdreiecks immer weiter auf den westlichen Horizont zu. Das geflügelte Pferd gilt in unseren Breiten deshalb auch als Herbstbote.

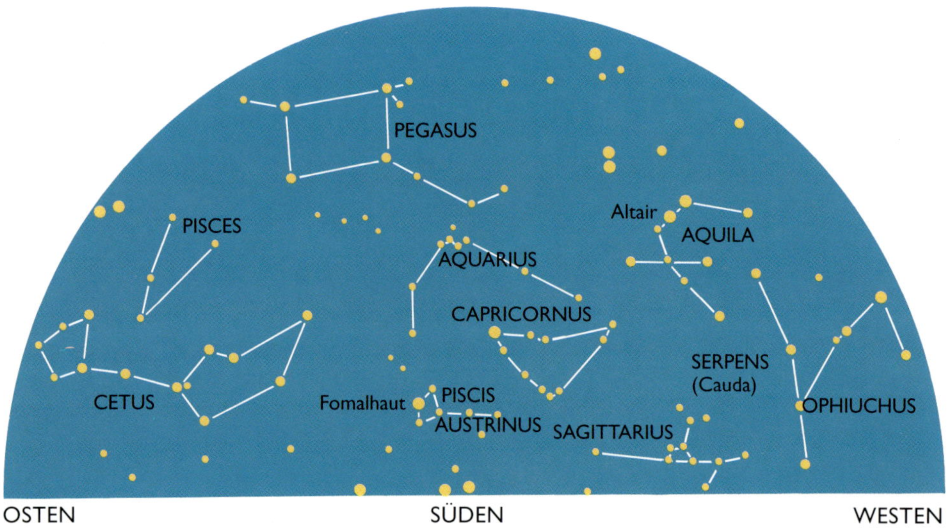

▲ Nördliche Hemisphäre Der Nachthimmel mittlerer Breiten um den 7. September gegen 23 Uhr Ortszeit – Blickrichtung Süden. Altair steht relativ hoch im Westen, Fomalhaut tief im Süden. Insgesamt dominieren eher lichtarme Konstellationen das Bild.

▼ Südliche Hemisphäre Der Nachthimmel um den 7. September gegen 23 Uhr Ortszeit – Blickrichtung Norden. Wega und Deneb findet man dicht über dem Horizont. Von den aufsteigenden Sternbildern fällt vor allem Pegasus ins Auge.

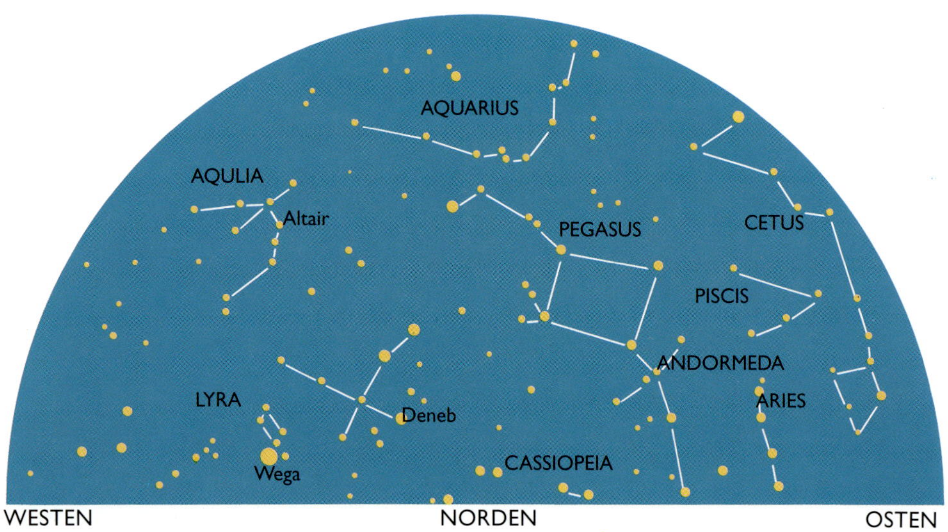

Aquarius, der Wassermann
Die Leitsterne dieses lichtschwachen Tierkreis-Sternbilds, das in unmittelbarer Nachbarschaft der anderen »Wasserkonstellationen« Pisces, Cetus und Piscis Austrinus (Fische, Wal und Südl. Fisch) liegt, erreichen gerade die 3. Größe.

Den hellsten Stern, Alpha, findet man am einfachsten durch Verlängerung der Diagonalen des Pegasusquadrats von Alpha Andromedae durch Alpha Pegasi. Ist Alpha lokalisiert, lassen sich auch die angrenzenden Sterne Gamma, Zeta und Eta gut ausmachen.

Beta liegt direkt neben der verlängerten Diagonale durch Pegasus. Nördlich von Beta bildet M2 ein rechtwinkliges Dreieck mit Alpha und Beta. Dieser Kugelhaufen, einer der hellsten überhaupt, ist mit dem Feldstecher als verschwommener Fleck erkennbar, ein größeres Teleskop löst ihn in Einzelsterne auf.

Ebenfalls suchenswert sind zwei schöne planetarische Nebel. Der hellere, NGC7009, liegt südlich der Verbindungsgeraden Beta – Epsilon und bildet mit diesen beiden ein rechteckiges Dreieck. Durch ein größeres Instrument betrachtet, scheint NGC7009 einen Ring zu besitzen, der an den des Saturn erinnert, und heißt deshalb auch Saturnnebel. Nicht weit davon entfernt erblickt man M72, einen weiteren Kugelhaufen.

Der zweite planetarische Nebel der Konstellation, NGC7293, heißt aufgrund seiner Spiralform (bei Langzeitbelichtung) auch Helix- oder Sonnenblumennebel. Durch kleinere Instrumente wie Amateur-Teleskope wirkt er wie ein blasser Rauchring.

Capricornus, der Steinbock *Siehe Seite 58.*

Cygnus, der Schwan *Siehe Seite 84.*

Delphinus, der Delphin *Siehe Seite 58.*

Grus, der Kranich
Der Kranich mit seinen ausgebreiteten Flügeln und dem langgestrecktem Hals zählt zu den »Vögeln des Südens«. Die lange, leicht gebogene Sternenkette, die den Körper darstellt, ist südlich des leuchtenden Fomalhaut (Piscis Austrinus) leicht zu lokalisieren.

Mit einer Größe von 1,7 ist der Leitstern Alpha geringfügig heller als Beta (2. Größe). Beachtung verdient der schöne Farbkontrast dieser beiden Sterne: Alpha ist bläulichweiß, Beta orange.

Auch Lambda und Jota weisen eine orange Tönung auf. Delta und My sind mit bloßem Auge erkennbare optische Doppelsterne. Die Region zwischen Theta und dem Rand der Nachbarkonstellation Phoenix lohnt die Betrachtung durch ein Teleskop, da hier ein schöner Galaxienhaufen liegt.

Lacerta, die Eidechse
Bei diesem kleinen, lichtschwachen Sternbild des Nordhimmels erreicht nur der Leitstern Alpha 4. Größe. Das Sternen-Zickzack reicht zwischen Cassiopeia und Cygnus in die Milchstraße hinein und enthält daher eine Reihe teleskopischer Attraktionen.

Ein oder zwei mittelhelle offene Sternhaufen sind bereits mit kleinen Instrumenten sichtbar. Einer davon, NGC7243, bildet ein gleichseitiges Dreieck mit Alpha und Beta.

Von größtem astronomischen Interesse, aber mit Amateurinstrumenten nicht sichtbar, ist das Objekt BL Lacertae, eine veränderliche Galaxie, die in relativ kurzer Zeit merkbar an Helligkeit schwankt. Viele Wissenschaftler halten es für einen Quasar.

Pegasus *Siehe Seite 62.*

Phoenix *Siehe Seite 62.*

Pisces, die Fische *Siehe Seite 63.*

Piscis Austrinus, der Südliche Fisch
In dieser kleinen Konstellation leuchtet der strahlend weiße Fomalhaut (1. Größe); alle übrigen Sterne erreichen bestenfalls 4. Größe. Obwohl Fomalhaut (ursprünglich arabisch: »Maul des Fisches«) nur der 18. der hellsten Sterne am Himmel ist, erkennt man ihn leicht, da er in einer ansonsten eher lichtarmen Region steht.

Der vielleicht interessanteste Stern trägt den Namen Lacaille 9352 (8. Größe) und liegt südlich von Pi. Er ist nur 11,7 Lichtjahre von uns entfernt und zeigt eine beträchtliche Eigenbewegung. Das heißt, er bewegt sich anderen Sternen der Himmelssphäre gegenüber scheinbar schneller.

Vulpecula, der Fuchs *Siehe Seite 59.*

LEGENDE ZUR KARTE

- Stern
- 0
- 1,0
- 2,0 Scheinbare Größe
- 3,0 (Helligkeit)
- 4,0
- 5,0
- Veränderliche Sterne
- Heller Nebel
- Nebel / Offener Sternhaufen
- Planetarischer Nebel
- Offener Sternhaufen
- Kugelhaufen
- Galaxie

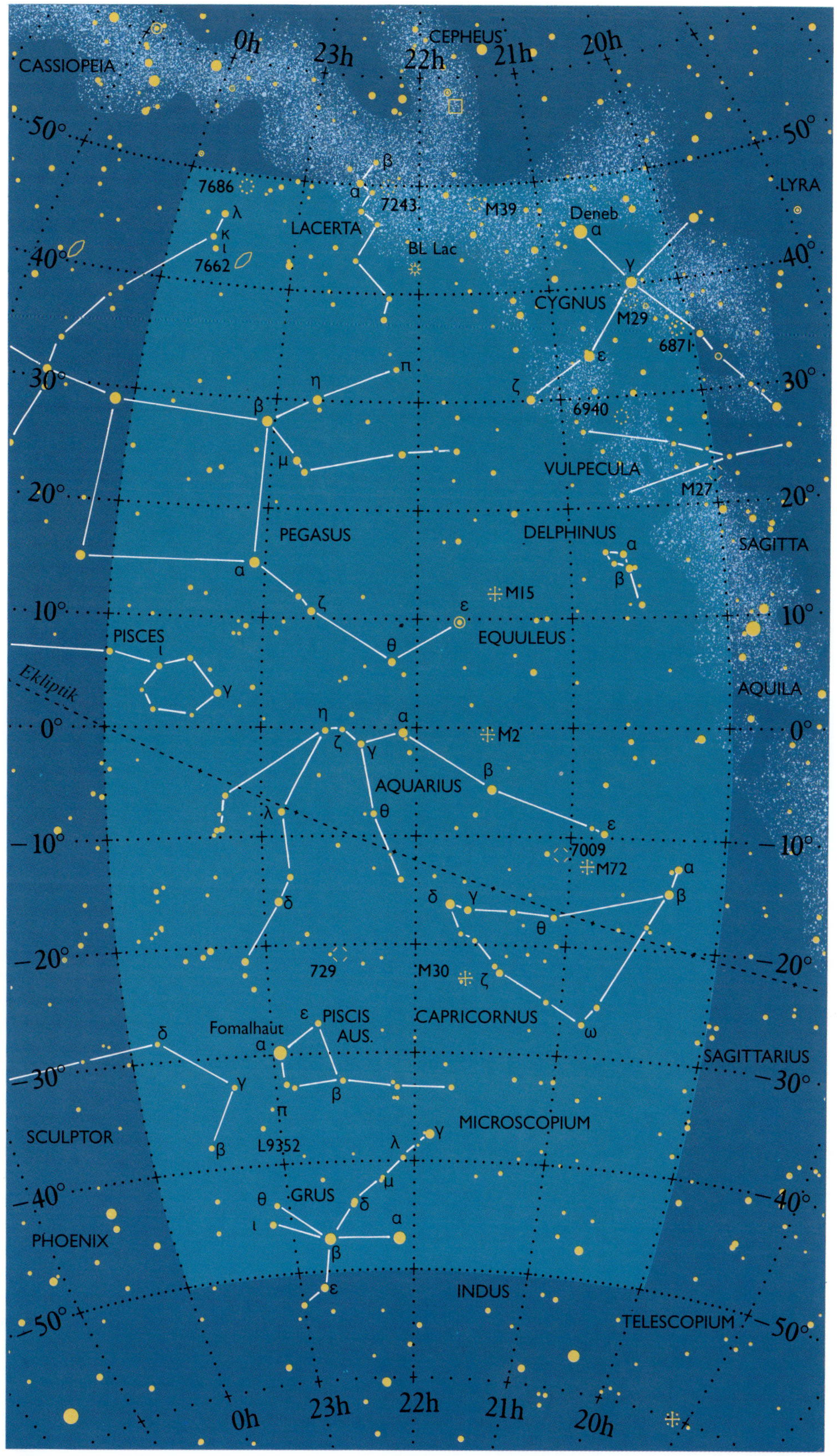

Sterne im Oktober

Im Oktober dominiert Pegasus das Firmament. Die übrigen Sternbilder weisen nur wenige helle Sterne auf und sind entsprechend schwierig zu lokalisieren. Schön zu beobachten ist jetzt unsere Nachbargalaxie, der Andromedanebel.

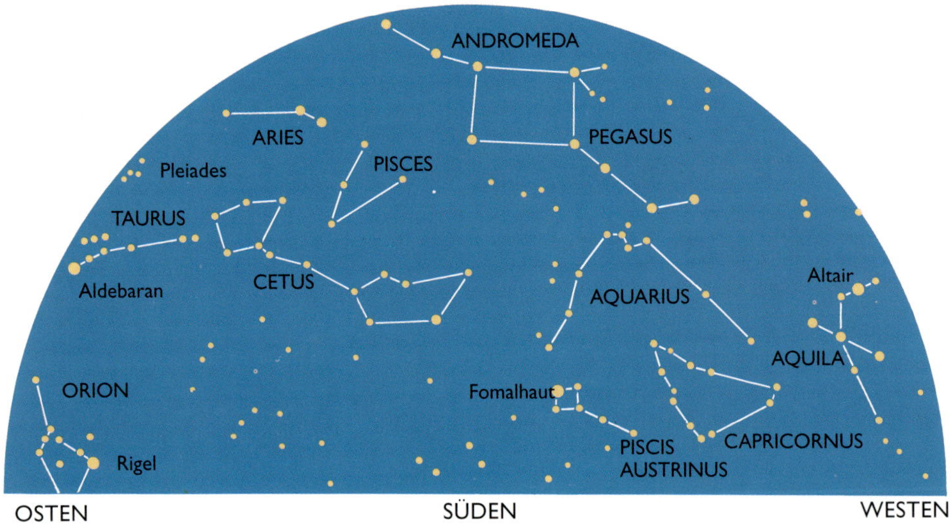

▲ Nördliche Hemisphäre Der Nachthimmel um den 7. Oktober gegen 23 Uhr Ortszeit – Blickrichtung Süden. Das Pegasusquadrat beherrscht den Himmel, im Osten geht Orion auf. Aldebaran und Altair stehen auf einer Höhe.

▼ Südliche Hemisphäre Der Nachthimmel Australiens und Südafrikas um den 7. Oktober gegen 23 Uhr Ortszeit – Blickrichtung Norden. Pegasus prägt das Bild, während Orion am östlichen Horizont erscheint. Fomalhaut steht in der Nähe des Zenits.

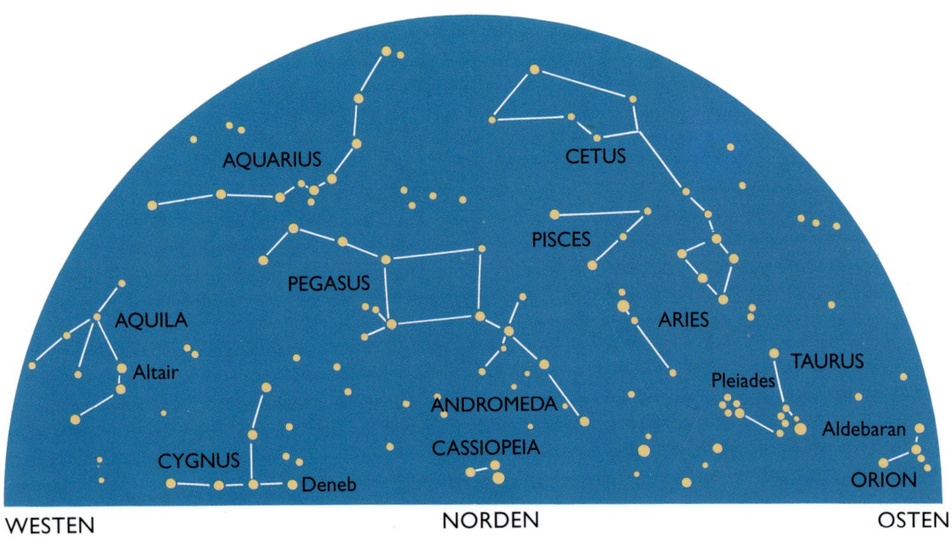

Andromeda *Siehe Seite 78.*

Aquarius, der Wassermann *Siehe Seite 60.*

Aries, der Widder *Siehe Seite 64.*

Cassiopeia *Siehe Seite 80.*

Cetus, der Walfisch *Siehe Seite 64.*

Eridanus *Siehe Seite 66.*

Grus, der Kranich *Siehe Seite 60.*

Lacerta, die Eidechse *Siehe Seite 61.*

Pegasus
Dieses ausgedehnte und auffällige Sternbild dominiert den Herbsthimmel der nördlichen Hemisphäre. Vier Leitsterne bilden eines der einprägsamsten Himmelsmuster, das große Pegasusquadrat. Einmal gefunden, dient dieses als nützlicher Wegweiser zu vielen anderen Konstellationen. Für das bloße Auge scheint die Region im Inneren des Vierecks auffällig sternenarm.

Einer der Sterne des Quadrats gehört genaugenommen nicht zu Pegasus, sondern wird von dem Nachbarsternbild Andromeda gestellt und heißt entsprechend Alpha Andromedae (arabisch: Alpheratz). Die anderen drei sind im Uhrzeigersinn: Beta (Scheat), Alpha (Markab) und Gamma (Algenib). All diese Sterne gehören der 2. Größe an, der hellste ist Alpha Andromedae. Beta ist ein Veränderlicher, dessen Helligkeitsschwankungen allerdings kaum merklich ausfallen. Er gehört zu den roten Riesen, und seine Rottönung kontrastiert auffällig mit dem Reinweiß von Alpha.

Der gelbe Epsilon (Enif) ist in einiger Entfernung von dem Quadrat zu finden, in etwa auf der Verlängerung der Geraden Gamma – Alpha. Er ist geringfügig heller als Alpha und ein Doppelstern, dessen dunklere Komponente mit dem Feldstecher sichtbar wird.

Unter den übrigen Objekten des Sternbilds ragt der Kugelhaufen M15 hervor. Er liegt auf einer Linie mit Theta und Epsilon und ist gerade nicht mehr mit bloßem Auge erkennbar. Größere Instrumente lösen ihn in Einzelsterne auf (siehe Karte Seite 65).

Phoenix
Der Hauptstern Alpha (2. Größe) markiert das Auge dieses »Vogels des Südens«, der der Legende zufolge aus seiner eigenen Asche wiedererstand. Phoenix ist ein relativ großes, aber nicht besonders auffälliges Sternbild des Südhimmels. Beta ist ein Doppelstern mit zwei gleichhellen gelben Komponenten. Auch Zeta besteht aus zwei Sternen, die sich jedoch in der Hel-

ligkeit etwas unterscheiden; größere Teleskope zeigen, daß es sich um einen Bedeckungsveränderlichen handelt.

Pisces, die Fische

Diese recht große, aber wenig interessante Konstellation zählt zu den Tierkreiszeichen. Nur wenige Sterne der langgezogenen Kette erreichen die 4. Größe.

Einer der beiden Fische, die das Sternbild repräsentieren soll, wird von einem Sternenkreis südlich des Pegasusquadrats markiert. Weniger leicht nachzuvollziehen ist die Folge von Sternen, die von hier zum Leitstern Alpha und von diesem hinauf zu Eta führt.

Alpha ist ein Doppelstern, den ein Teleskop in zwei bläulichweiße Komponenten aufspaltet. Die beiden blaßgelben Zwillingssterne von Zeta liegen wesentlich weiter voneinander entfernt.

Die hellste der Galaxien in Pisces ist M74, unweit von Eta und bereits mit einem kleinen Instrument zu erkennen.

Piscis Austrinus, der Südliche Fisch *Siehe Seite 61.*

Sculptor, der Bildhauer

Zusammen mit Phoenix und Fornax erscheint dieses lichtschwache Sternbild in einer relativ sternarmen Region des mittleren Südhimmels. Am einfachsten findet man es über Fomalhaut in der Nachbarkonstellation Piscis Austrinus.

Seine Bekanntheit verdankt Sculptor den Galaxien, die man (sofern man sie findet!) schon mit dem Feldstecher sehen kann. Ein Teleskop bringt viele mehr ans Auge. Deutlich erkennbar ist NGC253, ein länglicher Nebelfleck etwa auf einem Drittel der Verbindung Alpha – Beta Ceti. Größere Teleskope zeigen sie als Spiralgalaxie ähnlich unserer Galaxis, aber deutlich kleiner. NGC253 ist das hellste Mitglied eines ganzen Galaxienhaufens, der rund zehn Millionen Lichtjahre entfernt von uns liegt.

Triangulum, das Dreieck *Siehe Seite 65.*

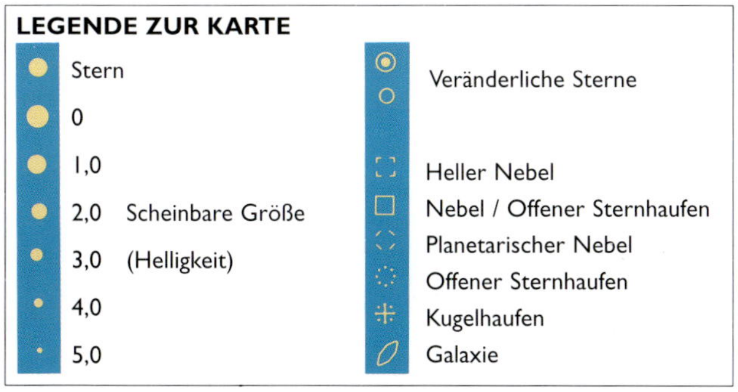

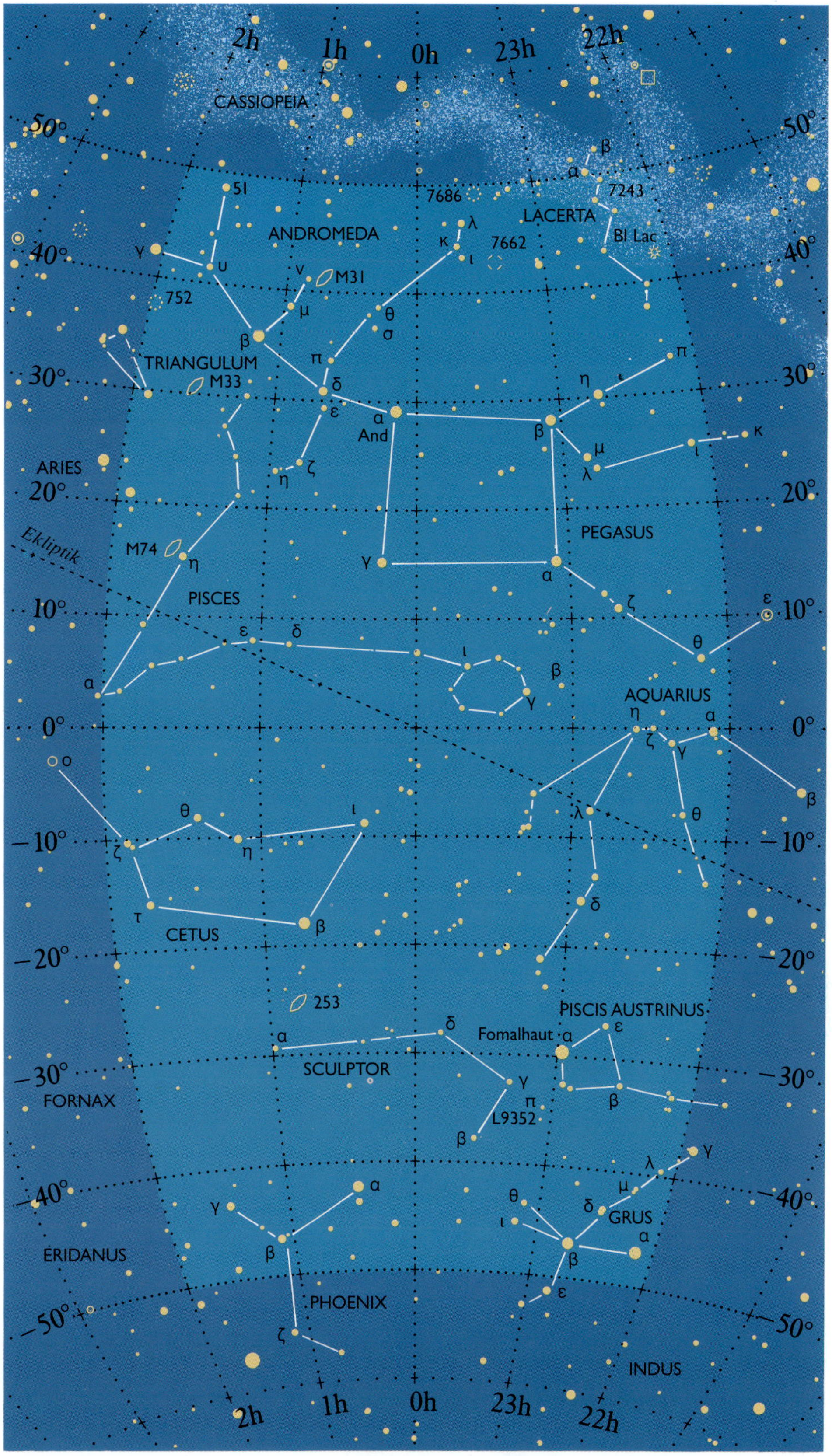

Sterne im November

Während sich Pegasus im Westen verabschiedet, steigen Taurus und Orion im Osten über den Horizont. Der orangefarbene Aldebaran, die Hyaden und die Plejaden sind nun von beiden Hemisphären aus gut zu beobachten.

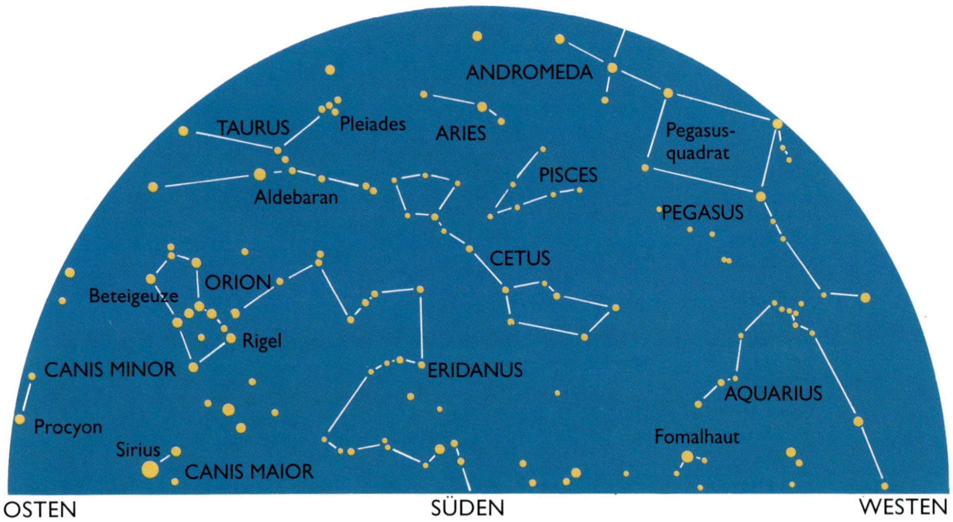

▲ Nördliche Hemisphäre Der Nachthimmel um den 7. November gegen 23 Uhr Ortszeit – Blickrichtung Süden. Lichtschwache Sternbilder wie Eridanus und Cetus nehmen breiten Raum ein. Interessanteres spielt sich im Osten ab, wo Orion und Taurus erscheinen.

▼ Südliche Hemisphäre Der Nachthimmel um den 7. November gegen 23 Uhr Ortszeit – Blickrichtung Norden. Pegasus und Andromeda stehen kurz vor dem Untergehen. Im Osten bilden Aldebaran, Beteigeuze und Rigel ein markantes Dreieck.

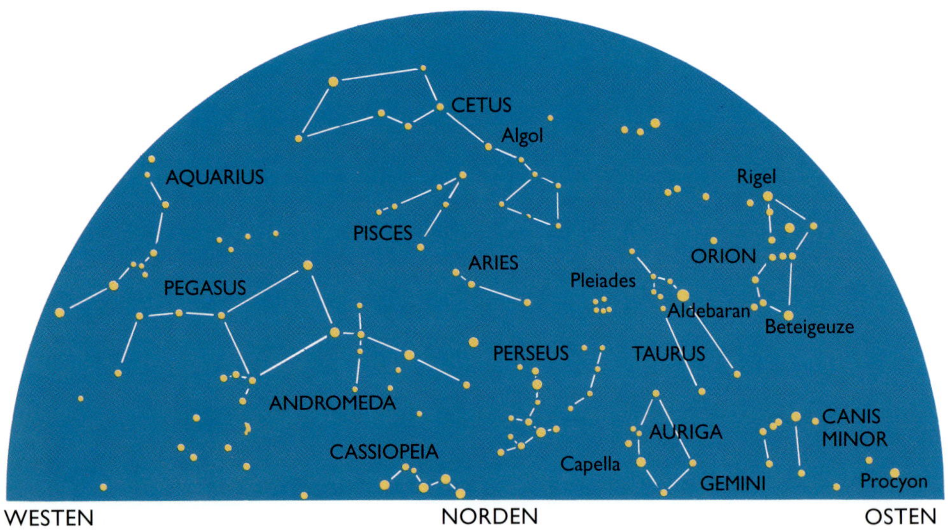

Andromeda *Siehe Seite 78.*

Aries, der Widder
Dieses kleine Tierkreis-Sternbild besitzt nur zwei bemerkenswerte Sterne, Alpha (2. Größe) und den etwas weniger hellen Beta. Dieses Paar läßt sich am einfachsten über das Pegasusquadrat finden. Alpha liegt zudem auf derselben Deklination wie die Plejaden in der Nachbarkonstellation Taurus.

Gamma, direkt südlich von Beta, präsentiert sich durch ein kleines Teleskop als Doppelstern mit zwei gleichhellen bläulichweißen Komponenten.

Cetus, der Walfisch
Obwohl Cetus zu den ausgedehntesten Sternbildern zählt, ist der Wal nicht leicht zu finden, da er außer Alpha (im Walfischkopf) und Beta (in der Fluke) keine Sterne über der 3. Größe besitzt.

Diese beiden liegen zusammen mit den übrigen Hauptsternen mehr oder weniger auf einer Geraden zwischen Aldebaran (Taurus) und Fomalhaut (Piscis Austrinus).

Alpha im Kopf des großen Fisches löst sich im Feldstecher als Doppelstern auf. Er ist ein roter Riese, dessen Orangefärbung schon mit bloßem Auge auffällt. Um den angrenzenden hellen Doppelstern Gamma in seine Komponenten aufzuspalten, bedarf es jedoch eines Teleskops. Der Blick lohnt sich, denn die beiden bilden einen schönen Farbkontrast: einer bläulichweiß, der andere gelb.

In der Flukenregion liegt Tau, ein unserer Sonne ähnlicher Stern. Etwa zwölf Lichtjahre entfernt, gilt er als einer der nächstgelegenen Himmelskörper, dem Astronomen ein dem unseren vergleichbares Planetensystem zutrauen. Tau ist bevorzugtes Ziel für SETI-Projekte (SETI = **S**earches for **e**xtra**t**errestrial **i**ntelligence).

Der geschichtlich interessanteste Stern der Konstellation ist Omikron, auch Mira genannt, der zum Prototyp langperiodisch Veränderlicher wurde – roter Riesensterne, die über eine Periode von etwa einem Jahr beträchtliche Helligkeitsschwankungen aufweisen.

Mira Ceti selbst verändert sich alle elf Monate zwischen den Größenklassen 3 und 10. Er liegt auf halbem Wege zwischen Gamma und dem leicht erkennbaren Paar Zeta und Chi und ist zu Zeiten seines Helligkeitsmaxiums sehr leicht, um das Minimum herum jedoch kaum zu entdecken.

Bei Delta befindet sich eine Reihe von Galaxien, deren hellste, M77, durch den Feldstecher als verschwommener Fleck erscheint. Ein Blick durchs Teleskop zeigt eine Spirale mit hellen Armen. Mehr als 50 Millionen Lichtjahre von der Erde, zählt M77 zu den am weitesten entfernten Messier-Objekten.

Eridanus *Siehe Seite 66.*

Fornax, der Ofen *Siehe Seite 66.*

Pegasus *Siehe Seite 62.*

Perseus *Siehe Seite 67.*

Phoenix *Siehe Seite 62.*

Pisces, die Fische *Siehe Seite 63.*

Sculptor, der Bildhauer *Siehe Seite 63.*

Triangulum, das Dreieck
Diese Konstellation verdankt ihren Namen den drei Hauptsternen, die ein klassisches Dreieck bilden. Allerdings sind Alpha und Beta mit der 3. Größe nicht gerade sehr hell. Gamma, der die dritte Ecke markiert, besitzt zwei blassere Begleiter.

Seine Bekanntheit verdankt Triangulum vor allem der wunderschönen Spiralgalaxie M33, die auf halber Strecke zwischen Alpha Trianguli und Beta Andromedae zu finden ist. Mit bloßem Auge in sehr dunklen Nächten gerade noch sichtbar, verwandelt ein größeres Teleskop den nebeligen Fleck in ein Gebilde mit ausgeprägten Spiralarmen.

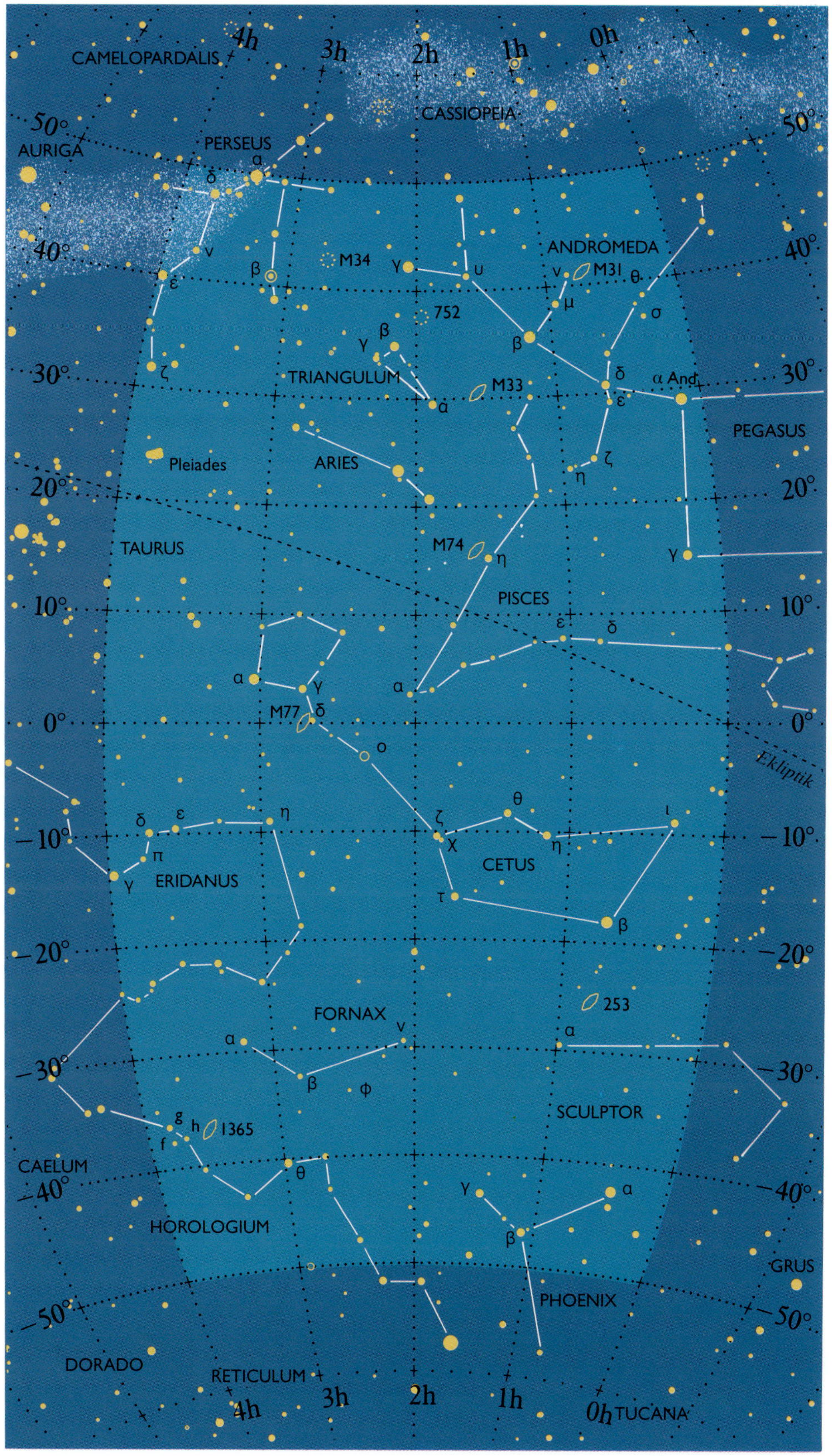

LEGENDE ZUR KARTE

Stern
0
1,0
2,0 Scheinbare Größe
3,0 (Helligkeit)
4,0
5,0

Veränderliche Sterne
Heller Nebel
Nebel / Offener Sternhaufen
Planetarischer Nebel
Offener Sternhaufen
Kugelhaufen
Galaxie

Sterne im Dezember

Sechs helle Sterne – Sirius, Rigel, Aldebaran, Capella, Pollux und Procyon in den Sternbildern Canis Maior, Orion, Auriga, Gemini und Canis Minor – sorgen dafür, daß Sternengucker jetzt voll auf ihre Kosten kommen.

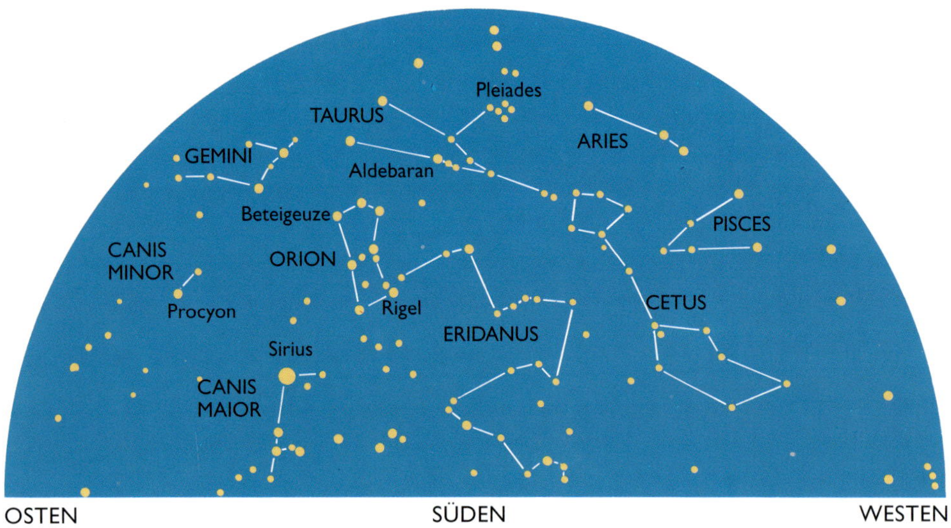

▲ Nördliche Hemisphäre Der Himmel um den 7. Dezember gegen 23 Uhr Ortszeit – Blickrichtung Süden. Der Meridian teilt den Himmel in zwei Hälften. Auf der östlichen glänzen leuchtende Sterne, die die westliche regelrecht verblassen lassen.

▼ Südliche Hemisphäre Der Nachthimmel Australiens und Südafrikas um den 7. Dezember gegen 23 Uhr Ortszeit – Blickrichtung Norden. Das strahlende Dezember-Sechseck prangt im Osten. Die Plejaden sind kaum jemals schöner als jetzt.

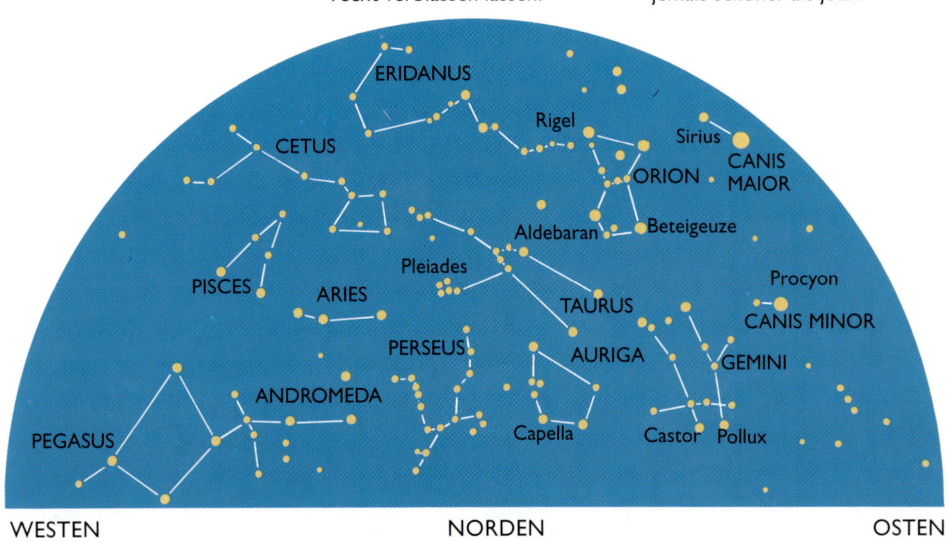

Aries, der Widder *Siehe Seite 64.*

Auriga, der Fuhrmann *Siehe Seite 44.*

Carina, der Schiffskiel *Siehe Seite 42.*

Cetus, der Walfisch *Siehe Seite 64.*

Columba, die Taube *Siehe Seite 45.*

Eridanus

Eridanus, eines der am weitesten ausgedehnten Sternbilder, stellt einen Fluß dar. Frühe Astronomen brachten ihn in Verbindung mit den lebensspendenden Strömen Euphrat und Nil.

Breit mäandert Eridanus über das Himmelszelt. Er »entspringt« bei Beta in der Nähe des hellen Rigel (Orion) und bahnt sich von dort seinen Weg südwärts hin zum leuchtenden Alpha. Der arabische Name dieses Sterns, Achernar, bedeutet soviel wie »Ende des Flusses«. Mit einer Größe von 0,5 ist Achernar der neunthellste Stern des Himmels.

Der erste lohnende Stop »flußaufwärts« von Achernar ist der schöne Doppelstern Theta, den ein kleines Teleskop in ein bläulich-weißes Paar auflöst.

Die übrigen interessanten Sterne liegen im nördlichen Teil des »Flußlaufs«. Omikron^2 ist ein gut erkennbarer Doppelstern; eine seiner Komponenten ist ein weißer Zwerg – der am leichtesten zu lokalisierende seiner Art. Größere Instrumente offenbaren, daß er wiederum von einem roten Zwerg begleitet wird.

Delta und Pi, beide deutlich orangefarben, bilden ein Dreieck mit Epsilon, der mit 10,7 Lichtjahren relativ nahe an der Erde liegt und zudem unserer Sonne ähnelt. Schon frühe Astronomen vermuteten, daß er auch ein ähnliches Planetensystem besitzt.

Fornax, der Ofen

Ein lichtschwaches Sternbild des Südhimmels, das in einer Biegung des »Flusses« Eridanus liegt und wie sein Nachbar Sculptor keine hellen Sterne enthält. Alpha ist der einzige, der überhaupt 4. Größe erreicht.

Ein kleines Teleskop fördert jedoch einige sehenswerte Schätze zutage. Neben den blassen Zwillingssternen Lambda entdeckt man einen dichten Sternhaufen, den größere Instrumente als eine unregelmäßige Galaxie zeigen, Fornax-Haufen genannt. Wie bei den Magellan-Wolken handelt es sich dabei um eine Zwerggalaxie.

Am Rand der Konstellation, dicht beim Dreieck g, f und h Eridani, bringt das Teleskop den Fornax-Galaxienhaufen ins Blickfeld. Eines der 18 Objekte ist die Galaxie NGC1365, die zu den hellsten Balkenspiralen überhaupt gehört. Rund 55 Millionen Lichtjahre entfernt, zählt der Fornax-Haufen zu den uns nächstgelegenen Galaxienhaufen.

Lepus, der Hase *Siehe Seite 45.*

Orion *Siehe Seite 86.*

Perseus

Diese helle Konstellation des nördlichen Himmels bietet dank ihrer Lage auf der Milchstraße eine Reihe prächtiger Sterne und Sternenfelder. Der hellste Stern, Alpha (auch Mirfak genannt) ist von einer Unzahl lichtärmerer Sterne umgeben, die leicht das gesamte Gesichtsfeld eines Fernglases füllen.

Schon der Feldstecher offenbart auch die seltene Attraktion des berühmten Doppelsternhaufens (»Schwertgehänge«), der auf halbem Wege zwischen Gamma Persei und Delta Cassiopeiae einfach zu lokalisieren ist. Er besteht aus einem Paar herrlicher offener Sternhaufen und läßt sich mit guten Augen auch ohne Instrument am dunklen Nachthimmel ausmachen. Auf Sternkarten sind die beiden meist getrennt aufgelistet, als h und Chi Persei oder NGC869 und 884.

Zweites Highlight von Perseus ist Beta. Sein arabischer Name Algol (»Blinkender Dämon«) trifft genau. Die meiste Zeit strahlt er gleichmäßig hell mit Größe 2, doch alle 2 1/2 Tage verdunkelt er für einige Stunden auf Größe 3,5. Algol war der erste bekannte Bedeckungsveränderliche, nach dem eine ganze Klasse (Algolsterne) benannt ist.

Unweit von Algol liegt ein weiterer offener Sternhaufen, M34, der mit bloßem Auge gerade noch sichtbar ist.

Taurus, der Stier *Siehe Seite 92.*

Triangulum, das Dreieck *Siehe Seite 65.*

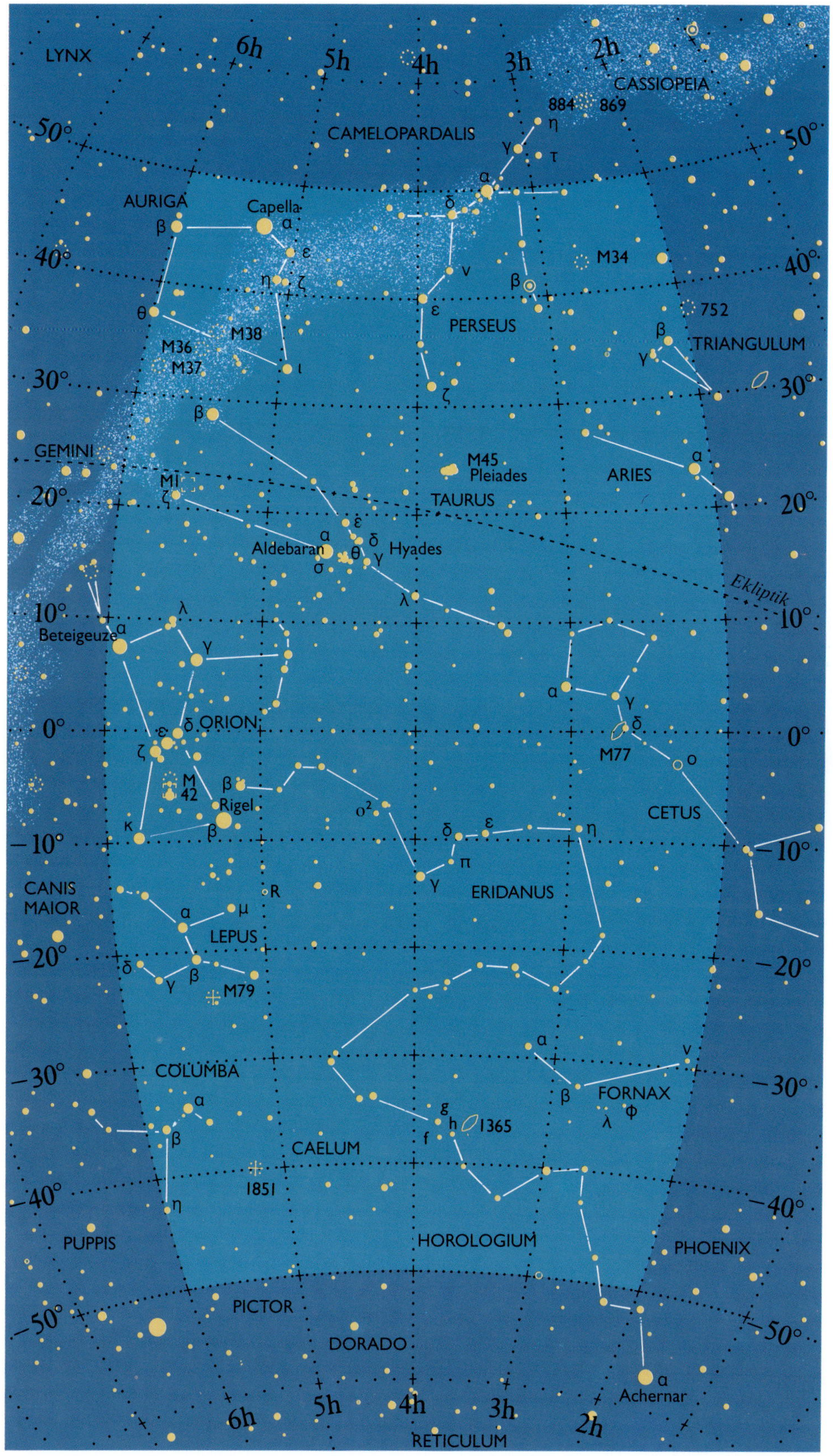

LEGENDE ZUR KARTE

Stern
0
1,0
2,0 Scheinbare Größe
3,0 (Helligkeit)
4,0
5,0

Veränderliche Sterne
Heller Nebel
Nebel / Offener Sternhaufen
Planetarischer Nebel
Offener Sternhaufen
Kugelhaufen
Galaxie

▲ Capella im Sternbild Auriga ist hinter Arcuturus (Bootes) und Wega (Lyra) der dritthellste Stern am Nordhimmel und der sechsthellste überhaupt.

DIE HELLSTEN STERNE

Stern	Benennung	Scheinb. Größe	Absolute Größe	Spektral-Typ	Entfernung (Lichtjahre)
Sonne	—	–26,7	4,8	G2	—
Sirius	α Canis Maioris	–1,5	1,4	A1	8,8
Canopus	α Carinae	–0,7	–4,7	F0	196
Regil Kent	α Centauri	–0,3	4,4	G2	4,3
Arcturus	α Bootes	–0,1	–0,2	K1	37
Wega	α Lyrae	0,0	0,5	A0	26
Capella	α Aurigae	0,1	–0,6	G8	46
Rigel	β Orionis	0,1	–7,0	B8	815
Procyon	α Canis Minoris	0,4	2,7	F5	11
Achernar	α Eridani	0,5	–2,2	B5	127
Hadar	β Centauri	0,6	–5,0	B1	391
Altair	α Aquilae	0,8	2,3	A7	16
Beteigeuze	α Orionis	0,8	–6,0	M2	652
Aldebaran	α Tauri	0,8	–0,7	K5	68
Acrux	α Crucis	0,9	–3,5	B1	261
Spica	α Virginis	1,0	–3,4	B1	261
Antares	α Scorpii	1,0	–4,7	M1	424
Pollux	β Geminorum	1,1	1,0	K0	36
Fomalhaut	α Piscis Austrini	1,2	1,9	A3	23
Deneb	α Cygni	1,3	–7,3	A2	1630
Mimosa	β Crucis	1,3	–4,7	B0	490
Regulus	α Leonis	1,4	–0,6	B7	85

Anatomie der Sterne

Sterne sind riesige Kugeln aus glühendem Gas, die in ihrem Inneren gewaltige Energie erzeugen und diese in den Kosmos ausstrahlen. Mit Ausnahme von einem liegen alle Sterne viele Billionen (10^{12}) Kilometer von uns entfernt. Diesen einen, uns nahen Stern nennen wir Sonne.

Die Sonne, so einzigartig sie uns auch scheinen mag, ist im Universum jedoch nichts als ein ganz gewöhnlicher Stern. Weder ist sie besonders groß, noch ist sie besonders hell. Am Nachthimmel sehen wir viele Millionen, die ihr gleichen. Aber es gibt auch Millionen anderer Sterne, die wenig mit unserem Tagesgestirn gemein haben: rote Riesen und Überriesen von gewaltigen Ausmaßen; Sterne, winziger als Planeten; Sterne, die tausendmal heller sind als die Sonne; und Sterne, die in ihrer Helligkeit auffällig schwanken.

Größe und Helligkeit

Schon ein kurzer Blick auf das Firmament zeigt, daß die Gestirne ganz unterschiedliche Helligkeit besitzen. Sterne wie Sirius, Canopus, Alpha Centauri und Arcturus strahlen wie himmlische Leuchtfeuer, während andere mit bloßem Auge kaum wahrnehmbar sind.

Etwa 150 v.Chr. entwickelte der griechische Astronom Hipparchus eine Skala von »Größen«, auf der er die Sterne nach Helligkeitseindruck in sechs Klassen einordnete: Die 1. Größe teilte er den hellsten Sternen zu, die 6. Größe denjenigen, die gerade noch mit bloßem Auge zu erkennen sind. Auf diesem System basieren die modernen Maßeinheiten, die jedoch ausgefeilter sind und auch erweitert wurden. Nach dieser Einteilung ist ein Stern 1. Größe hundertmal heller als ein Stern 6. Größe. Dies bedeutet, daß ein Stern 1. Größe etwa zweieinhalb mal heller ist als einer 2. Größe usw.

Da die Helligkeit heute instrumentell genau bestimmt werden kann, lassen sich auch die »Größen« bis auf ein oder zwei Dezimalstellen ausdrücken. Deneb etwa hat eine Größe von 1,25.

Um auch die Sterne erfassen zu können, die mit bloßem Auge nicht mehr sichtbar sind, hat man die Skala über die 6. Größe hinaus erweitert. Der uns nach der Sonne nächste Stern, Proxima Centauri, hat die Größe 11,1. Mit den heute stärksten Teleskopen lassen sich Sterne bis zur 25. Größe entdecken.

Für besonders helle Sterne wie etwa Sirius mußte das Größenklassensystem dagegen in den negativen Bereich ausgedehnt werden.

Sirius besitzt dementsprechend eine Größe von –1,46. Auf derselben Skala erreicht der hellste Planet (Venus) bisweilen eine Größe von –4,4, der Mond liegt bei –12,7, die Sonne bei –26,7.

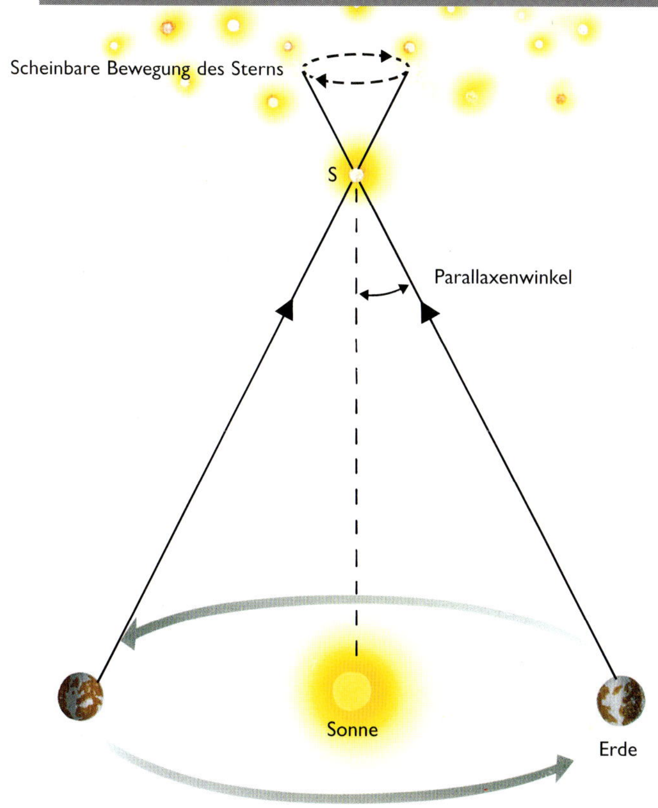

▲ Mit Hilfe der Parallaxe läßt sich die Entfernung nahe gelegener Gestirne bestimmen. Dazu notiert man die (scheinbar) verschiedenen Positionen des Sternes S vor dem Hintergrund weiter entfernter Sterne und berechnet daraus die Distanz Erde – Stern.

DIE NÄCHSTEN STERNE

Nächster Stern	Entfernung (Lichtjahre)	Eigenbewegung ("/Jahr)	Scheinbare Größe	Absolute Größe	Spektral-Typ
Proxima Centauri	4,3	3,9	11,1	15,5	M5
α Centauri A	4,3	3,7	–0,3	4,4	G2
α Centauri B	4,3	3,7	1,3	5,7	K5
Barnards Pfeilstern	5,9	10,3	9,5	13,3	M5
Wolf 359	7,6	4,7	13,5	16,7	M8
Lalande 21185	8,1	4,8	7,5	10,5	M2
Sirius A	8,8	1,3	–1,5	1,4	A1
Sirius B	8,8	1,3	8,7	11,6	A
Luyten 726–8A	8,9	3,4	12,5	15,3	M5
UV Ceti	8,9	3,4	13.0	15,8	M6
Ross 154	9,4	0,7	10,6	13,3	M4
Ross 248	10,3	1,6	12,3	14,8	M6
ε Eridani	10,8	1,0	3,7	6,1	K2
Luyten 789–6	10,8	3,3	12,2	14,6	M7
Ross 128	10,8	1,4	11,1	13,5	M5
61 Cygni A	11,1	5,2	5,2	7,6	K5
61 Cygni B	11,1	5,2	6,0	8,4	K7
ε Indi	11,2	4,7	4,7	7,0	K5
Procyon A	11,4	1,3	0,4	2,7	F5
Procyon B	11,4	1,3	10,7	13,0	F
Struve 2398 A	11,5	2,3	8,9	11,2	M4
Struve 2398 B	11,5	2,3	9,7	12,0	M5

Natürlich ist die Helligkeit eines Sterns, wie wir sie von der Erde aus sehen, nur eine scheinbare, die kaum in Relation zu der tatsächlichen oder absoluten Leuchtkraft steht: Ein nahe gelegener lichtschwacher Stern erscheint folglich heller als ein weit entfernter, in Wahrheit wesentlich hellerer Stern.

Um die tatsächliche Leuchtkraft von Sternen vergleichen zu können, müßten wir sie alle aus derselben Entfernung betrachten. Auf dieser Annahme basiert die Skala der absoluten Größe. Astronomen definieren diese als die Größe (d.h. Helligkeit), die ein Stern hätte, würde man ihn aus einer Entfernung von 10 Parsec (siehe unten) betrachten. Auf dieser absoluten Skala liegt Sirius nun bei nur 1,4, während Antares –4,7 erreicht. Einige Sterne wie zum Beispiel Rigel liegen sogar jenseits der –7.

Entfernung der Gestirne

Selbst mit dem stärksten und modernsten Teleskop wird man jeden Stern immer nur als einen Lichtpunkt sehen. Das hängt damit zusammen, daß sie so weit von uns entfernt sind, daß ihr Licht mehrere Jahre braucht, um zu uns zu gelangen. Tatsächlich wird die Distanz zu einem Stern häufig in der Zahl von Jahren ausgedrückt, die sein Licht zur Erde unterwegs ist. Von Sirius beispielsweise braucht das Licht 8,8 Jahre, deshalb ist Sirius 8,8 »Lichtjahre« von uns entfernt. Ein Lichtjahr entspricht der Entfernung, die Licht in einem Jahr zurücklegt, also 9,5 Billionen Kilometern. In diesem Buch werden die interstellaren Distanzen in Lichtjahren angegeben. Berufsastronomen benutzen gewöhnlich jedoch die Einheit Parsec, die etwa 3,3 Lichtjahren entspricht. (Ein Stern hat die Distanz 1 Parsec, wenn von ihm aus gesehen die mittlere Entfernung Erde –

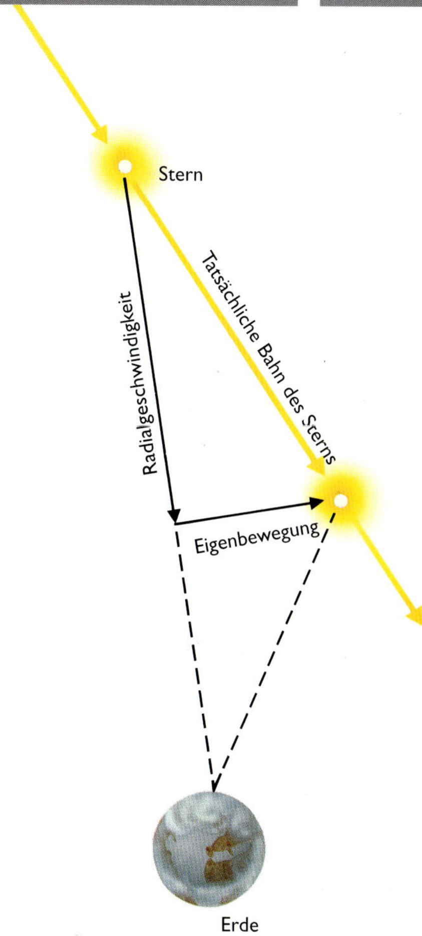

▲ Alle Sternenbewegungen erfolgen für uns relativ. Für einige wenige Gestirne können wir die tatsächliche Eigenbewegung ermitteln.

▼ Die Sterne sind keineswegs alle gleich groß. Unsere Sonne etwa wird als Gelber Zwerg eingestuft. Verglichen mit den heißeren bläulichweißen Sternen wie Spica ist sie winzig. Dennoch wird sie in etwa fünf Milliarden Jahren zu einem Riesen anschwellen. Größere Sterne entwickeln sich zu Überriesen mit einem Durchmesser von vielen hundert Millionen Kilometern.

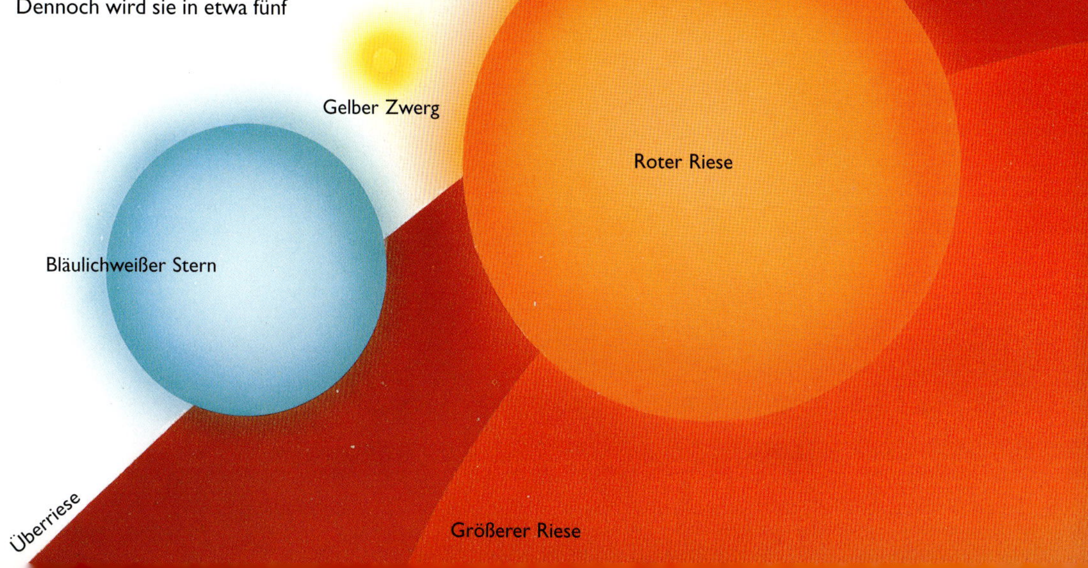

▲ Anhand ihrer Spektrallinien teilt man die Sterne in Spektralklassen ein. Das obere Spektrum ist typisch für weiße Sterne wie Deneb mit einer Oberflächentemperatur von etwa 11 000 °C. Das untere Spektrum gilt für rote Sterne wie Beteigeuze mit »nur« etwa 3000 °C.

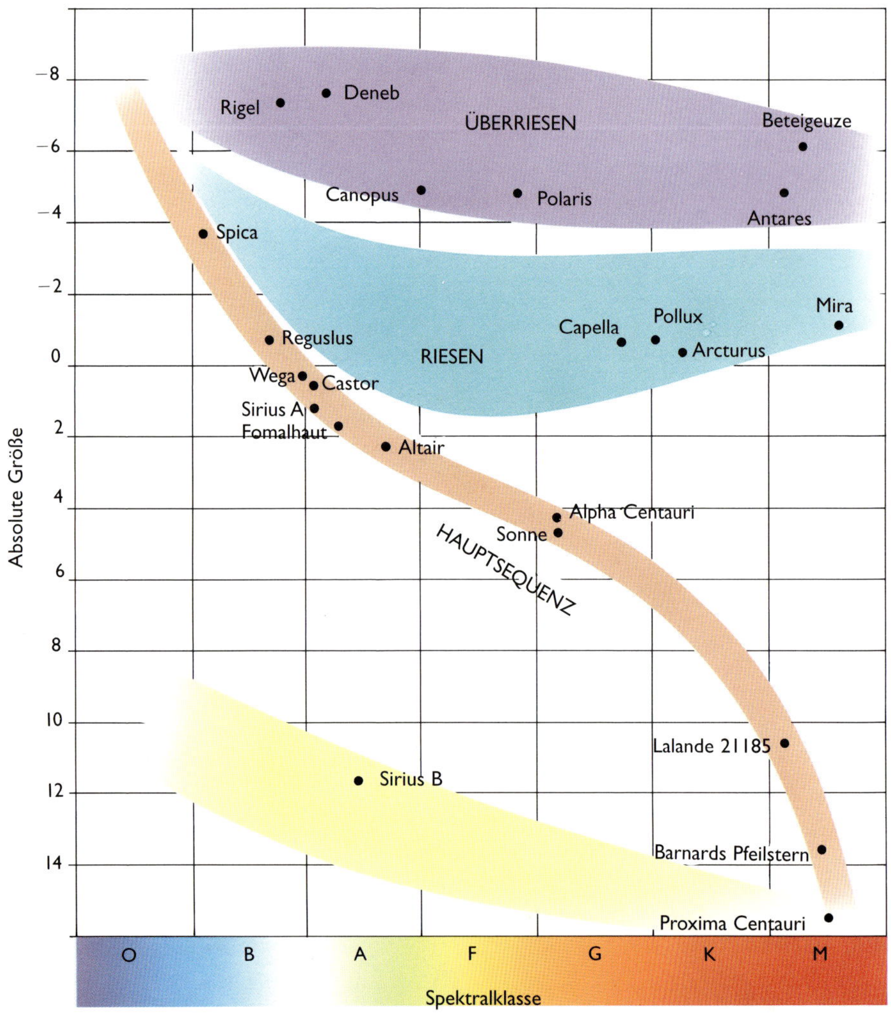

◀ Das Hertzsprung-Russell-Diagramm stellt die absolute Helligkeit in Beziehung zur Spektralklasse. Die Mehrzahl der Sterne liegt auf der diagonalen Hauptsequenz oder Hauptreihe.

Sonne unter dem Parallaxenwinkel von einer Bogensekunde erscheint; siehe Diagramm links.)

Nachrichten im Sternenlicht

Obwohl die Sterne so weit von uns entfernt liegen, wissen wir eine Menge über sie. Häufig läßt sich feststellen, wie heiß sie sind, woraus sie bestehen und mit welcher Geschwindigkeit sie sich bewegen. All diese Informationen – und noch mehr – erhalten wir allein aus dem geringen Licht, das uns durch den Weltraum erreicht. Zur Auswertung dient das nach dem Teleskop wichtigste Instrument der Astronomen: der Spektrograph. Er spaltet das Sternenlicht in ein Spektrum von verschiedenen Lichtwellenlängen oder Farben von Violett (kürzeste Wellen) bis Rot auf.

Sterne besitzen verschiedene Spektren. So sind einige am hellsten in Blau, andere in Gelb, wieder andere in Rot usw. Diese Farbintensität läßt Rückschlüsse auf ihre Oberflächentemperatur zu. Die Spektren unterscheiden sich auch in Anzahl und Verteilung der dunklen Linien. Aus deren Verteilung kann man – unter anderem – die Zusammensetzung des Sterns ermitteln. Außerdem informieren sie darüber, wohin und mit welcher Geschwindigkeit sich ein Stern bewegt. Kommt er auf uns zu, verschieben sich die Linien zu dem blauen Ende des Spektrums hin; entfernt er sich, liegen sie mehr im roten Bereich. Die Verschiebung entspricht der Geschwindigkeit.

Das Spektrum bietet sich zur Klassifizierung an, da Sterne ähnlichen Typs auch ähnliche Spektren aufweisen. Nach der Oberflächentemperatur (absteigend von etwa 40 000 °C bis 3000 °C) unterscheidet man zehn Hauptspektralklassen O, B,

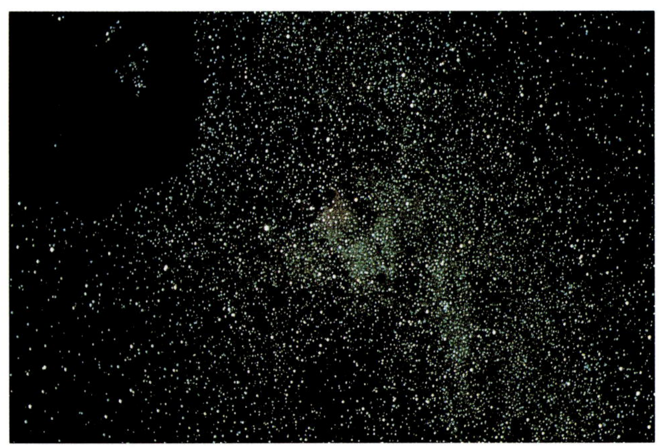

▲ Ein dichtes Sternenfeld in Cygnus. Der hellste Stern im Bild ist Deneb (1. Größe), der mit einer absoluten Größe von mindestens –7,3 zu den leuchtendsten Gestirnen überhaupt zählt.

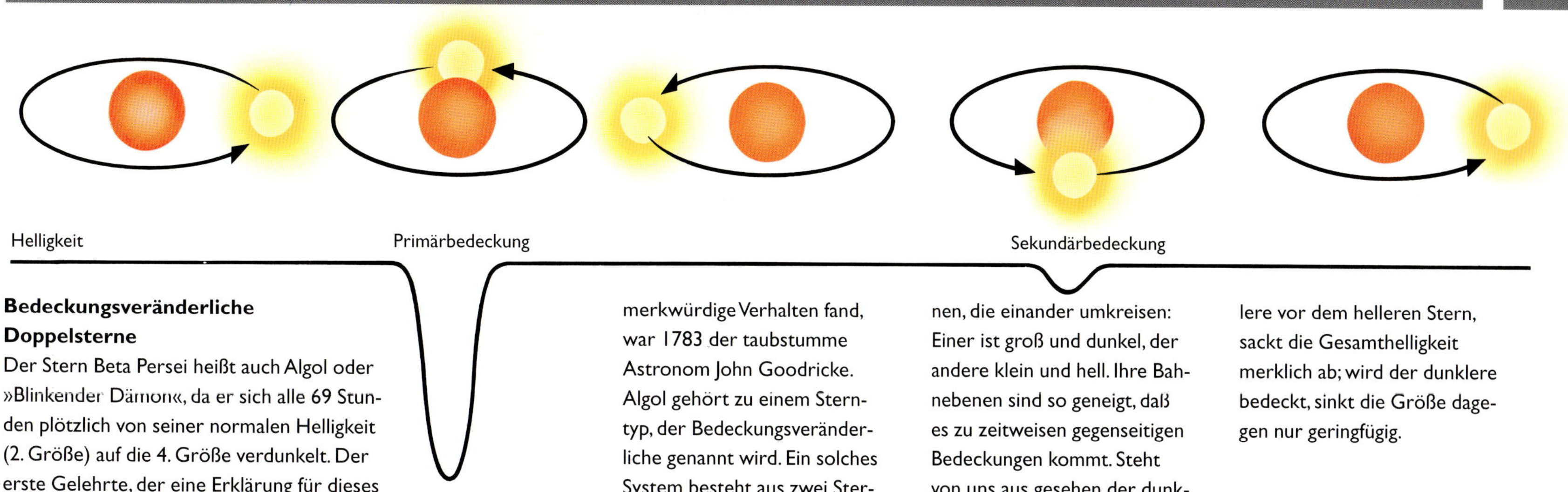

Bedeckungsveränderliche Doppelsterne
Der Stern Beta Persei heißt auch Algol oder »Blinkender Dämon«, da er sich alle 69 Stunden plötzlich von seiner normalen Helligkeit (2. Größe) auf die 4. Größe verdunkelt. Der erste Gelehrte, der eine Erklärung für dieses merkwürdige Verhalten fand, war 1783 der taubstumme Astronom John Goodricke. Algol gehört zu einem Sterntyp, der Bedeckungsveränderliche genannt wird. Ein solches System besteht aus zwei Sternen, die einander umkreisen: Einer ist groß und dunkel, der andere klein und hell. Ihre Bahnebenen sind so geneigt, daß es zu zeitweisen gegenseitigen Bedeckungen kommt. Steht von uns aus gesehen der dunklere vor dem helleren Stern, sackt die Gesamthelligkeit merklich ab; wird der dunklere bedeckt, sinkt die Größe dagegen nur geringfügig.

A, F, G, K, M, R, N und S (englischer Merkspruch: »**O**h, **B**e **A** **F**ine **G**irl, **K**iss **M**e **R**ight **N**ow. **S**weetie!«).

Spektralklasse und absolute Größe (siehe Seite 69) sind zwei der wichtigsten Charakteristiken eines Sterns. Ein Diagramm mit diesen beiden als Koordinaten ordnet die Sterne relativ klar definierten Gruppen zu. Das bekannteste Zustandsdiagramm heißt nach seinen beiden Erfindern Hertzsprung-Russell-Diagramm (HRD). Ein HRD mit den bekanntesten Sternen ist gegenüber abgebildet. Die Mehrzahl der Sterne, darunter auch unsere Sonne, liegt in der sich diagonal durch die Darstellung ziehenden Hauptreihe. Sterne verbringen den längsten Teil ihres Lebens mit gleichbleibender Helligkeit auf dieser Hauptsequenz.

Veränderliche Sterne

Die Mehrzahl der Sterne, die wir am Himmel sehen, leuchten gleichmäßig (das leichte Flimmern, das wir wahrnehmen, ist durch Luftströmungen in der Erdatmosphäre bedingt). Es gibt jedoch auch Sterne, die über eine kurze oder längere Zeitspanne hinweg merkliche Helligkeitsschwankungen aufweisen. Sie werden Veränderliche genannt.

Der Stern Beta Persei oder Algol verändert seine Leuchtkraft exakt alle 69 Stunden. Das hängt damit zusammen, daß er ein Doppelstern ist, bei dem eine Komponente die andere regelmäßig bedeckt. Solche »Bedeckungsveränderlichen« sind keineswegs selten.

Bei anderen Sternen ändert sich die Helligkeit aufgrund von Vorgängen in ihrem Inneren. Erstmals entdeckt wurde dieses Phänomen bei Omikron Ceti oder Mira, der in etwa 330 Tagen zwischen den Größen 3 und 10 schwankt. Mira wurde zum Prototyp für langperiodisch Veränderliche, die man heute für pulsierende rote Riesen hält.

Andere Veränderliche (etwa Delta Cephei, siehe unten) haben eine wesentlich kürzere Periode.

Novae

Zuweilen erscheint plötzlich ein neuer heller Stern am Himmel, den wir Nova (»neu«) nennen. Allerdings handelt es sich dabei keineswegs um einen neuen, also gerade entstandenen Stern, sondern vielmehr um den Helligkeitsausbruch eines bereits existierenden, bislang unbeobachteten. Dieser kann innerhalb weniger Stunden geschehen. Die Rückkehr zum ursprünglichen Wert verläuft in der Regel gemächlicher.

Als Supernova bezeichnet man den extremen Helligkeitsausbruch, der bei der Explosion eines Überriesen ausgelöst wird.

Die Cepheiden
Der veränderliche Stern Delta Cephei schwankt mit schöner Gleichmäßigkeit zwischen den Größen 3,5 und 4,3 – wie die Kurve zeigt, in genau 5,366 Tagen.

Viele andere Sterne verändern sich in derselben Art und wurden deshalb Cepheiden getauft. Die Perioden klassischer Cepheiden liegen zwischen einem und 50 Tagen. 1912 entdeckte Henrietta Leavitt, daß die Periode eines Cepheiden in direkter Beziehung zu seiner absoluten Größe oder Helligkeit steht. Dieses Gesetz macht es möglich, die Entfernung zu jedem Cepheiden zu bestimmen.

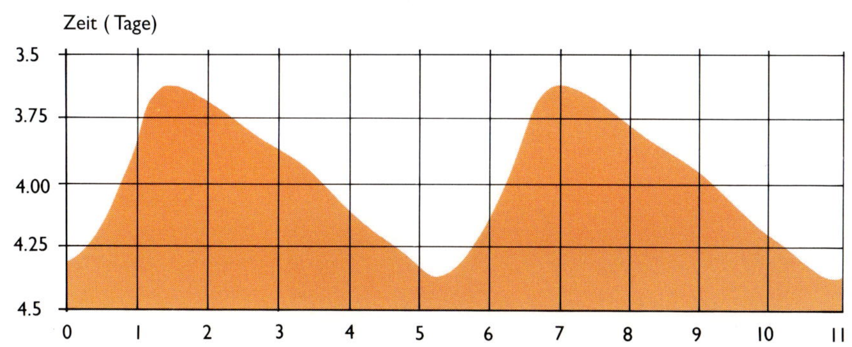

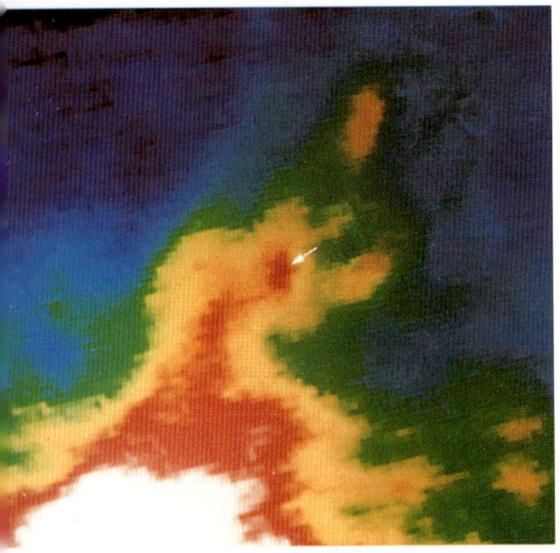

▲ Ein neu geborener Stern (Pfeil) im Barnard-5-Nebel (Perseus), entdeckt von dem Infrarot-Astronomie-Satelliten IRAS. Noch sind Druck und Temperatur im Inneren dieses Protosterns nicht hoch genug, um eine Kernreaktion auszulösen.

Leben und Sterben eines Sterns

Die Lebensdauer eines Sterns bemißt sich in Hunderten oder Tausenden Millionen Jahren, weshalb es unmöglich ist, den Lebenszyklus eines einzelnen Sterns von Anfang bis Ende zu verfolgen. Immerhin konnten Astronomen aus Untersuchungen unterschiedlich alter Gestirne den Lebensweg eines typischen Sterns rekonstruieren.

Sterne werden in Nebeln geboren – riesigen interstellaren Wolken aus Staub und Gas (vorwiegend Wasserstoff). Zur Bildung eines Sterns kommt es, wenn eine besonders dichte Region des Nebels zu kondensieren beginnt, einen sogenannten Gravitationskollaps durchmacht. Niemand weiß genau, was diesen Prozeß letztlich auslöst. Möglicherweise sind es Schockwellen, die nach dem Tod (der Explosion) eines anderen, alten Sterns durch das All wandern.

Bei der Verdichtung des Nebels unter den Gravitationskräften wird Energie in Form von Wärme frei. Je mehr der kollabierende Nebel (oder »Protostern«) schrumpft, desto heißer wird er. Erreicht die Temperatur in seinem Inneren mehr als zehn Millionen Grad, beginnen die Kerne der Wasserstoffatome zu verschmelzen. Diese Kernfusion wiederum erzeugt eine ungeheure Energie, die in Form von Licht, Wärme und anderen Arten von Strahlung in das Universum ausgestoßen wird. Damit beginnt der Körper zu leuchten und wird zu dem, was wir als Stern bezeichnen. Die weitere Entwicklung des Sterns hängt wesentlich von seiner Masse ab.

Ein Stern wie die Sonne scheint etwa 10 000 Millionen Jahre lang ruhig vor sich hin, bis seine Wasserstoffvorräte erschöpft sind. Dann bläht er sich zu einem roten Riesen (zehnfacher Durchmesser) auf, schrumpft aber schließlich wieder, wobei er gelegentlich Gaswolken (planetarische Nebel) abstößt. Je kleiner der alternde, sterbene Stern wird, desto mehr heizt er sich auf. Zuletzt bleibt ein kleiner, heißer weißer Zwerg übrig.

Sterne mit einer größeren Masse als unsere Sonne erwartet ein spektakulärerer Tod. Sie dehnen sich über das Rote-Riesen-Stadium hinaus aus und werden zu einem Überriesen (mehr als 100facher Durchmesser). Überriesen sind instabil und kollabieren daher bald, was eine ungeheure Explosion – eine Supernova – auslöst, bei der der größte Teil des Sterns ins All gesprengt wird.

Das Resultat einer Supernova steht wiederum in direktem Zusammenhang mit der ursprünglichen Masse. Sterne mit bis zu sieben Sonnenmassen enden als äußerst dichter Neutronenstern mit einem Durchmesser von meist 20 bis 30 Kilometern. Massereichere Sterne zerbersten buchstäblich ins Nichts. Sie hinterlassen eine Region im Kosmos, die eine solch gewaltige Gravitation besitzt, daß selbst Licht nicht mehr entweichen kann. Wir nennen solche Orte ein schwarzes Loch.

◀ Der Hantel- oder Dumbbellnebel (M27) im Sternbild Vulpecula. Die charakteristische Form dieses planetarischen Nebels wird durch eine Gas- und Staubblase verursacht, die der Zentralstern vor mehreren Millionen Jahren herausschleuderte.

▶ Der Überrest einer Supernova, die der namhafte dänische Astronom Tycho Brahe 1572 beobachtete. Dieses Röntgenbild wurde von Rosat (**Ro**entgen-**Sat**ellit) aufgenommen. Tycho gehört zu den wenigen Supernova-Überresten, deren Alter wir genau kennen.

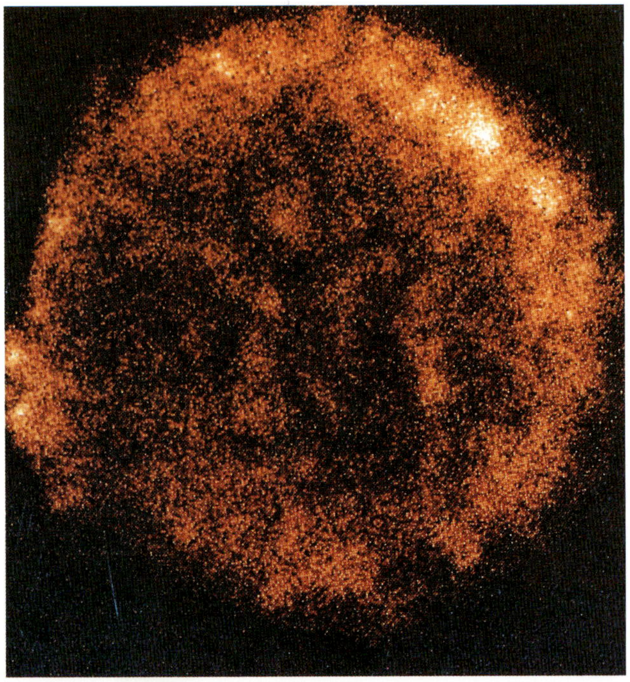

Supernova 1987A
Am Morgen des 20. Februar 1987 wurde der Astronom Ian Shelton im Las-Campanas-Observatorium in Chile Augenzeuge einer Supernova.

Diese Supernova SN 1987A ereignete sich in unserer Nachbargalaxie, der Großen Magellan-Wolke, und bestand in der Explosion des Überriesen Sanduleak – 69° 202. SN 1987A ist die am genauesten untersuchte Supernova aller Zeiten.

▲ SN 1987A an ihrem Helligkeitsmaximum. Die Supernova ereignete sich nicht weit von dem Tarantelnebel, der normalerweise das Highlight dieser Galaxie bildet.

▶ Der ständig größer werdende Ring ausgestoßener Masse während der Explosion SN 1987A, aufgenommen durch das Hubble-Space-Teleskop. Von dem einstigen Überriesen bleibt nur ein Haufen tote Materie.

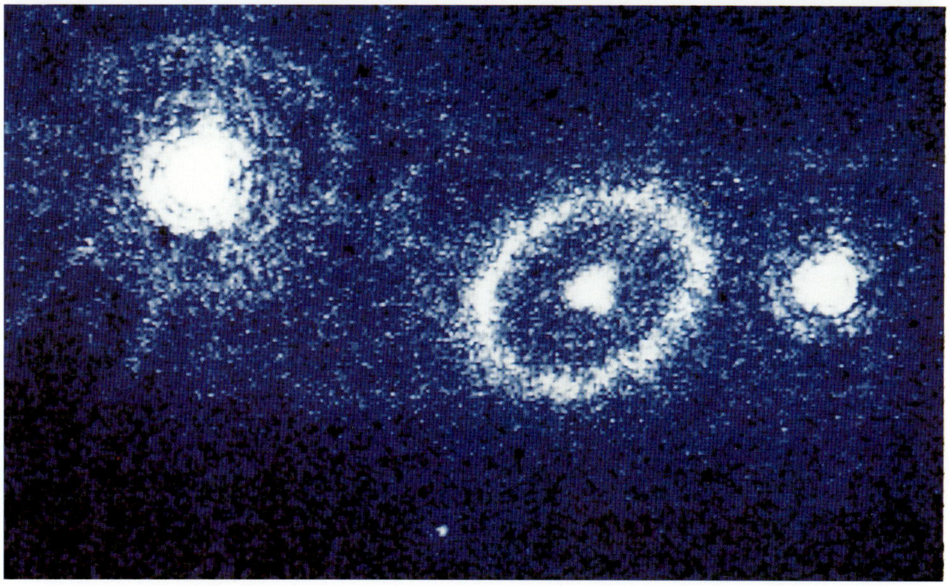

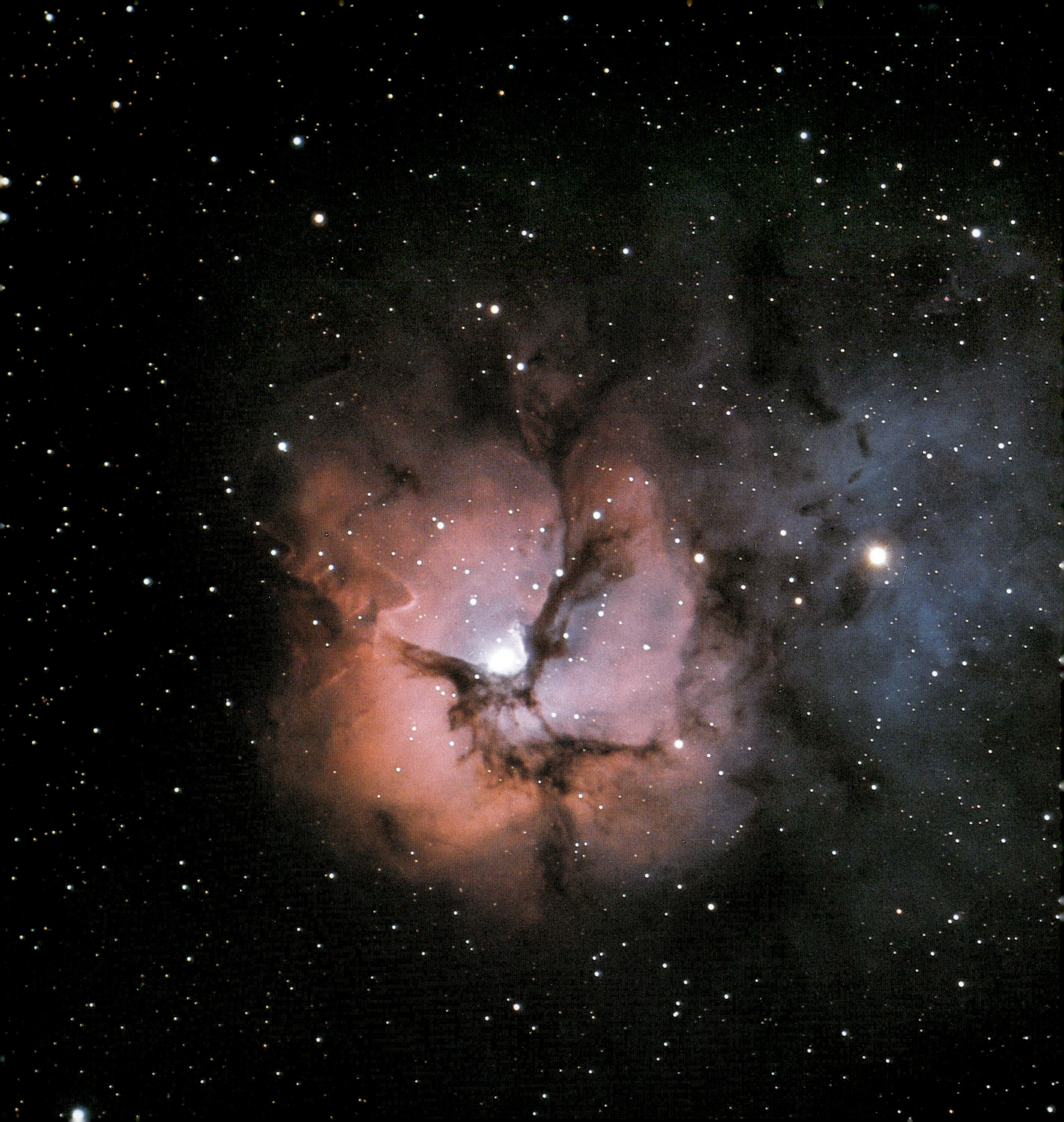

◀ Der Trifidnebel (M20) ist einer der vielen astronomischen Glanzlichter im Schützen. Er ist leicht zu sehen, und sein Name rührt von den dunklen Staubspuren, die ihn in fächerartige Segmente teilen. Der Trifid ist eine ungewöhnliche Kombination eines Emissionsnebels (die groß hervortretende rote Wolke) und eines Reflexionsnebels (die schwächere blaue Wolke).

3

DIE WICHTIGSTEN STERNBILDER

Von den 88 Sternbildern, die die Himmelskugel bedecken, sind einige aus verschiedenen Gründen ganz besonders wichtig. Zur südlichen Halbkugel gehört Sagittarius – ein Sternbild, das weniger wegen seiner Sterne als vielmehr wegen der Fülle seiner Sternhaufen und Nebel (wie der Trifid links) so großartig ist. In der nördlichen Halbkugel weist Taurus zwei außergewöhnliche Sternhaufen auf. Das Sternbild des Orion steht mit hellen Sternen und brillanten Nebeln über dem Himmelsäquator und fungiert als Wegweiser, um die Sterne anderer Bilder am Himmel auszumachen.

Sagittarius, Taurus und Orion sind nur drei von insgesamt elf Hauptsternbildern, die wir in diesem Kapitel näher betrachten wollen. Die anderen heißen Andromeda, Cassiopeia, Centaurus, Crux, Cygnus, Scorpius, Ursa Maior und Virgo.

Jedes Sternbild wird auf einer Doppelseite vorgestellt (außer Centaurus mit Crux zusammen), wobei die Sternkarte jeweils eine Seite einnimmt. Die faszinierende Geschichte der jeweiligen mythologischen Figur, der das Sternbild gleichen soll, leitet die Beschreibung ein.

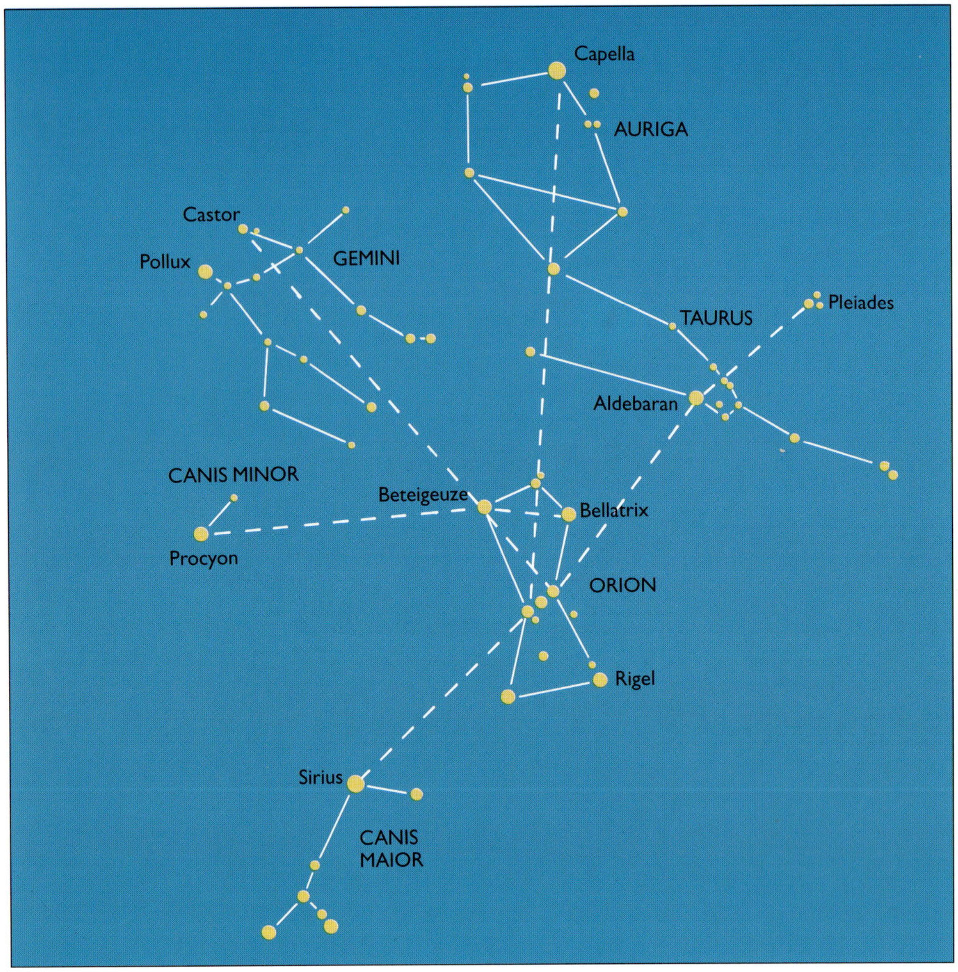

Orion
Auch Orion ist ein ausgezeichneter Himmelswegweiser. Da er sich über dem Himmelsäquator erstreckt, hilft seine Konstellation den Beobachtern auf beiden Seiten der Erdkugel. Die Linie durch Orions Gürtel führt im Süden zu Sirius und im Norden zu Aldebaran und den Plejaden.

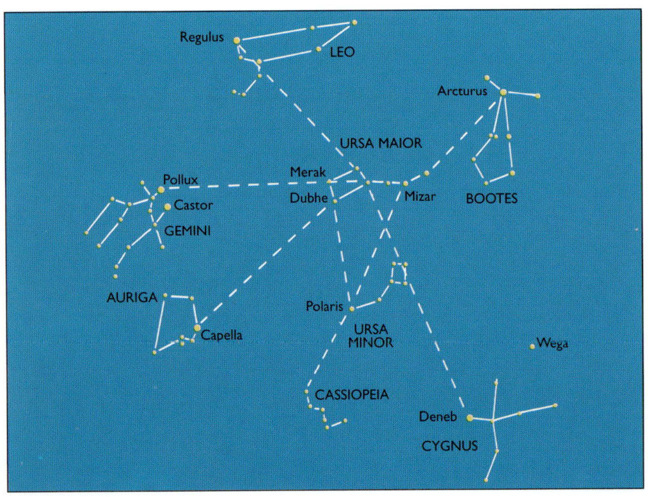

Ursa Maior
Für die Nordhalbkugel ist Ursa Maior wirklich ein Hauptsternbild. Der Große Wagen dient als unentbehrliche Leitfigur zu zahllosen Sternen.

Wegweiser am Himmel

Die elf Sternbilder, die in diesem Kapitel vorgestellt werden, gehören zu den spektakulärsten an unserem Himmel. Sie stammen sowohl aus der südlichen wie auch aus der nördlichen Halbkugel. Jedes von ihnen besteht überwiegend aus farbigen und veränderlichen Sternen, Doppelsternen und Sternhaufen, Nebeln und Galaxien. Viele von ihnen sind außerdem zur Orientierung am Himmel von unschätzbarem Wert für Astronomen.

Es gibt keinen besseren Wegweiser am Firmament als den Großen Wagen, den bekanntesten Teil des Großen Bären. Zwar kann er keinen Stern der 1. Größe aufweisen, aber er ist fast unübersehbar – und damit wäre der Anfang schon gemacht! Im linken Schaubild wird seine Nützlichkeit deutlich.

Die vier Sterne, die den Kasten des Himmelswagens ausmachen, zeigen paarweise nicht nur zum Polarstern Polaris, sondern auch zu Deneb in Cygnus, zu Capella in Auriga, zu Pollux und seinem Zwilling Castor in Gemini und auf Regulus in Leo. Folgen Sie dem Knick in der Deichsel, gelangen Sie zu Arcturus, dem hellsten Stern am Nordhimmel. Und in der Fortsetzung dieser Krümmung erreicht man Spica in Virgo.

Auch Orion *(links)* ist nicht zu verfehlen. Er hat eine markante Form und helle Sterne, von denen zwei – Beteigeuze und Rigel – der 1. Größe angehören. Die drei Gürtelsterne im Orion weisen zum hellsten Stern am Himmel, Sirius in Canis Maior, und zu Aldebaran, dem feurigen Bullenauge, in Taurus. Die Diagonale von Rigel zu Beteigeuze führt weiter zu Castor

▼ Einer der vielen Höhepunkte im Sternbild Orion ist der Große Nebel (M42), in den das Trapez, ein Mehrfachstern, eingebettet ist. Die Aufnahme zeigt deutlich die vier Komponenten des Sterns.

und seinem Zwilling Pollux. Geht man von Gamma Orionis, Bellatrix, direkt nach Osten, landet man bei Procyon im Canis Minor. Folgt man einer imaginären Linie, die mitten durch das Kernbild des Orion nach Norden führt, trifft man auf Capella.

Die deutlichsten Orientierungssterne in der südlichen Hemisphäre sind Alpha und Beta Centauri, die das Auge zum Kreuz des Südens, Crux, führen. Ohne sie wäre man versucht, das sogenannte falsche Kreuz, nicht weit davon, für das echte zu halten. Das falsche Kreuz setzt sich aus einem Sternenpaar der Vela und einem Paar der Carina zusammen. Anders als über der nördlichen Halbkugel gibt es bei der Südhalbkugel weder einen praktischen Polarstern noch Wegweiser. Doch die Längsachse des Kreuz des Südens zeigt fast genau in die richtige Richtung.

Die Epoche 2000

An dieser Stelle muß darauf hingewiesen werden, daß die Himmelspositionen der Sterne in den folgenden Karten – und denen von Kapitel 2 – nicht ganz genau stimmen. Sie sind so eingetragen, wie sie am 1. Januar 2000 plaziert sein werden. Das Jahr 2000 ist die sogenannte Standard-Epoche der Himmelsbeobachtung. Doch der Unterschied zwischen der momentanen Position der Sterne und der in der Epoche 2000 ist inzwischen zu vernachlässigen.

Der Grund, warum sich die Position der Sterne langsam ändert, ist die Präzession. Diese schwankende Drehbewegung der Erdachse bewirkt, daß die Himmelspole im Lauf von 26 000 Jahren einen Kreis auf der Himmelssphäre vollziehen. Und deswegen wird in 10 000 Jahren Deneb im Schwan (Cyngus) der Polarstern sein.

▼ Diese Wolke im Sternbild des Sagittarius ist die hellste am Firmament. Bereits mit bloßem Auge kann sie leicht gesehen werden – und im Fernrohr wirkt sie großartig, wie alle Teile der Milchstraße im Schützen.

▲ Im Sternbild Andromeda befindet sich die unvergleichliche Große Spiralgalaxie, an deren Rand sich die elliptische Galaxie M32 befindet – eine der beiden Begleiter der Großen Spirale.

▼ Auf der südlichen Himmelskugel finden sich die Hauptsternbilder Centaurus und Crux. Dieses Foto zeigt *(rechts im Bild)* Alpha und Beta Centauri, die auf das Kreuz des Südens weisen.

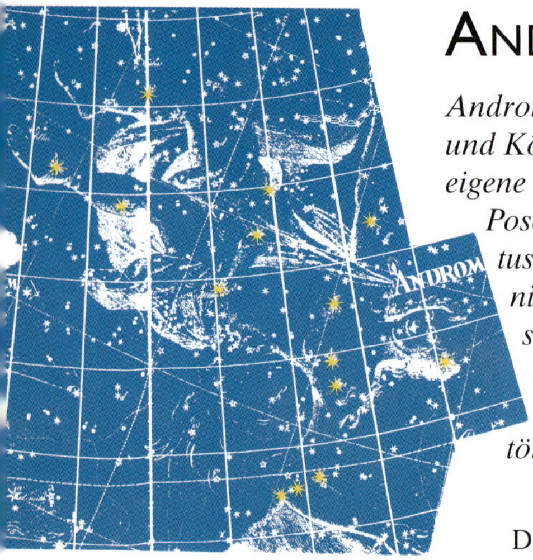

ANDROMEDA

Andromeda war die schöne Tochter von König Cepheus und Königin Cassiopeia. Doch weil die Königin ihre eigene Schönheit so sehr lobte, zog sie sich den Zorn des Poseidon, des Gottes der Meere, zu. Dieser schickte Cetus als Ungeheuer, um an den Ufern von Cepheus' Königreich Angst und Schrecken zu verbreiten. Um Poseidon zu besänftigen, kettete der König Andromeda als Opfergabe an die Felsenküste. Gerade als Cetus sich auf sie stürzen wollte, kam Perseus vorbei und tötete das Ungeheuer. Später heiratete er Andromeda.

Dieses große Sternbild läßt sich leicht finden, nachdem es mit einem der markantesten Sternbilder am Himmel, dem Pegasus, verbunden ist. Der Leitstern, Alpha Andromedae oder Alpheratz, bildet die nordöstliche Ecke des Pegasusquadrats.

Andromeda kann eine ganze Menge an Doppelsternen, Veränderlichen und Haufen aufweisen, doch am bekanntesten ist sie für einen verschwommenen Lichtfleck, der wie ein Nebel wirkt, ohne es zu sein, und mit dem bloßem Auge deutlich sichtbar ist. Im Messier-Katalog heißt der Fleck M31, und normalerweise spricht man vom Großen Nebel in der Andromeda. Mittlerweile wissen wir, daß die Andromeda eine benachbarte Galaxie ist, ähnlich wie unsere, doch beträchtlich größer und mit viel mehr Sternen ausgestattet.

Die Große Spirale

Die Andromedagalaxie zählt zu den Paradebeispielen in der nördlichen Hemisphäre. Wie unser eigenes Sternsystem ist auch sie eine Spiralgalaxie, doch mit einem Durchmesser von 150 000 Lichtjahren wesentlich größer. Als größte Galaxie in unserer lokalen Galaxiengruppe trägt sie zu Recht den Namen »Große Spirale«.

Mit einer Helligkeit der 4. Größe kann die Große Spirale leicht in der Nähe von Ny entdeckt werden. Sie ist von uns 2,3 Millionen Lichtjahre weit weg und stellt damit das am weitesten entfernt liegende Objekt dar, das mit bloßem Auge am Nachthimmel gesehen werden kann.

Im Fernglas zeigt sich die Große Spirale als markantes Oval, während man mit größeren Teleskopen einzelne Sterne und eine dunkle Staubspur ausmachen kann. M31 wird von zwei benachbarten Galaxien, M32 und M110 (NGC205), begleitet, die beide mit dem Fernrohr sichtbar sind.

Interessante Begleiter

Unter den interessanteren Sternen Andromedae findet sich Gamma, der der 2. Größe zuzuordnen ist. Als einer der schönsten Doppelsterne unseres Nachthimmels kann er schon mit kleineren Teleskopen zu einem hellen goldgelben Hauptstern und einem bläulichgrünen Begleiter aufgelöst werden.

Ein leichterer Doppelstern als Gamma ist Pi, wohingegen ein schwierigerer der 36 Andromedae ist. Mit seinen gelben Anteilen befindet er sich zwischen Eta und Zeta, gleich an der Grenze zu den Pisces (Fischen).

Zu den veränderlichen Sternen des Sternbildes zählt der deutlich rote Mirastern R Andromedae. Er steht nahe an einem Trio aus Sternen der 5. Größe, Theta, Rho und Sigma, und nördlich von Alpha im Pegasusquadrat.

Ein grüner Krapfen

In der Verlängerung des Bogens durch Lambda, Kappa und Jota kommt man zu NGC7662, einem der breiteren planetarischen Nebel. In kleinen Teleskopen schaut er wie ein verschwommener grünlicher Stern aus, doch in größeren Instrumenten erkennt man die krapfenförmige Scheibe.

Südlich von Gamma findet sich ein Sterntrio der Nummern 59, 58 und 56. Gleich bei dem breiten Doppelstern 56 ist ziemlich verstreut ein offener Sternhaufen zu sehen: NGC752. Direkt bei Beta (Mirach) steht NGC404, eine elliptische Galaxis ähnlich einem sich entwickelnden Kometen.

Östlich von Gamma, in Richtung von Algol im benachbarten Sternbild, befindet sich ein klassischer Spiralnebel, NGC891, durch eine dunkle Staubspur in zwei Hälften geteilt. Doch dies ist nur mit größeren Teleskopen zu sehen.

▼ Der Mittelpunkt der Großen Spirale, M31. Im Fernrohr präsentiert sich dieses leuchtende Gebiet als ein Oval. Der Streifen im Bild kennzeichnet die Bahn eines Satelliten, der vorüberflog, als die Aufnahme gemacht wurde.

Informationen zu den angrenzenden Sternbildern finden Sie auf folgenden Seiten:

Cassiopeia ... 80
Pegasus ... 62
Pisces ... 61
Lacerta ... 61
Perseus ... 67
Triangulum ... 65

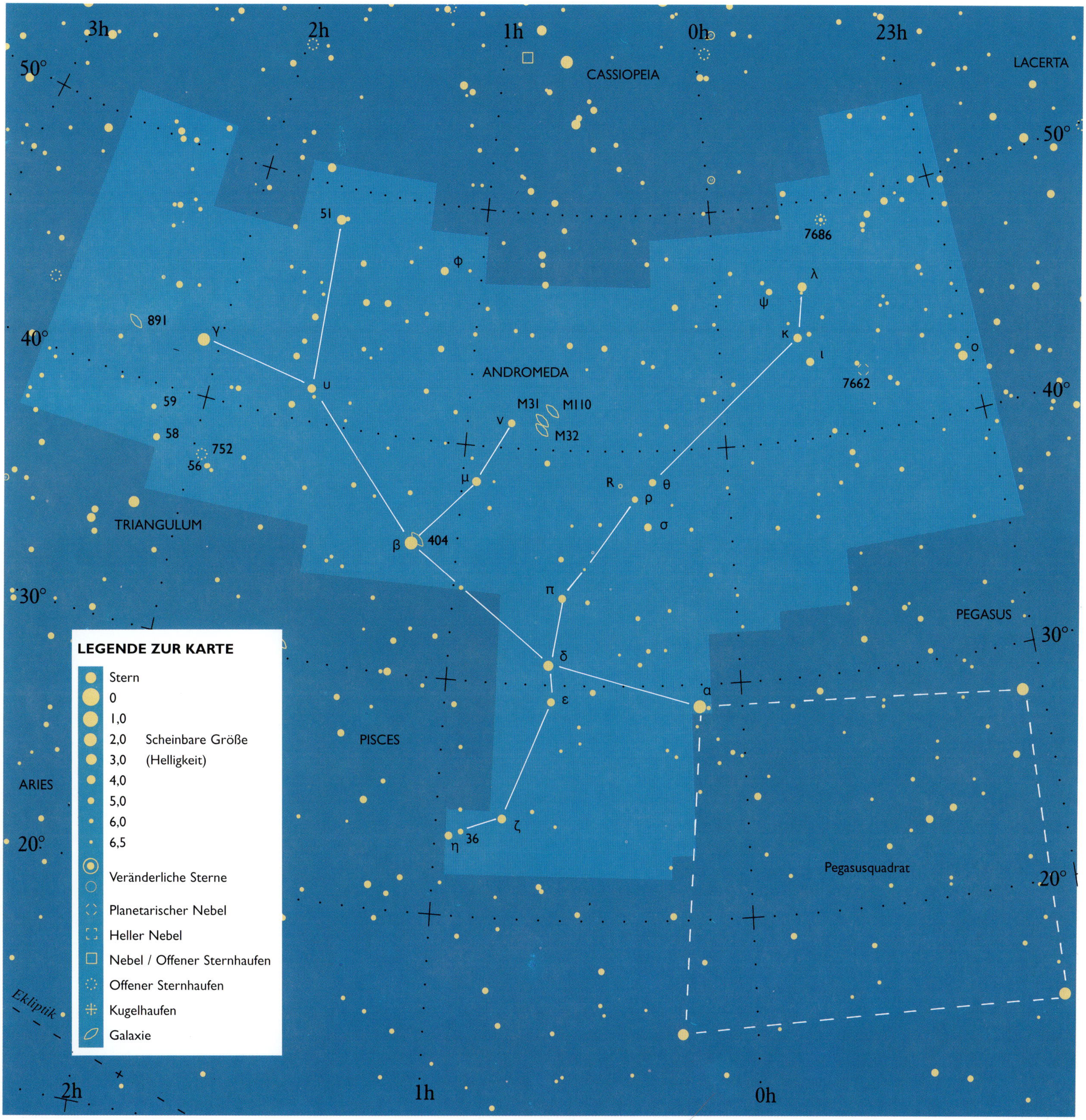
3h
2h
1h
0h
23h
50°
40°
30°
20°
CASSIOPEIA
LACERTA
ANDROMEDA
TRIANGULUM
PEGASUS
PISCES
ARIES
Pegasusquadrat
Ekliptik
51
φ
λ
ψ
κ
ι
o
7686
7662
891
γ
υ
59
58
752
56
M31
M110
M32
ν
μ
R
θ
ρ
σ
β
404
π
δ
ε
α
ζ
36
η
LEGENDE ZUR KARTE
Stern
0
1,0
2,0
3,0
4,0
5,0
6,0
6,5
Scheinbare Größe (Helligkeit)
Veränderliche Sterne
Planetarischer Nebel
Heller Nebel
Nebel / Offener Sternhaufen
Offener Sternhaufen
Kugelhaufen
Galaxie

▼ Eines der am meisten gefeierten Objekte in der Cassiopeia ist selbst mit großen Teleskopen nicht sichtbar. Cassiopeia A ist der Rest einer Supernova, die sich vor langer Zeit ereignete. Mit Radiowellenlängen ist – wie hier – die Cas-A als eines der leuchtendsten Himmelsobjekte zu sehen.

Cassiopeia

Königin Cassiopeia war die eitle Ehefrau des Königs Cepheus und Mutter der Andromeda. Als Folge Cassiopeias Gefallsucht hätte Andromeda beinahe ihr junges Leben in den Klauen des Seeungeheuers Cetus lassen müssen. Cassiopeia hatte geprahlt, sie sei schöner als die Nereiden – Meeresnymphen, die berühmt für ihre Schönheit waren. Die Nymphen waren verletzt und baten Poseidon, der mit einer von ihnen verheiratet war, die eingebildete Königin zu bestrafen. Also schickte er Cetus (siehe Seite 78).

Die hellsten Sterne der Cassiopeia bilden ein markantes W – und sind damit nicht zu verfehlen. Das Sternbild steht weit im Norden, auf der gegenüberliegenden Seite des Polarsterns von Ursa Maior. Von Kanada, den Vereinigten Staaten und Nordeuropa aus ist es zirkumpolar und daher immer zu sehen.

Cassiopeia gehört zur Milchstraße; ihre Umgebung ist voller Sternhaufen und dicht gesäter Sterne, so daß die Suche mit dem Fernglas zum Vergnügen gerät.

Die »W«-Sterne

Alpha (Schedir), Beta und Gamma sind fast gleich hell (etwa Größe 2,2). Der südlichste Stern des »W«, Alpha, hat im Vergleich zu dem reinen Weiß von Beta eine deutliche orangefarbene Schattierung. Mit dem Teleskop löst sich Alpha in einen Doppelstern auf, und das Orange des Hauptsterns bildet einen schönen Kontrast zum Bläulichweiß des matteren Begleiters.

Eta bildet ebenfalls mit goldgelben und purpurartigen Komponenten einen schönen Doppelstern. In meist unvorhersehbarer Weise verändert sich der zentrale Stern des »W«, Gamma. Als sehr heißer blauer Riesenstern wirft er periodisch Schalen mit leuchtendem Gas ab, wodurch seine Helligkeit ansteigt. Um 1930 war er mit der Größe 1,6 der hellste Stern der Cassiopeia, später verblaßte er unter Größe 3.

Verlängert man das »W« von Delta über das Epsilon hinaus, erreicht man Jota, einen hervorragenden Dreifachstern für Amateurteleskope.

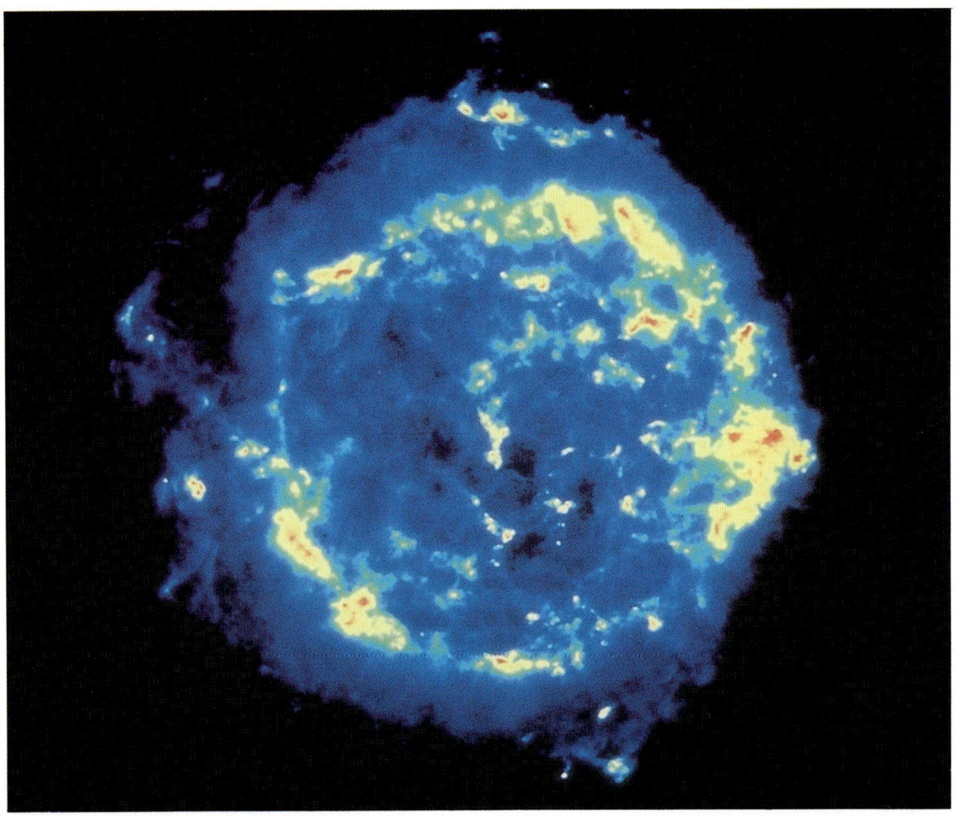

Interessante Veränderliche

Folgen Sie weiterhin derselben Linie durch das Jota hindurch, gelangen Sie zu RZ Cassiopeiae. Dies ist ein bedeckungsveränderlicher Doppelstern innerhalb der Reichweite von Ferngläsern. Gewöhnlich der 6. Größe zugehörig, verblaßt er beim Schwinden alle 29 Stunden fast bis Größe 8.

Auf der anderen Seite des Sternbildes, über Beta hinaus, findet sich eine Linie von drei Sternen, Tau, Rho und Sigma. Rho in der Mitte ist ein unregelmäßig veränderlicher Stern unbekannter Art, der ziemlich unvorhersehbar zwischen der Größe 6 und 8 schwankt. Die flankierenden Sterne Tau und Sigma sind für Vergleiche sehr hilfreich.

Ein regelmäßig Veränderlicher, der Mirastern R Cassiopeiae, liegt südlich von Rho, doch ist er nicht leicht in dem Sternendickicht der Milchstraße zu finden. Bei voller Helligkeit ist er der Größe 6 zuzuordnen, aber im Zeitraum von 431 Tagen verblaßt er zu Größe 13.

Schöne Sternhaufen

Dichte Sternfelder umstehen Epsilon, Delta und Gamma, gemeinsam mit einer Reihe von Sternhaufen. Zu ihnen zählen die offenen Sternhaufen NGC663, 654 und, als der hellste, M103. Trotzdem ist der offene Sternhaufen NGC457, der sich südlich von Delta und nahe an Phi befindet, das interessantere Himmelsobjekt. Er besteht aus einer Gruppe von mehr als 100 Sternen. Mit dem Fernglas ist er gut zu sehen, und kleine Teleskope zeigen seine Sterne auf.

Ein weiterer betrachtenswerter offener Sternhaufen ist M52, der sich – wenn auch etwas schwieriger – auf der verlängerten Linie von Alpha und Beta finden läßt. Der Sternhaufen besteht aus etwa 100 heißen jungen Sternen, ähnlich den Plejaden. Für das kleine Teleskop ein ausgezeichnetes Objekt.

Informationen zu den angrenzenden Sternbildern finden Sie auf folgenden Seiten:

Andromeda .... 78 Cepheus 40

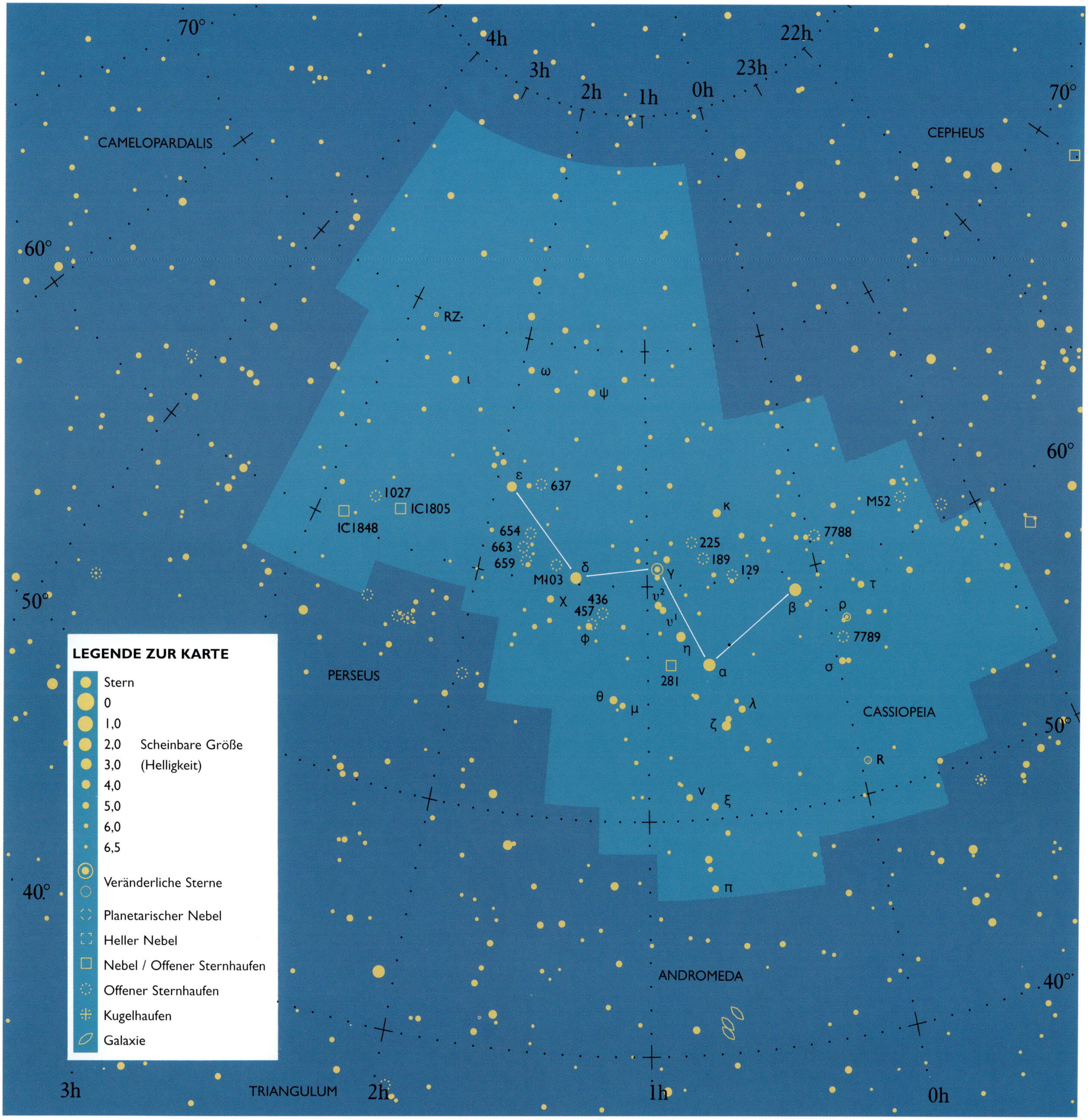
70°
4h
3h
2h
1h
0h
23h
22h
70°
CAMELOPARDALIS
CEPHEUS
60°
RZ
ω
ι
ψ
60°
ε
637
1027
IC1805
IC1848
M52
κ
7788
654
663
659
225
189
129
δ
γ
M103
τ
50°
χ
436
457
υ²
υ¹
β
ρ
φ
η
7789
α
σ
PERSEUS
281
θ
μ
λ
ζ
CASSIOPEIA
50°
R
ν
ξ
π
40°
ANDROMEDA
40°
3h
TRIANGULUM
2h
1h
0h
LEGENDE ZUR KARTE
Stern
0
1,0
2,0
3,0
4,0
5,0
6,0
6,5
Scheinbare Größe
(Helligkeit)
Veränderliche Sterne
Planetarischer Nebel
Heller Nebel
Nebel / Offener Sternhaufen
Offener Sternhaufen
Kugelhaufen
Galaxie

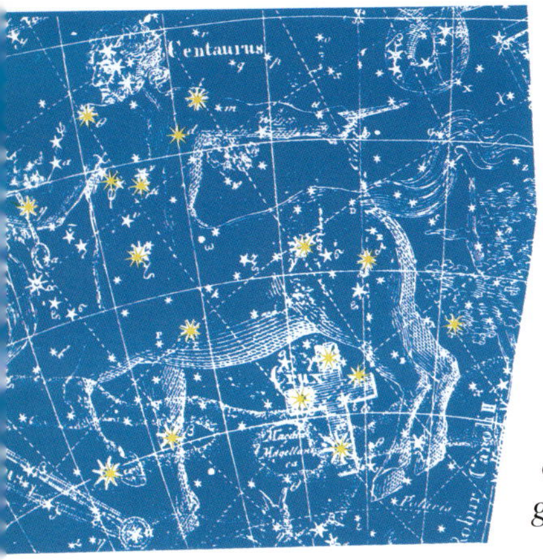

Centaurus

Centaurus, der Zentaur, gehört zu jenen mythologischen Figuren, die halb Pferd, halb Mensch waren. Die meisten Zentauren galten als wilde Geschöpfe, doch dieser hier, Chiron genannt, war anders. Er war weise und gelehrt und wurde ein berühmter Lehrer, besonders beim Jagen, in der Heilkunst und in der Musik. Doch trotz seiner Medizinkenntnisse konnte er sich selbst nicht mehr helfen, als er versehentlich von einem Giftpfeil des Herkules' getroffen worden war.

Centaurus bildet eines der größten und spektakulärsten Sternbilder am Himmel. Seine »Füße« ragen in die Milchstraße und umhüllen das markante Crux, das Kreuz des Südens.

Zu ihm gehört der dritthellste und uns am nächsten gelegene Stern am Nachthimmel, eine ganze Sammlung an offenen und Kugelsternhaufen sowie eine der stärksten Radioquellen am Himmel.

Das Alpha-Centauri-System

Der Hauptstern Alpha, manchmal auch Rigil Kent genannt, hat eine Größe von –0,3 und wird am Himmel nur von Sirius und Canopus übertroffen. Er ist ein Doppelstern, der sich in kleinen Teleskopen in gelbe Komponenten auflöst, und liegt nur 4,3 Lichtjahre entfernt – das ist weniger als die Hälfte der Entfernung zu Sirius.

Wenn man Alpha mit großen Teleskopen betrachtet, wird ein blasser dritter Stern sichtbar, der uns als roter Zwerg der 11. Größe sogar noch näher steht als Alpha. Überhaupt ist er der der Erde am nächsten gelegene Stern, und heißt deswegen Proxima Centauri.

Beta, auch als Agena bezeichnet, gehört der Größe 0,6 an. Zusammen mit Alpha bilden sie ein prominentes, auch Wegweiser genanntes Paar, nachdem sie zum Kreuz des Südens zeigen. Der bläulichweiße Beta läßt sich gut vom gelben Alpha unterscheiden, und obwohl sie Seite an Seite stehen, sind sie über 450 Lichtjahre voneinander entfernt.

Zwischen den beiden Wegweisern zeigt sich der veränderliche Mirastern R, mit dem Fernglas leicht auszumachend, wenn er sich in seiner maximalen 5. Größe befindet. In einer Periode von 547 Tagen verblaßt er bis zur 11. Größe.

▶ Zahlose Sterne drängen sich bei dieser Ansicht – einer der schönsten – von Centaurus zusammen. Der größte, hellste und dichteste Kugelsternhaufen am Firmament, Omega Centauri, besetzt etwa die gleiche Fläche am Himmel wie der Vollmond und ist etwa 17 000 Lichtjahre von uns entfernt.

Omega Centauri

Verlängert man die Linie von Beta zu Epsilon noch einmal so weit, finden Sie zu einer weiteren großartigen Attraktion am südlichen Nachthimmel. Sie wirkt wie ein verschwommener Stern der 4. Größe und wird Omega genannt.

Doch Omega Centauri ist überhaupt kein Stern, sondern besteht aus ganzen Gruppen aus Hunderttausenden von Sternen, möglicherweise einer Million! Tatsächlich ist dies das schönste Beispiel eines Kugelhaufens. Mit bloßem Auge ist er leicht ausfindig zu machen, und bereits mit einem Fernglas können Sie die einzelnen Sterne unterscheiden.

Gleich im Norden von Epsilon gibt es noch einen anderen Kugelsternhaufen, NGC5286, dessen Betrachtung durch ein Fernglas oder ein kleines Teleskop sich lohnt. Einen sehr schönen offenen Sternhaufen haben wir mit NGC3766 in der Nähe von Lambda; er befindet sich von Alpha und Beta aus gesehen auf der gegenüberliegenden Seite von Crux.

Crux, das Kreuz des Südens

Die kleinste der Konstellationen ist für Neuseeland und einen großen Teil von Australien zirkumpolar. Vier Hauptsterne bilden ein Kreuz: Alpha (Acrux), Beta, Gamma und Delta. Das warme Rot von Gamma bildet einen schönen Kontrast zum Bläulichweiß der anderen Sterne. Alpha (Größe 0,8) ist wie Beta, Gamma und das Sternpaar Theta ein Doppelstern.

In der Nähe von Beta befindet sich der größte Schatz im Sternbild Crux, ein wunderschöner farbiger offener Sternhaufen mit dem Spitznamen »Schmuckkästchen«, offiziell als Kappa Crucis oder NGC4755 bezeichnet. Wie der Name schon andeutet, handelt es sich um eine glitzernde Erscheinung rund um den bekannten roten Überriesen, der wie ein Rubin schimmert.

Informationen zu den angrenzenden Sternbildern finden Sie auf folgenden Seiten:

Carina 42
Lupus 53
Hydra 50

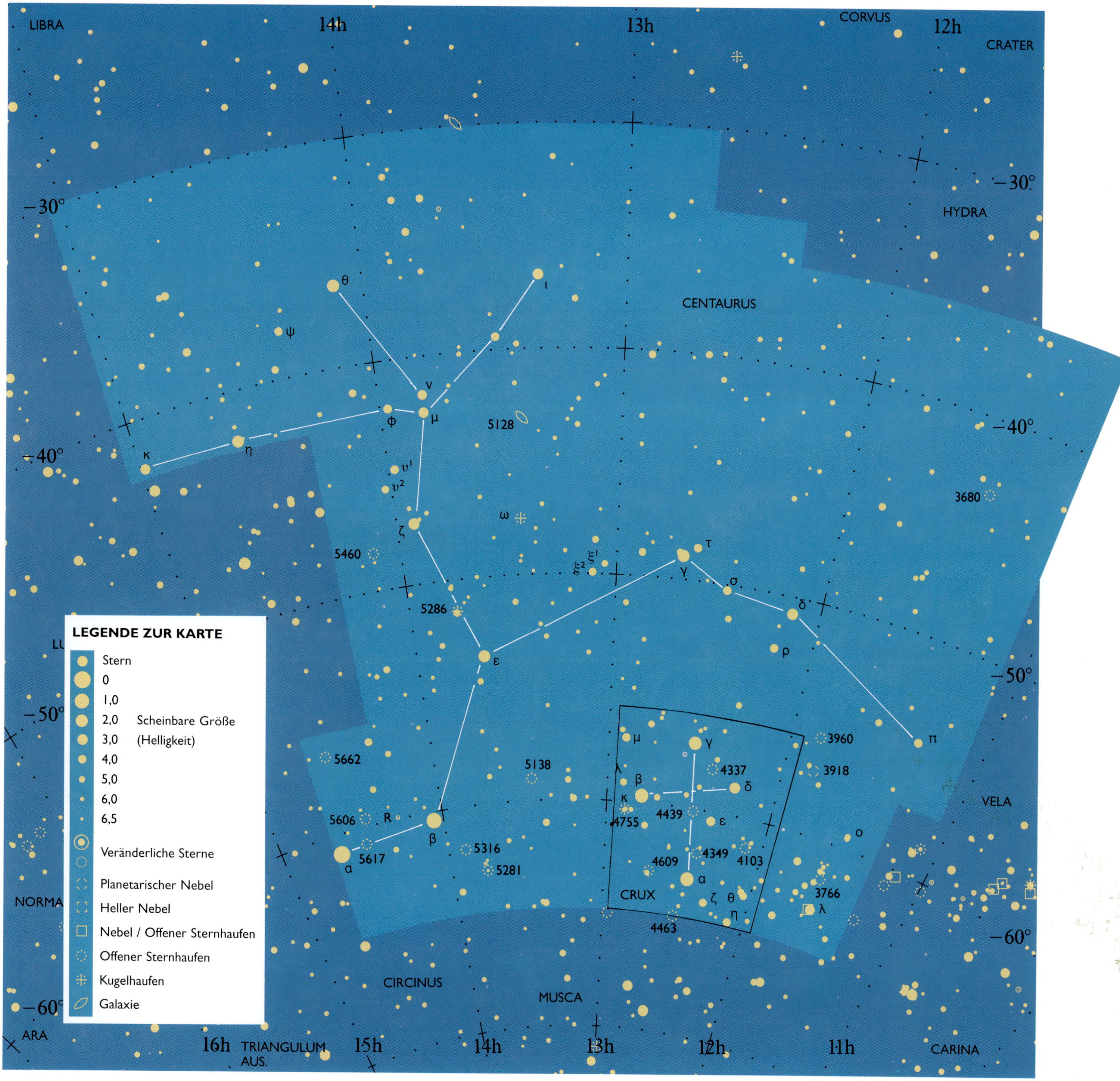
LIBRA
14h
13h
CORVUS
12h
CRATER
−30°
HYDRA
CENTAURUS
−40°
5128
3680
ω
5460
5286
ξ¹
ξ²
−50°
3960
3918
VELA
5662
5138
4337
4439
4755
5606
R
5617
5316
5281
4609
4349
4103
CRUX
3766
4463
−60°
NORMA
CIRCINUS
MUSCA
ARA
16h
TRIANGULUM AUS.
15h
14h
13h
12h
11h
CARINA
LEGENDE ZUR KARTE
Stern
0
1,0
2,0
3,0
4,0
5,0
6,0
6,5
Scheinbare Größe (Helligkeit)
Veränderliche Sterne
Planetarischer Nebel
Heller Nebel
Nebel / Offener Sternhaufen
Offener Sternhaufen
Kugelhaufen
Galaxie

▼ Der feine Nebelschleier NGC6992, Überrest einer ausgedehnten Supernova, ist als Cygnus-Schleife bekannt. Dieser Name eignet sich – wie auch die Alternativbezeichnung Cirrusnebel – gut für diese büscheligen Streifen aus leuchtendem Gas.

Cygnus

Cygnus, der Schwan, soll Zeus oder Jupiter, der Vater aller Götter, in Verkleidung gewesen sein sein. In dieser Gestalt besuchte Zeus eine seiner vielen Geliebten, nämlich Leda, die Königin von Sparta. Das Ergebnis war ein Ei, aus dem nicht nur die Zwillinge Castor und Pollux schlüpften, sondern auch die schöne Helena von Troja, wegen deren »Antlitz tausend Schiffe in See stachen«. Pollux und Helena waren Kinder des Zeus, nicht aber Castor; er war der Sohn des Königs von Sparta.

Cygnus ist ein wunderschönes Sternbild am Nordhimmel – und eines der wenigen, die an die namensgebende Figur erinnern. Es heißt, der Schwan würde auf der Milchstraße nach Süden fliegen. Wegen der ausgeprägten Kreuzform wird das Sternbild auch Kreuz des Nordens genannt.

Cygnus gibt Anlaß zu einem astronomischen Fest: Er zeichnet sich durch viele Doppel- und veränderliche Sterne aus, und da er sich zum größten Teil in der Milchstraße befindet, wimmelt es nur so von Sternen und Sternhaufen – im Fernglas ein großartiger Anblick. In größeren Teleskopen werden herrliche Nebel und Büschel aus leuchtendem Gas sichtbar.

Blendender Deneb

Hauptstern ist am Schwanz des Schwanes Alpha oder Deneb der 1. Größe. Er leuchtet außergewöhnlich hell bei einem Lichtausstoß von 60 000 Sonnen. Alpha liegt viel weiter weg als alle anderen hellen Sterne; die Entfernung beträgt über 1800 Lichtjahre. Befände sich der hellste Stern am Himmel, Sirius, in dieser Distanz, würden wir ihn kaum wahrnehmen!

Deneb stellt einen der drei hell leuchtenden Sterne, die das Sommerdreieck bilden. Die anderen sind Altair in Aquila (Adler) und Wega in Lyra (Leier).

Wunderschöne Doppelsterne

Beta oder Albireo liegt Alpha gegenüber am anderen Ende von Cygnus und ist viel blasser (3. Größe). Doch schaut man ihn durch ein auch nur kleines Teleskop an, zeigt er sich als Prachtexemplar eines Doppelsterns, vielleicht als schönster an unserem Himmel. Seine blauen und gelben Komponenten scheinen immer hell und klar.

Delta, Gamma wie auch 61 Cygni unter dem rechten »Flügel« sind Doppelsterne. Doch 61 Cygni gebührt mehr Ehre, als nur Doppelstern zu sein. Er war der erste Stern, dessen Entfernung zur Erde ganz genau gemessen wurde. Der deutsche Astronom Friedrich Bessel ermittelte 1838 den Wert mit Hilfe der Parallaxenmethode, wobei sich eine Entfernung von über 105 Billionen Kilometern ergab. Diese Erkenntnis über die große Entfernung der Sterne löste eine Sensation aus.

Rote veränderliche Sterne

Cygnus enthält mehrere veränderliche Mirasterne, die zu Zeiten ihrer größten Helligkeit mit Ferngläsern zu erkennen und bereits allein wegen ihrer intensiven roten Farbe betrachtenswert sind. Einer der interessantesten ist Chi im Nacken des Schwans. Bei maximaler Helligkeit kann er mit dem festen und nahe gelegenen Stern Eta (Größe 3,6) konkurrieren. Während einer Periode von 407 Tagen sinkt er zu einem Minimum von weniger als die Größe 14 ab – und präsentiert damit den größten bekannten Helligkeitswechsel unter den Veränderlichen.

Zu den anderen Veränderlichen des Mira-Typs zählen U und R Cygni, die etwa bei maximaler Helligkeit in Fernglas-Reichweite rücken, doch die meiste Zeit über zu blaß dafür sind. U befindet sich östlich des Sterns 32, der sich wiederum nördlich des Sternpaares Omikron 1 und 2 unter dem linken Flügel des Schwans aufhält. R steht dicht bei Theta.

W Cygni auf der anderen Seite des Sternbildes, nahe dem Rho der 4. Größe, ist ein halbregelmäßiger veränderlicher Stern mit einer Periode von etwa vier Monaten. Durch den Helligkeitswechsel innerhalb der Größen 5 bis 8 bleibt er während des ganzen Zeitraums im Bereich von Ferngläsern.

Entdeckungen in der Tiefe des Himmels

Insgesamt sind bis zu 30 offene Sternhaufen in dem Sternbild zu finden, einschließlich zweier Messier-Sternhaufen. M29 steht direkt südlich von Gamma; M39 befindet sich am Schwanzende der Konstellation und bildet mit Pi-2 und Rho ein rechtwinkliges Dreieck. M39 ist der größere Sternhaufen von beiden und mit über 20 Sternen fast so groß wie ein halber Monddurchmesser.

Zwischen Deneb und dem viel blasseren Xi wird die Milchstraße deutlich heller. Schaut man durch ein Fernglas oder ein Teleskop, kann man die Gegend als großen Nebel (NGC7000) ausmachen. Aufnahmen mit einer langen Belichtungszeit zeigen eine markante Form.

Südlich von Epsilon im rechten Flügel des Schwans glänzt in der 4. Größe der Stern 52. Mit einem großen Fernrohr oder Teleskop lassen sich Filamente einer glühenden Gasschicht entdecken, und auf langzeitbelichteten Aufnahmen zeigt sich ein feiner gebogener Streifen, der als Cygnus-Schleife bekannt ist. Dies sind die Überreste einer Supernova-Explosion, die vielleicht vor 30 000 Jahren stattgefunden haben mag. Ein leuchtender Teil der Schleife ist uns als Nebelschleier oder Cirrusnebel bekannt.

Informationen zu den angrenzenden Sternbildern finden Sie auf folgenden Seiten:

Cassiopeia 80
Draco 40
Pegasus 62
Cepheus 40
Lyra 56

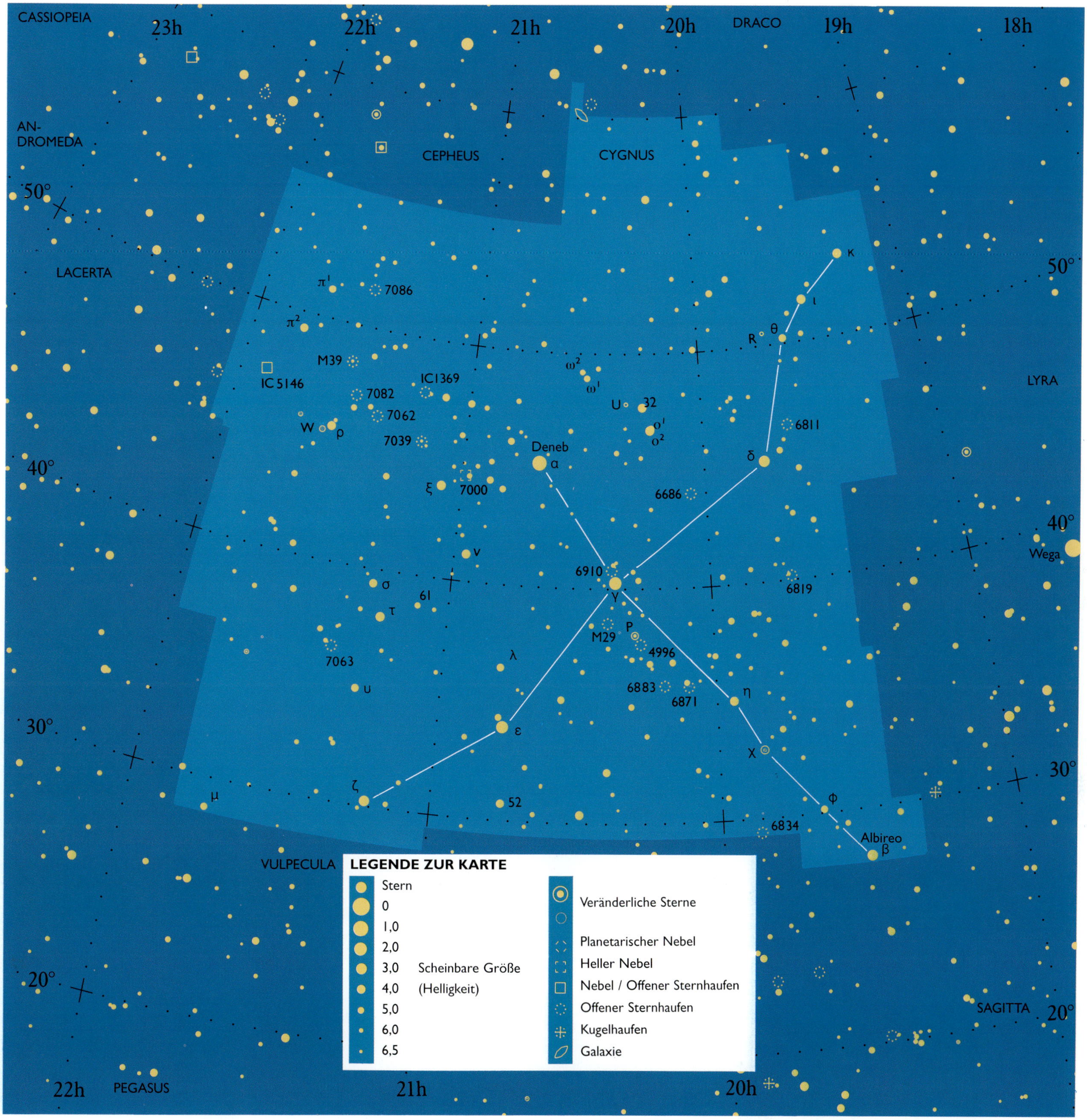
CASSIOPEIA
23h
22h
21h
20h
DRACO
19h
18h
AN-
DROMEDA
CEPHEUS
CYGNUS
50°
LACERTA
π¹
7086
π²
M39
IC 5146
7082
IC1369
7062
W
ρ
7039
ω²
ω¹
U
32
ο¹
ο²
6811
R
θ
ι
κ
50°
LYRA
Deneb
α
δ
40°
ξ
7000
6686
40°
Wega
ν
σ
61
τ
6910
γ
6819
M29
P
4996
7063
λ
υ
6883
6871
η
30°
ε
χ
30°
μ
ζ
52
φ
6834
Albireo
β
VULPECULA
LEGENDE ZUR KARTE
Stern
0
1,0
2,0
3,0
4,0
5,0
6,0
6,5
Scheinbare Größe
(Helligkeit)
Veränderliche Sterne
Planetarischer Nebel
Heller Nebel
Nebel / Offener Sternhaufen
Offener Sternhaufen
Kugelhaufen
Galaxie
20°
SAGITTA
20°
22h
PEGASUS
21h
20h

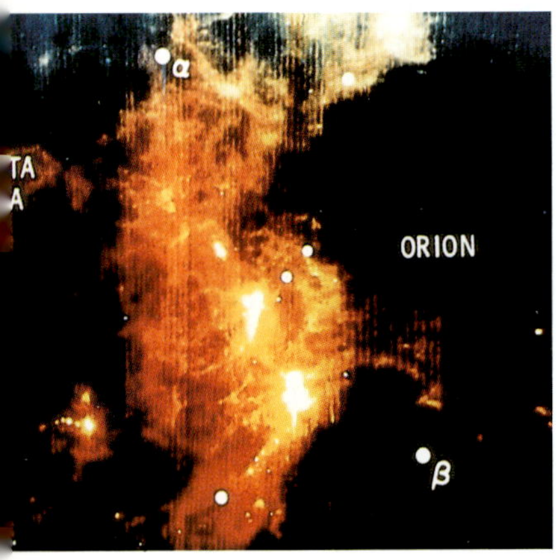

▲ Mit unseren Teleskopen können wir viele kleine Nebel im Orion sehen, insbesondere M42. Doch mit dem Infrarot-Astronomie-Satelliten IRAS wurde aufgedeckt, daß praktisch das gesamte Sternbild von Gas und Staub erfüllt ist. Diese IRAS-Aufnahme verdeutlicht das gewaltige Ausmaß der interstellaren Materie. Alpha (Beteigeuze) tritt deutlich hervor.

Orion

In der Mythologie galt Orion als großer Jäger. Von seinem Vater, dem Meeresgott Poseidon, hatte er die Fähigkeit, über das Wasser laufen zu können. Über ihn gibt es viele Geschichten. In einer verliebte er sich in sieben Schwestern, die Plejaden, und heftete sich auf ihre Fersen – wie er es heute noch tut. Auch von seinem Tod gibt verschiedene Varianten. Eine davon erzählt, wie Orion damit prahlte, jedes Lebewesen umbringen zu können. Daraufhin öffnete sich die Erde, und ein Skorpion kam heraus, der ihn auf der Stelle mit seinem Stachel tötete.

Da der Himmelsäquator durch dieses großartige Sternbild verläuft, ist es astronomischen Beobachtern auf beiden Hemisphären gleichermaßen vertraut.

»Großartig« beschreibt Orion sicherlich am treffendsten, denn seine hellsten Sterne machen das Hauptbild zu einer der am leichtesten erkennbaren Konstellationen. Auch schaut der Umriß wirklich aus wie die Figur, die es darstellen soll: ein mächtiger Jäger mit erhobenem Knüppel und einsatzbereitem Schild.

Zwillingsriesen

Zwei Sterne wetteifern um den besten Platz: Alpha oder Beteigeuze und Beta bzw. Rigel.

Beteigeuze ist gigantisch – stünde er an derselben Stelle wie die Sonne, würde seine Kugel über die Umlaufbahn der Erde hinaus fast bis zum Mars reichen. Der Stern ist eindeutig rot und veränderlich. Bei maximaler Helligkeit erreicht er die Größe 0,1, doch in einem unregelmäßigen Intervall von fünf bis sechs Jahren verblaßt er bis unter die Größe 1,3.

Rigel, der sich im Hauptsternbild genau gegenüber von Beteigeuze befindet, leuchtet beständig und mit der festen Größe 0,1 fast heller. Er unterscheidet sich mit seinem Bläulichweiß auch in der Farbe. Der sehr heiße Stern erzeugt mehr Energie als 50 000 Sonnen, und in größeren Teleskopen ist er als Doppelstern erkennbar.

Die Namen der anderen hellen Sterne lauten: Gamma bzw. Bellatrix, Delta – Mintaka, Epsilon – Alnilam, Zeta – Alnitak und Kappa – Saiph.

Große Nebel

Außer dem Hauptsternbild ist mit dem bloßen Auge als auffallendstes Merkmal ein Nebelfleck unterhalb der Sterne Delta, Epsilon und Zeta, die zugleich den Gürtel des Orion bilden, erkennbar. In Ferngläsern sehen Sie einen hellen Nebel mit der Bezeichnung M42, treffenderweise Großer Nebel im Orion genannt. Nur in langzeitbelichteten Aufnahmen des Nebels kommt die umwerfende Schönheit zum Vorschein, mit der nur wenig andere Himmelsansichten konkurrieren können.

Ein viel kleinerer, fast runder Nebel, M43, liegt ganz in der Nähe des Großen Nebels. Ein kleiner rötlicher Nebel, NGC2024, befindet sich dicht an Zeta, und ein etwas hellerer und bläulicherer, M78, steht weiter im Norden.

Südlich von Zeta ist der glühende Nebel IC434 sichtbar, bei dem sich ein undeutliches dunkles Etwas in der Form eines Pferdekopfes abzeichnet. Dieser Pferdekopf-Nebel, auch Barnard 33 genannt, stellt die markanteste Dunkelwolke am Himmel dar. Leider liegt er außerhalb der Reichweite von kleineren Teleskopen.

Tatsächlich ist der eben vorgestellte Nebel nur die »Spitze des Eisbergs«, denn fast das gesamte Sternbild sitzt in einer dünnen Gaswolke. Aus diesem riesigen Reservoir interstellarer Materie gingen so heiße, weiße Sterne hervor wie Rigel oder diejenigen in Orions Gürtel.

Eine vielfältige Auswahl

Im Orion befinden sich auch jede Menge Doppel- und Mehrfachsterne. Der stolzeste Stern am Platz ist Theta Orionis, der im Großen Nebel eingebettet liegt. Entsprechend der Anordnung seiner vier Komponenten heißt er Trapez und kann mit kleinen Teleskopen gesichtet werden. Sein Licht ist es, das den Nebel anstrahlt. Auch Jota am Südrand des Nebels ist ein Doppelstern.

Weiter im Norden taucht Sigma als Doppelstern im Fernglas auf; doch in kleineren Teleskopen erscheint er als Dreifachstern mit weißen, bläulichen und rötlichen Anteilen. Größere Instrumente können noch eine vierte Komponente ausmachen. Zeta und Delta in Orions Gürtel sind Doppelsterne – wie auch Lambda, der Stern, der mit der 3. Größe das »Auge« des Orion bildet.

Orion hat noch viel mehr zu bieten, und zwar in Form von Veränderlichen, offenen Sternhaufen und planetarischen Sternnebeln. Vielleicht am einfachsten zu finden ist der sehr rote Veränderliche W am südlichen Ende des Bogens, der von den sechs Pi den Schild des Orion formen. W ist ein veränderlicher Mirastern mit langen Perioden; er schwankt zwischen der 6. und 8. Größe innerhalb von 212 Tagen. Mit dem Fernglas ist er immer sichtbar.

Der offene Sternenhaufen NGC2169 der 8. Größe ist der hellste in diesem Sternbild. Er formt mit Xi und Ny ein gleichseitiges Dreieck in Orions erhobener Hand. Weiter im Norden, auf einer Linie mit Chi 1 und Chi 2, bildet NGC2174/5 eine interessante Kombination aus offenem Sternhaufen und Nebel.

Informationen zu den angrenzenden Sternbildern finden Sie auf folgenden Seiten:

Eridanus 66
Lepus 45
Taurus 92
Gemini 46
Monoceros 47

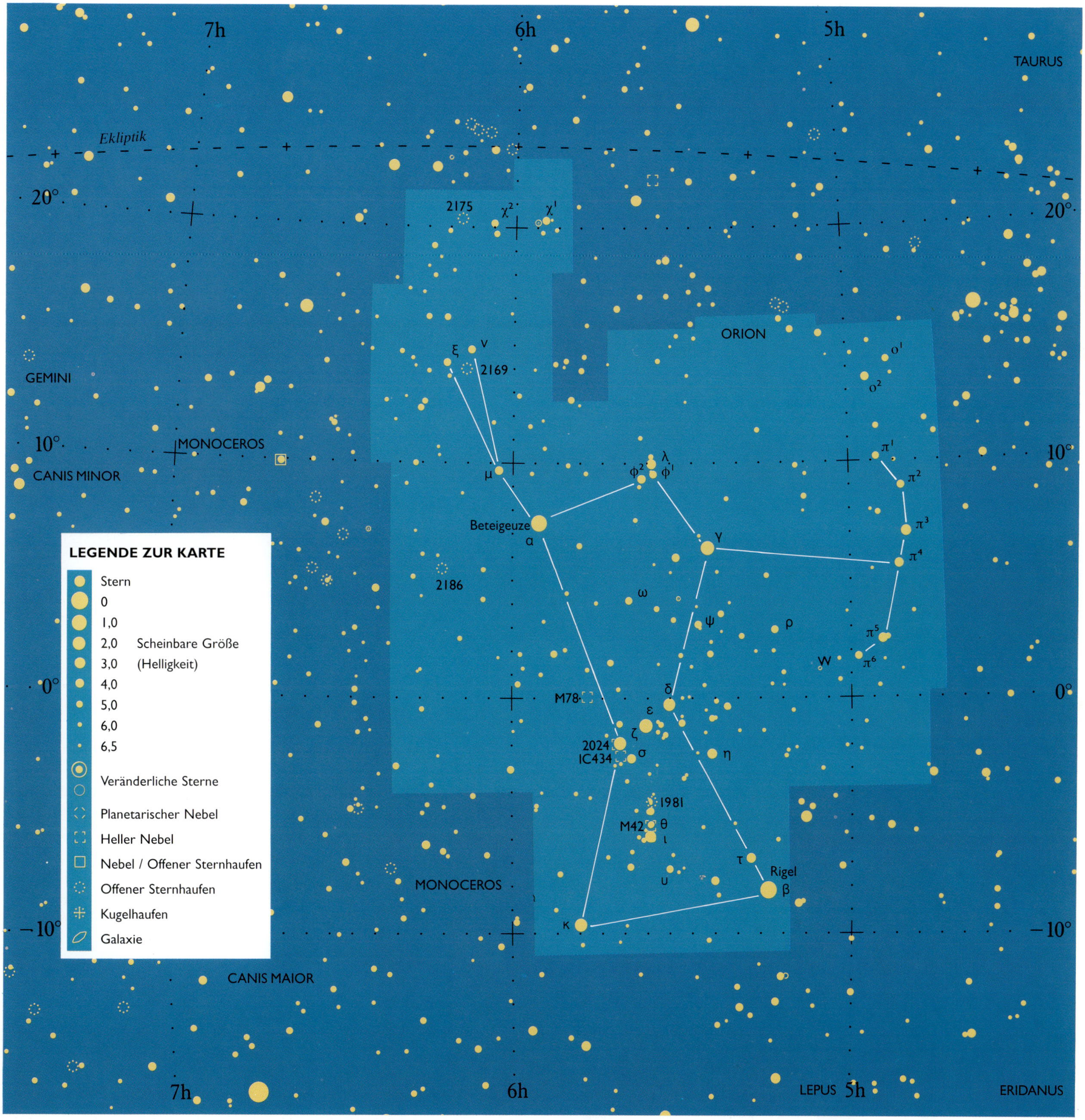
7h
6h
5h
TAURUS
Ekliptik
20°
2175
GEMINI
MONOCEROS
CANIS MINOR
10°
ORION
2169
Beteigeuze
2186
M78
2024
IC434
1981
M42
Rigel
MONOCEROS
CANIS MAIOR
LEPUS
ERIDANUS
0°
−10°
LEGENDE ZUR KARTE
Stern
0
1,0
2,0
3,0
4,0
5,0
6,0
6,5
Scheinbare Größe
(Helligkeit)
Veränderliche Sterne
Planetarischer Nebel
Heller Nebel
Nebel / Offener Sternhaufen
Offener Sternhaufen
Kugelhaufen
Galaxie

Sagittarius

Sagittarius, der Bogenschütze, ist als halber Mensch und halbes Pferd ein Zentaur, allerdings einer der kriegerischen (im Gegensatz zu Centaurus, Seite 82). Sein Bogen ist gespannt, und sein Pfeil zielt auf Antares, das Herz des Skorpions. Früher hielt man Sagittarius für einen Satyr, eine zweibeinige Figur, halb Mensch, halb Ziege. Er wurde gleichgesetzt mit Crotus, dem Erfinder des Bogenschießens, dessen Vater der flötenspielende Pan war.

Sagittarius gehört zu den reichhaltigsten Sternbildern am Himmel, die sich über der Milchstraße erstrecken. An dieser Stelle ist die Milchstraße übersät mit Sternhaufen, wunderschönen Nebeln und dicht leuchtenden Sternwolken. Die dichtesten geben die Richtung ins Zentrum unserer Galaxis an, das etwa 30 000 Lichtjahre entfernt ist. Dieser Teil des Nachthimmels ist atemberaubend, läßt man den Blick mit einem Fernglas darüberschweifen.

Sehr zum Bedauern der Himmelsbeobachter der nördlichen Hemisphäre steigt Sagittarius nie hoch genug, um von ihnen gewürdigt zu werden.

Ein Fest für Messier

Das Sternbild besitzt eine ganze Reihe von Doppel- und veränderlichen Sternen (wie der veränderliche Cepheidenstern W, dicht an Gamma). Doch die Hauptattraktion liegt in weiter entfernten Objekten. Bei keinem anderen Sternbild hat Charles Messier so viele wie hier katalogisiert.

Der Lagunennebel M8 ist einer der hellsten Messier-Nebel. Der 5. Größe zugehörig, kann gerade noch mit dem bloßen Auge erspäht werden, wie er ein Dreieck mit Lambda und My bildet. Bereits mit Ferngläsern und Teleskopen ist er schön anzuschauen, doch wie immer bei Nebeln bringen erst langzeitbelichtete Fotografien seine ganze Pracht zur Geltung.

Direkt nördlich von M8 befindet sich ein genauso berühmter Nebel, M20 oder Trifidnebel. Im Fernglas erscheint er als kleiner Nebelfleck, wohingegen in Teleskopen die drei dunklen Staubspuren sichtbar werden, die dem Nebel den Namen gegeben haben.

Der dritte Hauptnebel im Sagittarius, M17, steht an der Nordgrenze des Sternbildes am Rand der Milchstraße. Folgt man einer Linie zwischen Gamma Scuti im benachbarten Sternbild und My, findet man ihn wahrscheinlich am leichtesten. M17 hat in etwa die Form des griechischen Buchstabens Omega, und entsprechend wird er normalerweise als Omeganebel bezeichnet. Andere Bezeichnungen für ihn lauten Schwan- und Hufeisennebel.

▲ Einer der dichten Sternennebel im Sagittarius, mit Blickrichtung auf das Galaxiezentrum.

▶ Der Lagunennebel (M8) ist nach der Form der dunklen Schneise benannt, die ihn durchquert. Er ist mit einer Breite von etwa 100 Lichtjahren ein riesiges Objekt, das sich etwa 5000 Lichtjahre von uns entfernt befindet.

Sternhaufensammlung

Unmittelbar südlich des Omeganebels befindet sich der offene Sternhaufen M18 und wiederum südlich davon M24. Weder Nebel noch Sternhaufen, stellt M24 eine allgemeine Erhellung der Milchstraße dar, die auch als Kleine Sagittarius-Sternwolke bekannt ist.

Der offene Sternhaufen M23, mit dem Fernglas gut zu beobachten, bildet ein Dreieck mit M24 und My und weist über 100 Sterne auf, die bis in die 9. Größe reichen. Etwas weiter im Süden, nahe dem Trifidnebel, steht ein ähnliches Objekt, M21.

Große Kugelhaufen

Sagittarius bietet über 20 Kugelhaufen – das ist ein Zehntel aller bisher bekannten. Eigentlich überrascht es nicht besonders, hier so viele zu finden, tendieren doch Kugelhaufen dazu, sich um das Zentrum von Galaxien herum zu versammeln.

Der größte Kugelhaufen ist zweifellos M22, der zusammen mit Lambda und Phi ein Dreieck bildet. M22 besteht aus einer dichten Gruppierung aus buchstäblich Millionen von Sternen. Er zählt zur 6. Größe und ist damit noch mit dem bloßen Auge sichtbar. Er wirkt großartig in Ferngläsern oder kleinen Teleskopen, die die äußeren Sterne bereits ausmachen können.

Zu weiteren bemerkenswerten Kugelhaufen gehören M54 und M55. M54 steht dicht bei Zeta, während M55 in ungefähr derselben Deklination etwas weiter im Osten zu suchen ist. M55 weist eine viel lockere Sternenansammlung auf – ihre Menge ist eher mit Tausenden als mit Millionen wie bei M22 zu beziffern.

Informationen zu den angrenzenden Sternbildern finden Sie auf folgenden Seiten:

Aquila 58
Ophiuchus 56
Scutum 57
Capricornus 58
Scorpius 90
Serpens Cauda 57

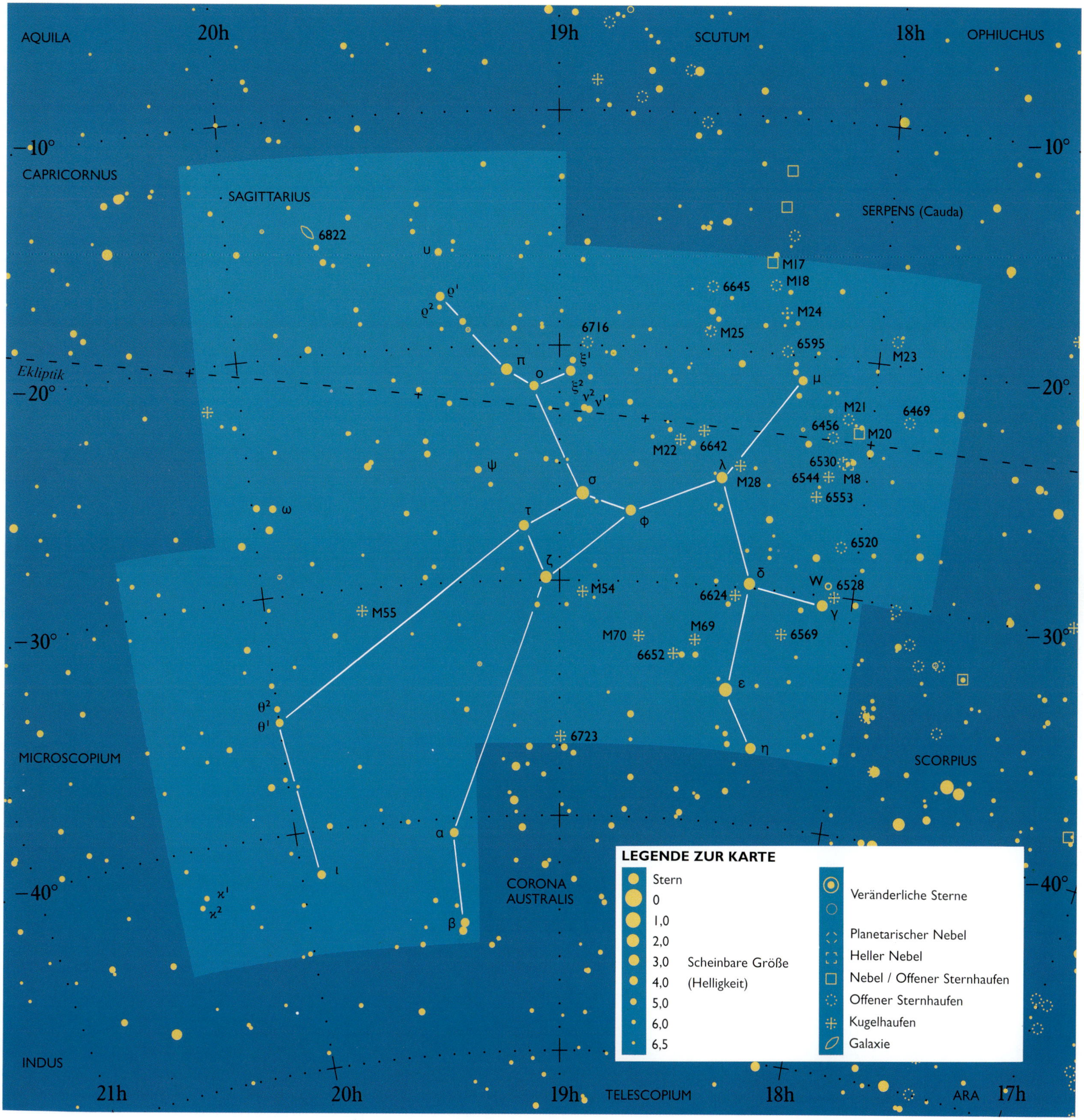
AQUILA
20h
19h
SCUTUM
18h
OPHIUCHUS
−10°
CAPRICORNUS
SAGITTARIUS
SERPENS (Cauda)
6822
M17
M18
6645
M24
M25
6716
6595
M23
Ekliptik
−20°
M21
6469
6456
M20
M22
6642
6530
M28
6544
M8
6553
6520
M54
6624
6528
M55
−30°
M70
M69
6569
6652
6723
MICROSCOPIUM
SCORPIUS
CORONA AUSTRALIS
−40°
INDUS
21h
TELESCOPIUM
ARA
17h
LEGENDE ZUR KARTE
Stern
0
1,0
2,0
3,0
4,0
5,0
6,0
6,5
Scheinbare Größe (Helligkeit)
Veränderliche Sterne
Planetarischer Nebel
Heller Nebel
Nebel / Offener Sternhaufen
Offener Sternhaufen
Kugelhaufen
Galaxie

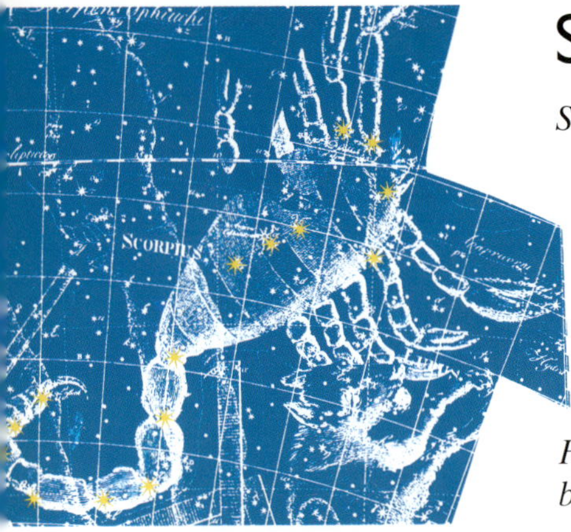

Scorpius

Scorpius, der Skorpion, war jenes Geschöpf, das den mächtigen Jäger Orion mit seinem Stachel getötet hat. Deswegen wurden Orion und Scorpius am Himmel auf gegenüberliegenden Seiten positioniert, so daß Orion verschwindet, wenn Skorpion aufgeht. Doch am Firmament wird Scorpius selbst von dem Bogenschützen Sagittarius bedroht, der seinen Pfeil auf das von Antares deutlich markierte Herz des Skorpions richtet. Heute gehört das Sternbild der Waage (Libra) an.

▲ Das gesamte Sternbild des Skorpions – vom Autor im Landesinneren Australiens unter besten Sichtverhältnissen fotografiert. Die Aufnahme wurde mit Stativ von einer 35-mm-Kamera mit Standardobjektiv gemacht, und die Belichtungszeit betrug etwa eine halbe Minute auf einem Ektachrome-400-Film, der auf 800 eingestellt war. Dies zeigt, daß auch mit einer einfachen Fotoausrüstung durchaus brauchbare Nachthimmelbilder aufgenommen werden können.

Auch Scorpius gehört für die Astronomen der nördlichen Halbkugel zu den beneidenswerten Sternbildern des Südens. Es ist zwar relativ klein, doch mit seinen elf Sternen der 3. Größe ein großartiges Sternbild. Fast alle seine Sterne liegen innerhalb der Milchstraße, und in einem der dichtesten Abschnitte wimmelt es von offenen und kugelförmigen Sternhaufen.

Der Sternbildname ist diesmal wieder passend gewählt. Nur wenig Phantasie ist nötig, um sich einen angriffsbereiten Skorpion vorzustellen; der Kopf liegt im Norden des Sternbildes und der gebogene Schwanz im Süden.

Rivale des Mars

Der hellste Stern im Scorpius ist Alpha oder Antares, der zugleich das Herz des Skorpions kennzeichnet. Sein Name bedeutet »Rivale das Mars« – in Anspielung auf die Ähnlichkeit mit dem roten Planeten. Er dürfte der röteste aller hellen Sterne sein, mehr noch als beispielsweise Beteigeuze. Doch genau wie Beteigeuze ist Antares ein roter Superriese, sogar noch größer; sein Umfang beträgt vermutlich das 700fache der Sonne. An ihre Stelle gesetzt, würde sich seine Oberfläche über die Umlaufbahn des Mars hinaus bis zu den Asteroiden erstrecken. Bei dieser Größe ist Antares instabil und pulsiert.

Der Kopf des Skorpions

Ein Bogen aus vier Sternen markieren den Kopf: Ny, Beta, Delta und Pi. Im gegenwärtigen Sternbild fehlen die Scheren; die Sterne dafür sind Teil des benachbarten Sternbildes Libra.

Von den »Kopf«-Sternen erscheint Ny im Fernglas als Doppelstern, doch in Teleskopen zeigt sich jede Komponente als eigener Doppelstern, so daß Ny ein Vierfachsystem bildet. Beta, ein Stern der 2. Größe, ist ein schöner Doppelstern mit bläulichweißen Teilen. Der benachbarte Doppelstern Omega ist ein einfaches Objekt fürs Fernglas.

Wandern wir südwärts über das Rückgrat aus hellen Sternen, treffen wir auf Sigma, ebenfalls ein Doppelstern (wie übrigens auch Antares). Zu Beginn des Schwanzes begegnen uns My und Zeta als große, leicht erkennbare Doppelsterne. Der hellere Teil, Zeta 1, leuchtet rotorange; Zeta 2 hat ein bläuliches Weiß. Die Gegend um Zeta wirkt im Fernglas oder kleinen Teleskop faszinierend; dazu gehört auch der offene Sternhaufen NGC6231 der 3. Größe, der sich – wie die Plejaden – aus heißen jungen Sternen zusammensetzt und mit dem bloßen Auge leicht zu sehen ist.

Der Stachel im Schwanz

Auch die Region um den Schwanz des Skorpions ist für Himmelsbeobachter eine Freude, ob mit bloßem Auge oder kleinen Teleskopen betrachtet. Lambda bzw. Shaula mit der Größe 1,6 markiert den Stachel in Skorpions Schwanz.

M7 und M6 nördlich des Schwanzes sind offene Sternhaufen und mit bloßem Auge erkennbar. Beide können mit Hilfe von Ferngläsern in einzelne Sterne aufgelöst werden. M7 mit der Größe 3 ist von beiden der hellere und größere; er bedeckt am Himmel eine größere Fläche als der ganze Mond. M6 wird auch als Schmetterlingshaufen bezeichnet, weil seine wichtigsten Sterne wie offene Flügel angeordnet sind.

Ein weiteres Messier-Objekt in diesem Sternzeichen ist M4 der 4. Größe direkt neben Antares: ein schöner Kugelhaufen für kleinere Teleskope. M80 steht als ein etwas blasserer Kugelhaufen ungefähr in der Mitte zwischen Antares und Beta.

Informationen zu den angrenzenden Sternbildern finden Sie auf folgenden Seiten:

Ara	42	Libra	53
Lupus	53	Ophiuchus	56
Sagittarius	88	Serpens Cauda	57

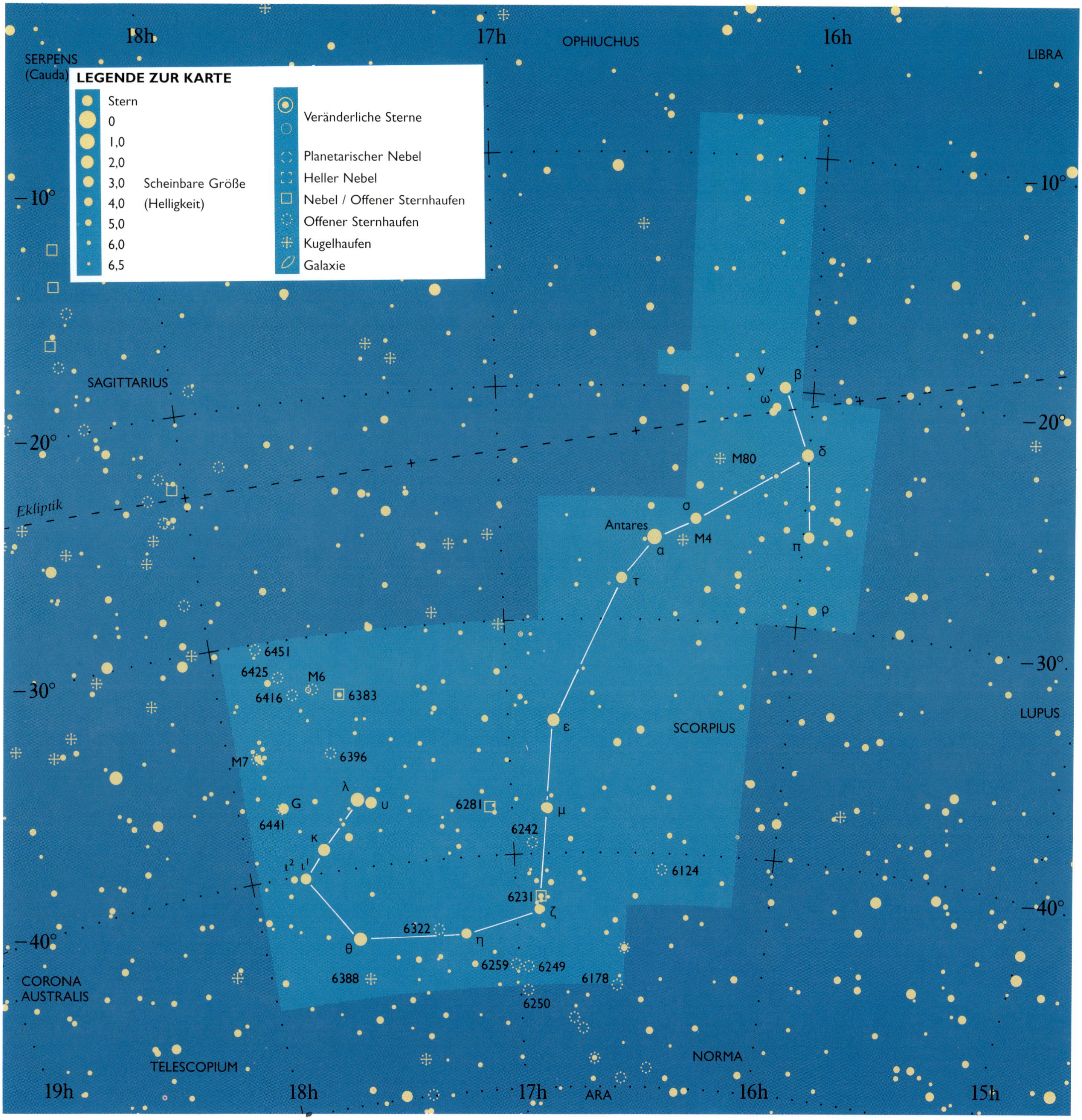

LEGENDE ZUR KARTE
Stern
0
1,0
2,0
3,0
4,0
5,0
6,0
6,5
Scheinbare Größe (Helligkeit)
Veränderliche Sterne
Planetarischer Nebel
Heller Nebel
Nebel / Offener Sternhaufen
Offener Sternhaufen
Kugelhaufen
Galaxie
18h
17h
16h
OPHIUCHUS
SERPENS (Cauda)
LIBRA
−10°
−20°
−30°
−40°
SAGITTARIUS
Ekliptik
M80
Antares
M4
SCORPIUS
LUPUS
6451
6425
M6
6416
6383
6396
M7
G
6441
6281
6242
6124
6231
6322
6259
6249
6178
6250
6388
CORONA AUSTRALIS
TELESCOPIUM
NORMA
ARA
19h
18h
17h
16h
15h

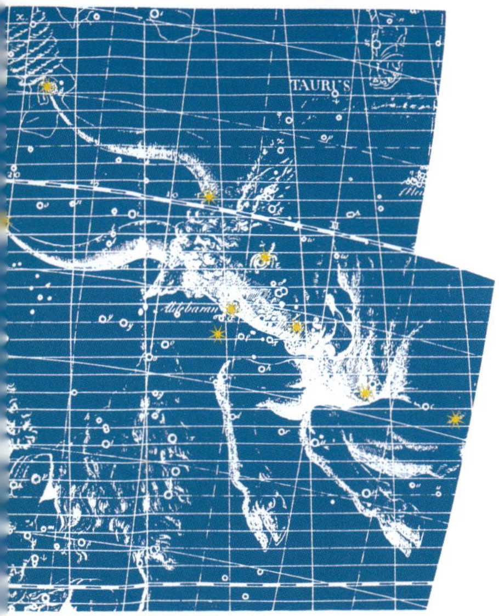

▲ Der berühmte Crab- oder Krebsnebel, eine sich immer noch ausdehnende Gaswolke, die im Jahr 1054 durch eine Supernova ins All geschleudert wurde. Im Herz des Krebses befindet sich ein kleiner rotierender Neutronenstern oder Pulsar, der 30mal pro Sekunde Energieimpulse zur Erde schickt.

Taurus

Taurus, der Stier, stellt eine der Verkleidungen dar, die Zeus, Vater aller Götter, für seine Liebesabenteuer benutzte. Zeus schlüpfte in die Gestalt eines wunderbar schneeweißen wilden Tieres mit schimmernden Hörnern, als er sich daran machte, die schöne Europa zu umwerben. Er ermunterte sie, auf seinen Rücken zu steigen, und trug sie fort nach Kreta. Dort gab er sich zu erkennen. Eines ihrer Kinder war König Minos, der den Palast von Knossos bauen ließ.

Dieses große Sternbild grenzt an Orion an und ist – was die Sterne betrifft – im Vergleich eher blaß. Dafür hat er einen schönen Hauptstern aufzuweisen, der das »Auge« des Stiers markiert, sowie zwei der hellsten offenen Sternhaufen am Himmel und den bekanntesten Überrest einer Supernova.

Den wichtigsten Stern stellt Alpha oder Aldebaran dar, der leicht auf einer nach Nordwesten verlängerten Linie durch Orions Gürtel zu finden ist. Aldebaran kann sowohl wegen seiner Helligkeit (Größe 0,8) als auch wegen seinem schönen Orange nicht verfehlt werden. In Helligkeit und Erscheinung ähnelt er dem nahe gelegenen Beteigeuze im Orion.

Beta oder Al Nath ist der zweithellste Stern (Größe 1,6) und bildet die Spitze von einem der beiden Hörner, während Zeta der 3. Größe die andere Hornspitze kennzeichnet. Beide Sterne liegen am Rand der Milchstraße.

Von den anderen Sternen lohnt sich besonders bei Lambda die Beobachtung, nachdem es ein bedeckungsveränderlicher Doppelstern des Algol-Typs ist. Alle vier Tage, wenn sich der trübere Stern des Paares vor den helleren schiebt, sinkt die Helligkeit für einen Augenblick von der 3. in die 4. Größe ab.

Die Hyaden

Nahe bei Aldebaran liegen etliche Sterne verstreut, die ein markantes V bilden und für das bloße Auge deutlich erkennbar sind. Sie heißen Hyaden und stellen einen der schönsten offenen Sternhaufen am Nachthimmel dar.

Der hellste Stern in den Hyaden ist der ohne Hilfsmittel erkennbare Doppelstern Theta, bestehend aus einem weißen Hauptstern der Größe 3,4 und einem etwas blasseren orangefarbenen Begleiter. In Ferngläsern sieht man den Farbunterschied ziemlich gut. Einige der anderen Sterne des Haufens sind ähnlich hell, einschließlich Epsilon, Delta und Gamma. Delta bildet einen Doppelstern mit dem blasseren Stern 64 Tauri. Ein weiterer Doppelstern, Sigma, steht ganz in der Nähe von Aldebaran.

Unter guten Sichtbedingungen können in den Hyaden bis zu 20 Sterne entdeckt werden – nur mit dem menschlichen Auge. Dies entspricht etwa einem Zehntel aller Sterne in diesem Sternhaufen. Die Hyaden, die im Durchschnitt etwa 130 Lichtjahre entfernt sind, bilden einen der uns am nächsten liegenden offenen Sternhaufen. Aldebaran selbst gehört nicht zu dieser Gruppe; er ist nur halb so weit entfernt.

Die sieben Schwestern (Plejaden)

Im Nordwesten der Hyaden liegt ein noch ungewöhnlicherer Sternhaufen, nämlich M45 oder die Plejaden. Sie werden auch sieben Schwestern oder Siebengestirn genannt, nachdem es heißt, scharfsichtige Menschen könnten mindestens sieben der hellsten Sterne mit dem bloßen Auge erkennen. In Ferngläsern und Teleskopen tauchen immer mehr Sterne auf; insgesamt sind es wahrscheinlich über 300.

Im Vergleich zu den Hyaden sind die Plejaden sehr viel zusammengedrängter und leuchten daher auch stärker, fast so hell wie die 1. Größe. Auch sonst unterscheiden sie sich von den Hyaden. Sie sind viel weiter weg, etwa 400 Lichtjahre, und sie sind viel jünger. Während die Sterne der Hyaden im Durchschnitt 400 Millionen Jahre alt sind, erreichend die Plejaden gerade mal 10 bis 20 Millionen Jahre. Heiß und weiß wie sie sind, werden sie von Nebel eingehüllt.

Der hellste Plejaden-Stern heißt Alkyone (Größe 2,9), und in absteigender Größe folgen die anderen sechs der »Schwestern«: Atlas, Elektra, Maia, Merope, Taygeta und Pleione.

Der Crabnebel

Dicht an Zeta bei der Spitze des südlich gelegenen Horns des Stiers findet sich mit M1, dem Crab- oder Krebsnebel, eine weitere großartige Ansicht im Taurus. Er ist ein Supernova-Überrest oder -Remnant, eine sich drehend ausdehnende Gaswolke, die einer Supernova-Explosion entstammt, und gehört zu den wenigen, deren Alter wir genau kennen. Die Supernova wurde im Juli 1054 von chinesischen Astronomen beobachtet, die überlieferten, daß ihre starke Leuchtkraft mehrere Wochen lang selbst bei Tageslicht zu sehen war.

Der Krebsnebel ist bereits in leistungsfähigen Ferngläsern zu erkennen, und in kleineren Teleskopen erscheint er als ovale Glut. Für intensivere Betrachtungen braucht man ein großes Teleskop. Da tauchen helle verflochtene Filamente auf, die in langzeitbelichteten Aufnahmen rot erscheinen.

Der Nebel erhielt übrigens seinen Namen 1844 von einem irischen Astronomen, dem dritten Earl of Rosse, aber entdeckt wurde er bereits über ein Jahrhundert früher von Charles Messier.

Informationen zu den angrenzenden Sternbildern finden Sie auf folgenden Seiten:

Aries	64	Auriga	44
Cetus	64	Eridanus	66
Gemini	46	Orion	86
Perseus	67		

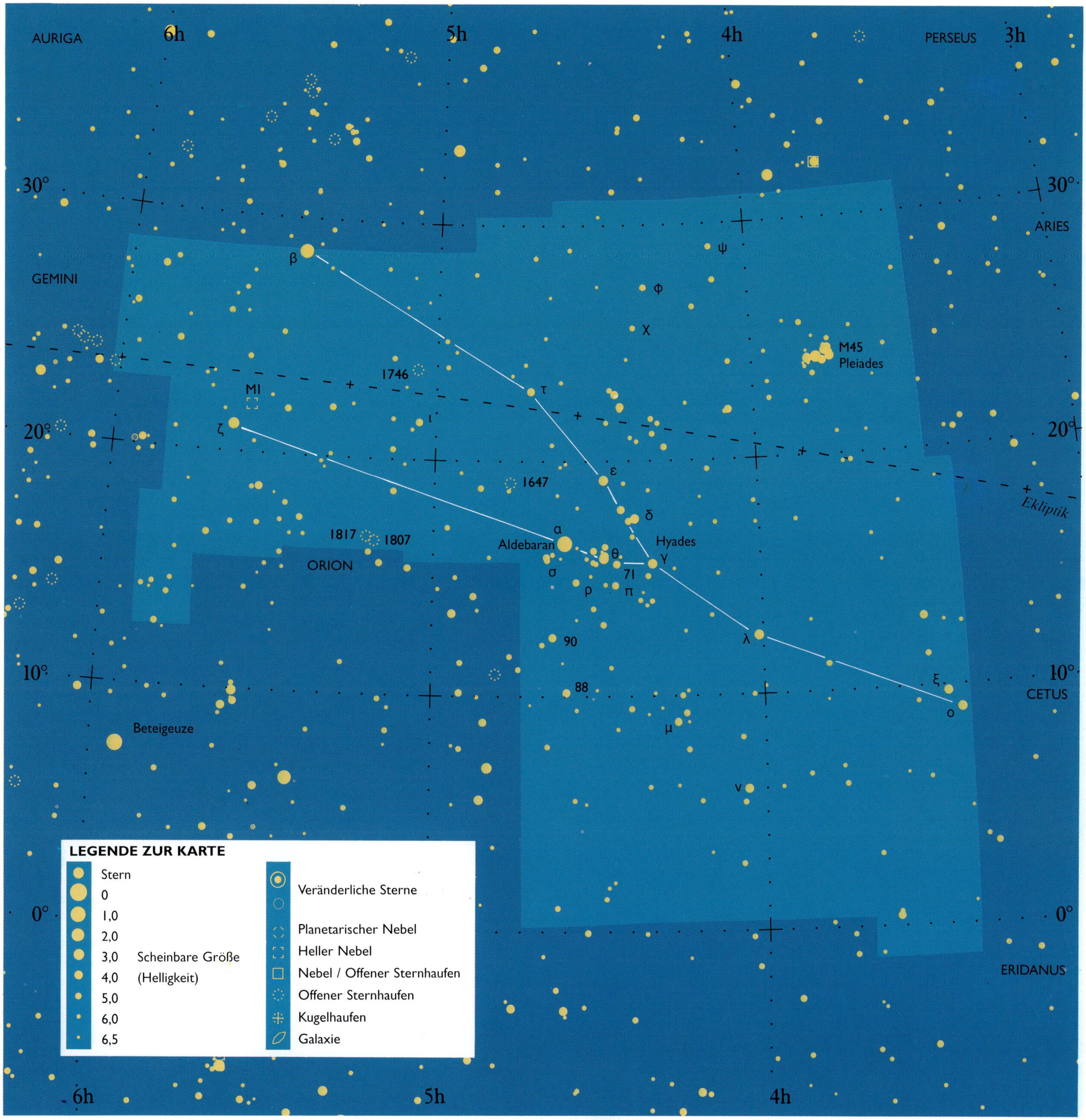
AURIGA
6h
5h
4h
PERSEUS
3h
30°
ARIES
GEMINI
β
ψ
φ
χ
M45
Pleiades
1746
M1
τ
ι
20°
ζ
ε
1647
δ
Ekliptik
α
1817
1807
Aldebaran
Hyades
θ
γ
ORION
σ
71
ρ
π
90
λ
10°
88
ξ
CETUS
ο
Beteigeuze
μ
ν
LEGENDE ZUR KARTE
Stern
0
1,0
2,0
3,0
4,0
5,0
6,0
6,5
Scheinbare Größe
(Helligkeit)
Veränderliche Sterne
Planetarischer Nebel
Heller Nebel
Nebel / Offener Sternhaufen
Offener Sternhaufen
Kugelhaufen
Galaxie
0°
ERIDANUS

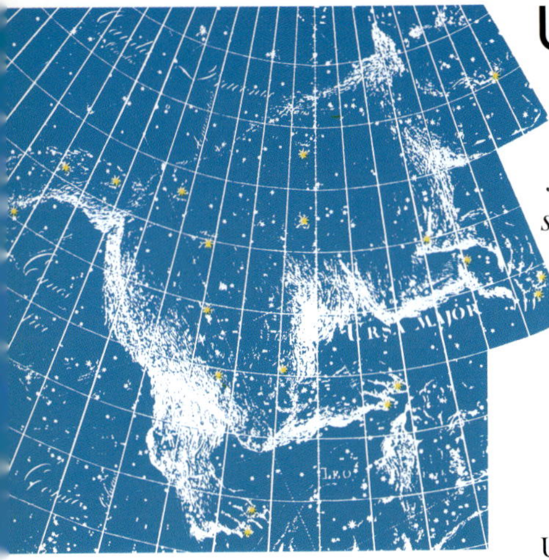

Ursa Maior

Ursa Maior, der Große Bär, wird normalerweise mit der Jägerin Callisto assoziiert, die ein Liebling der Jagdgöttin Artemis war. Eines Tages lag Zeus, der sich listig als Artemis ausgegeben hatte, bei Callisto und schwängerte sie. Ihr wurde ein Sohn geboren, Arcas. Doch Hera, der Ehefrau des Zeus, paßte das nicht und sie verwandelte Callisto in eine Bärin. Später plazierte Zeus Callisto als Großen Bären am Himmel, um zu verhindern, daß sie von ihrem Sohn auf der Jagd getötet würde.

Ursa Maior besetzt als drittgrößtes Sternbild ein ausgedehntes Gebiet weit oben am nördlichen Himmel. Für Nordeuropa, Kanada und die nördlichen Gebiete der USA ist es ein zirkumpolares Bild. Obwohl es keinen Stern der 1. Größe aufweisen kann, stellt es das am meisten bekannte Sternbild in der nördlichen Hemisphäre dar. Grund dafür ist das markante Muster, das von sieben hellen Sternen der 2. und 3. Größe in der ansonsten relativ dunklen Himmelsgegend geformt wird.

Bei uns in Europa wird es wegen seiner Deichsel an dem trapezförmigen »Kasten« oft auch als »Großer Wagen« bezeichnet, wobei aber klargestellt werden muß, daß der Große Wagen selbst kein Sternbild darstellt, sondern nur den Schwanz und das »Hinterteil« des gesamten Sternbildes Großer Bär bildet.

▲ M101 ist eine auffallende Galaxie der Sc-Klasse mit offenen und klar erkennbaren Spiralarmen. Im Volksmund wird sie passenderweise als Windrad-Galaxie bezeichnet. Sie ist eine der größten bekannten Spiralgalaxien und etwa zweimal so groß wie unsere eigene Galaxis.

Der Große Wagen

Wie es bei einem so prominenten Muster zu erwarten ist, haben alle Sterne ihren Namen. Alpha wird Dubhe genannt, Beta heißt Merak, Gamma Phecda, Delta Megrez, Epsilon Alioth, Zeta Mizar, und Eta ist Benetnasch.

Die Alpha-bis-Eta-Reihenfolge hat in diesem Fall nichts mit der Zuordnung in Größenklassen zu tun. Im Gegenteil: Epsilon wetteifert mit Alpha um die größte Helligkeit – beide gehören der Größe 1,8 an. Dicht darauf kommt als dritter Stern Eta, gefolgt von Zeta. Delta stellt mit der Größe 3,3 den mattesten Stern der sieben dar.

Der vielleicht interessanteste Stern des Großen Wagens ist Mizar (Zeta) im Knick der Deichsel. Er bildet einen komplexen Mehrfachstern. Fangen wir bei ihm an: Bereits mit dem bloßen Auge ist er als Doppelstern erkennbar, und sein Begleiter der Größe 4 heißt Alcor. Durch ein kleines Teleskop betrachtet, löst sich Mizar selbst in einen Doppelstern auf, und bei Überprüfung der Spektren der beiden Komponenten zeigt sich, daß beide noch einmal dichte Doppelsternsysteme bilden.

Wegweiser nach Norden

Dubhe (Alpha) unterscheidet sich von dem Weiß der anderen Sterne im Großen Wagen durch eine orangefarbene Tönung. Zusammen mit Merak (Beta) dient er als Wegweiser, denn die nach Norden verlängerte Linie durch beide Sterne hindurch führt zu Polaris, dem Polarstern.

Aus diesem Grund ist er seit Jahrhunderten ein Segen für die Navigatoren in der nördlichen Hemisphäre – doch das wird nicht immer so bleiben. Dubhe und Benetnasch (Eta) bewegen sich in andere Richtungen als die übrigen Sterne im Großen Wagen, so daß Merak und Dubhe irgendwann einmal in eine andere Richtung weisen werden.

Veränderliche Sterne

Mit dem Fernglas sind etliche Veränderliche im Ursa Maior zu sehen. Zu ihnen gehören zwei langperiodische Mirasterne: R im Norden von Dubhe und T, der ein gleichseitiges Dreieck mit Epsilon und Delta bildet. Beide schwanken zwischen der beachtlichen Größe 6,7 und der jenseits von 13. R braucht dafür 301 Tage, während T einen Zeitabschnitt von 265 Tagen beansprucht.

Westlich von Delta findet sich Z, ein halbregelmäßiger Veränderlicher, der immer in Sichtweite eines Fernglases bleibt und zwischen den Größen 7 und 9 schwankt.

Ein schönes Paar

Die Gegend von Ursa Maior ist reichlich mit Galaxien ausgestattet; viele von ihnen befinden sich in der Reichweite von Amateurteleskopen und manche im Fernglasbereich. Die beiden hellsten, M81 und M82, bilden ein enges Paar, das physisch miteinander verbunden zu sein scheint bzw. aufeinander einwirkt. Sie sind meist am leichtesten von Dubhe und dem Stern 23 aus zu finden, mit denen sie ein rechtwinkliges Dreieck formen. Diese beiden Galaxien gehören zu einem kleinen Sternhaufen, der sich mit nur etwa acht Millionen Lichtjahren relativ nahe an der Erde befindet.

M81 stellt eine klassische Spiralgalaxie der 7. Größe dar, unserer nicht unähnlich. M82 scheint etwas blasser und unregelmäßig in der Form. Seine starke Radioquelle zeigt an, daß sich in seinem Inneren eine mächtige Umwälzung ereignet.

Eine weitere interessante Galaxie ist M101 der 8. Größe, von vorne gesehen ein großer Spiralnebel. Er liegt nördlich der Deichsel des Großen Wagens und bildet mit Eta und Mizar ein gleichseitiges Dreieck. Um die Spiralarme und den Nebel darin erkennen zu können, werden große Teleskope benötigt. Von den anderen Galaxien sind relativ leicht zu finden:

M 109 in der Nähe von Gamma und M108 dicht an Merak. Direkt südlich von M108 findet sich in M97 ein schöner planetarischer Nebel – er wird auch Eule genannt.

Informationen zu den angrenzenden Sternbildern finden Sie auf folgenden Seiten:

Canes Venatici 50
Leo 48
Draco 40
Lynx 66

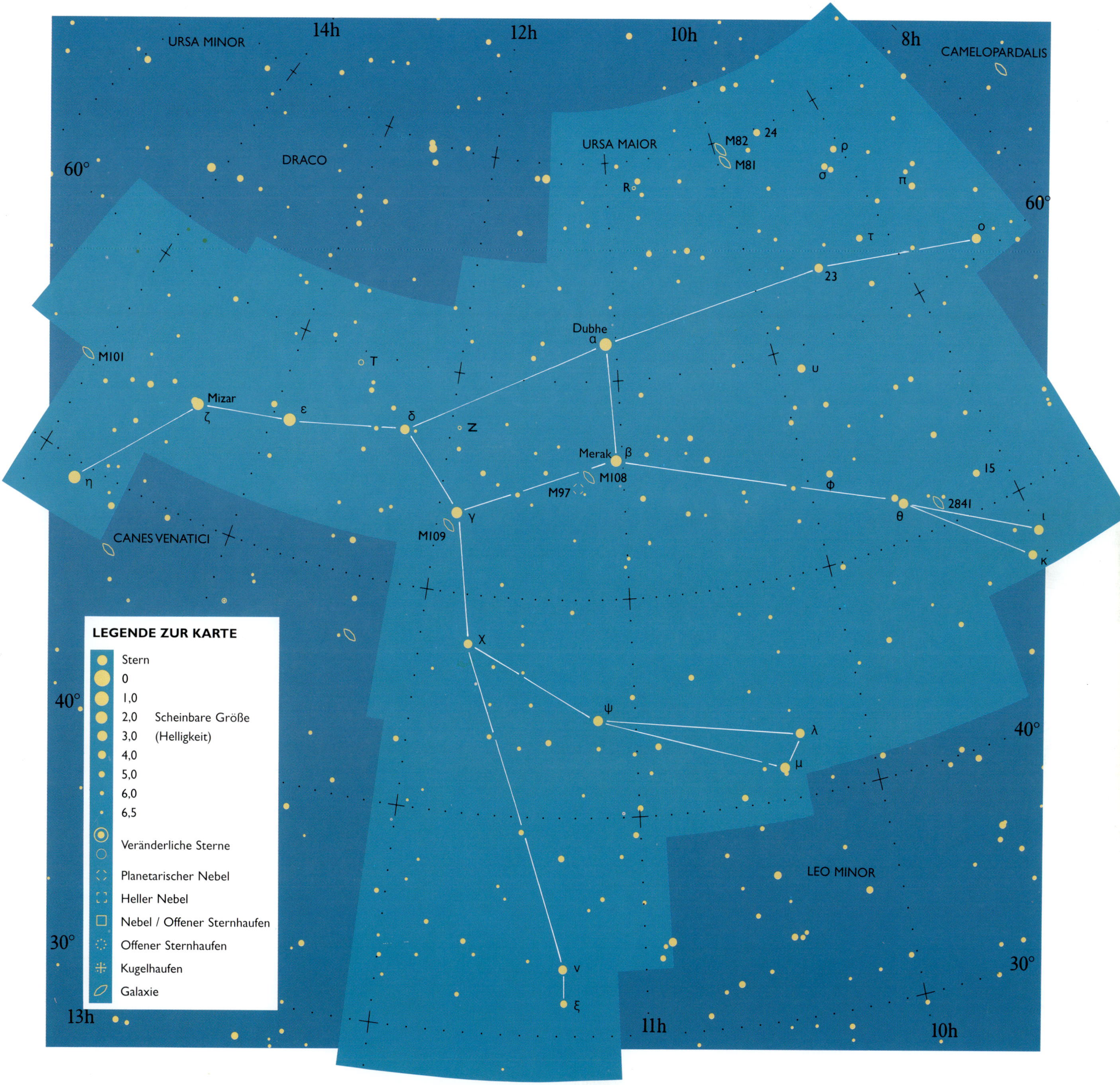
URSA MINOR
DRACO
URSA MAIOR
CAMELOPARDALIS
CANES VENATICI
LEO MINOR
14h
12h
10h
8h
13h
11h
10h
60°
40°
30°
Dubhe
Merak
Mizar
M101
M82
M81
M97
M108
M109
2841
LEGENDE ZUR KARTE
Stern
0
1,0
2,0
3,0
4,0
5,0
6,0
6,5
Scheinbare Größe
(Helligkeit)
Veränderliche Sterne
Planetarischer Nebel
Heller Nebel
Nebel / Offener Sternhaufen
Offener Sternhaufen
Kugelhaufen
Galaxie

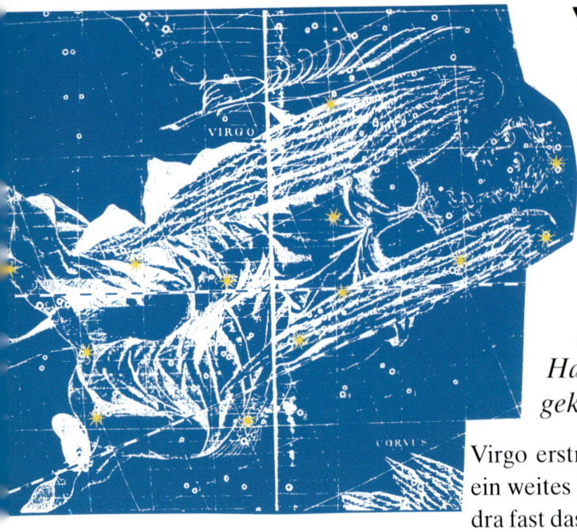

VIRGO

Virgo, die Jungfrau, repräsentiert in der griechischen und römischen Mythologie die Göttin der Gerechtigkeit, Astraea. Ihr entsprach in früheren Zeiten Ischtar in Babylon und Isis in Ägypten. Von Astraea heißt es, daß sie mit ihren Flügeln aus Verzweiflung über die menschliche Rasse in das Himmelsgewölbe floh. In der linken Hand hält sie eine Weizenähre, die von Spica gekennzeichnet wird.

Virgo erstreckt sich über den Himmelsäquator und bedeckt ein weites Gebiet am Himmel. Sie bildet als zweites nach Hydra fast das größte Sternbild in Form eines Y. Doch um irgendeine Ähnlichkeit mit einem weiblichen Wesen zu entdecken – mit oder ohne Engelsflügel –, bedarf es einer beträchtlichen Vorstellungskraft.

Mit bloßem Auge enttäuscht Virgo etwas, da nur ein einziger heller Stern sichtbar ist. Doch im Teleskop wird deutlich, wie viele Himmelsobjekte sich in dem Sternbild drängen, insbesondere Galaxien. Sie sind Bestandteil eines riesigen Sternhaufens, der sich bis zu Coma Berenices ausbreitet.

Der hellste Stern in der Jungfrau ist Alpha oder Spica; er entspricht genau der 1. Größe. Er hat ein bläuliches Weiß und besteht tatsächlich aus einem Doppelstern; doch das kann nur durch sein Spektrum festgestellt werden.

Die nächsthellsten Sterne sind Gamma und Epsilon, jeweils mit der Größe 2,8. Gamma besteht ebenfalls aus einem Doppelstern mit zwei gelblichen Komponenten (Größe 3,6), die mit kleinen Teleskopen sichtbar werden. Delta, ein Stern der 3. Größe, steht zwischen Gamma und Epsilon und hat eine deutliche rötliche Färbung, wie auch Ny nördlich von Beta. Beide, Delta wie Ny, sind rote Riesen.

▲ Die Galaxie M87 enthält mit etwa 30 Billionen Sternen dreißigmal so viele wie unsere eigene Galaxis. Dieses fast kugelförmige Objekt gehört zu den bemerkenswertesten »aktiven« Galaxien. Sie geben eine ungeheure Menge an Energie ab, vor allem über Radiowellen und Röntgenstrahlen.

Der Virgohaufen

Ein breites Himmelsband, das sich nordwestlich von Spica quer durch das Sternbild bis westlich von Epsilon erstreckt, enthält buchstäblich Tausende von Galaxien. Zusammen bilden sie den berühmten Virgohaufen.

Bis weit in das benachbarte Sternbild, Coma Berenices, reicht dieses Galaxienband hinein.

Das gesamte System, Coma-Virgo-Haufen genannt, enthält mindesten 3000 Galaxien. Es ist eines der größten der vielen Galaxiengruppierungen, die das Universum bevölkern, und auch eines der nahe gelegenen. Etwa 40 Millionen Lichtjahre sind die am nächsten liegenden Galaxien entfernt, die am weitesten ungefähr 70 Millionen Lichtjahre.

Einige der Galaxien des Virgohaufens sind für kleine Teleskope hell genug, und ein paar wenige können mit starken Ferngläsern erspäht werden. Doch die meisten erfordern große Teleskope, um aufgespürt zu werden oder um etwas von ihrem Aufbau erkennen zu können.

Die Messier-Galaxien

Der französische Astronom Charles Messier katalogisierte viele der helleren Galaxien (im Durchschnitt bis zur 9. Größe), und es lohnt sich, ihnen nachzugehen. Einige sind in dem Gebiet zwischen Epsilon Virginis und Beta Leonis zu finden: M60, M59, M58, M89, M90, M87, M84 und M86.

Die elliptischen Galaxien M60 und M59 stehen dicht beieinander direkt nördlich von Rho (Größe 5). M58, etwas westlich davon, ist als eine spiralförmige Balkengalaxie zu entdecken. Die elliptische M89 und die spiralförmige M90 sind nördlich von M58 plaziert, während M87 westlich davon liegt. Im selben Teleskopbereich sind nördlich von M87 als dichtes Paar die elliptischen Galaxien M84 und M86 auszumachen.

Von all diesen Galaxien fällt M87 aus verschiedenen Gründen am stärksten auf. Die elliptische Riesengalaxie ist beinahe kugelförmig; ihr Durchmesser beträgt mit etwa 120 000 Lichtjahren fast genauso viel wie unsere eigene Galaxis, nur daß unsere im wesentlichen eine Scheibe ist, und die kugelförmige somit ein Vielfaches an Sternen enthält. Tatsächlich ist sie unter den bekannten Galaxien eine der massivsten und besitzt eine starke Radioquelle.

Eine weitere interessante Messier-Galaxie, die seitlich zu sehende Spiralgalaxie M104, findet sich direkt an der Grenze zu Corvus, etwa südlich von Chi. Sie gehört zur 8. Größe und kann noch mit Ferngläsern erspäht werden. Größere Teleskope oder langzeitbelichtete Aufnahmen sind notwendig, um die dunklen Staubspuren zu erkennen, die die ovale Figur durchschneiden und ihr andeutungsweise die Form eines Hutes geben. Aus diesem Grund heißt sie auch Sombrerogalaxie.

Quasarsuche

Es befindet sich jenseits der Reichweite kleinerer Teleskope, doch innerhalb der größeren läßt sich das Objekt 3C 273 durchaus entdecken; es bildet zusammen mit Gamma und Eta Virginis ein rechtwinkliges Dreieck. Das ist ein Quasar, und er ist von großem historischen Interesse.

3C 273 war der erste Quasar, der als solcher 1962 erkannt wurde. Er ist ein sehr weit entfernter sternenähnlicher Körper mit einem unglaublichen Energieausstoß, und obwohl er über 3000 Millionen Lichtjahre entfernt ist, leuchtet er in der 13. Größe. In einer solchen Entfernung wäre eine normale Galaxie nicht mehr zu sehen.

Informationen zu den angrenzenden Sternbildern finden Sie auf folgenden Seiten:

Bootes 52
Hydra 48, 50
Libra 53
Coma Berenices 52
Leo 48

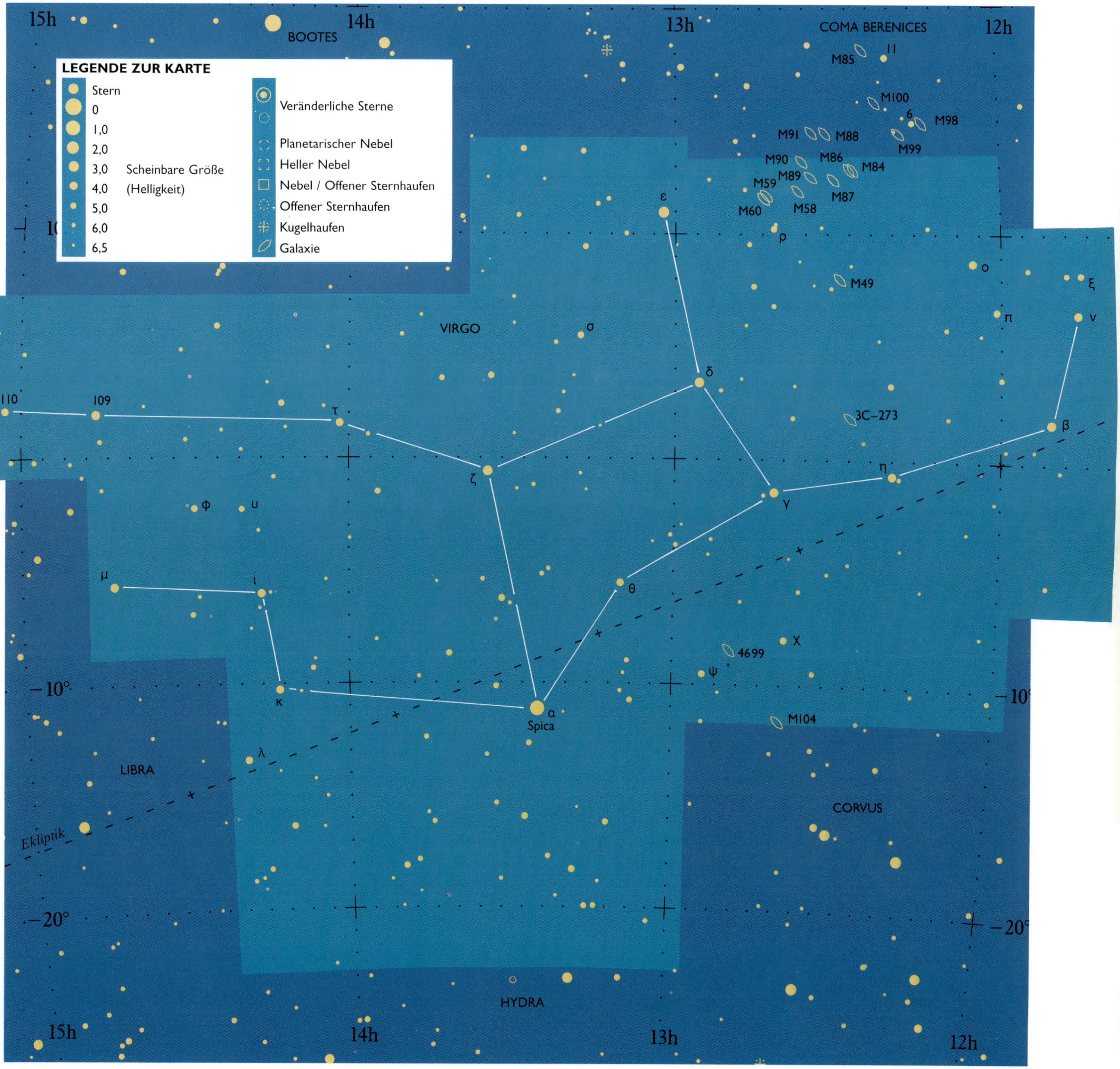

LEGENDE ZUR KARTE
Stern
0
1,0
2,0
3,0
4,0
5,0
6,0
6,5
Scheinbare Größe (Helligkeit)
Veränderliche Sterne
Planetarischer Nebel
Heller Nebel
Nebel / Offener Sternhaufen
Offener Sternhaufen
Kugelhaufen
Galaxie
15h
14h
13h
12h
BOOTES
COMA BERENICES
VIRGO
LIBRA
CORVUS
HYDRA
M85
11
M100
6
M98
M91
M88
M99
M90
M86
M84
M89
M59
M87
M60
M58
M49
ρ
ε
o
ξ
π
ν
σ
δ
3C–273
β
110
109
τ
ζ
η
γ
φ
υ
μ
ι
θ
4699
χ
ψ
−10°
κ
α
Spica
M104
λ
Ekliptik
−20°

Sternhaufen

Wie wir schon festgestellt haben, verhalten sich Sterne gesellig und tendieren dazu, mit einem oder mehreren Begleitern durch das All zu reisen. Manchmal sind sie Bestandteil von viel größeren Sternansammlungen, die wir dann Sternhaufen nennen.

Den bekanntesten Sternhaufen der nördlichen Hemisphäre stellt das Siebengestirn oder die Plejaden im Taurus dar. Über dem Südhimmel steht als berühmtester Sternhaufen Omega Centauri im Centaurus. Doch die beiden Sternhaufen unterscheiden sich grundlegend. Die Plejaden setzen sich aus einer ziemlich lockeren Gruppierung von Sternen zusammen und sind als offener oder galaktischer Sternhaufen bekannt. Omega Centauri bildet eine dicht gedrängte Kugel voller Sterne, die dem entsprechend Kugelhaufen genannt wird.

▲ Dieser schöne offene Sternhaufen im Crux (Kreuz des Südens), NGC4755, wird im Volksmund Schmuckkästchen genannt oder – nach dem hellen roten Hauptstern – Kappa Crucis.

Offene Sternhaufen

Mit dem bloßen Auge können wir bis zu sieben Sterne (daher die Volksbezeichnung) in den Plejaden ausmachen, doch im Feldstecher oder kleinen Teleskop entdecken wir sehr viel mehr Sterne. Insgesamt sind es mehrere hundert, wobei diese Anzahl für einen offenen Sternhaufen der Normalfall ist.

Die Sterne in den Plejaden scheinen sehr nahe beieinander zu stehen, doch tatsächlich sind sie ziemlich weit von einander entfernt. Der gesamte Sternhaufen besetzt im Durchmesser ein Gebiet von 15 Lichtjahren. Aufnahmen mit einer langen Belichtungszeit zeigen auf, daß die hellen Sterne in den Plejaden von einer diffusen Gaswolke oder einem Nebel umgeben sind. Das ist bezeichnend für offene Sternhaufen, die sich meist aus heißen, jungen Sternen zusammensetzen.

▼ Die Plejaden oder das Siebengestirn sind einer von zwei großartigen Sternhaufen im Taurus (Stier). Er kann leicht mit dem bloßen Auge entdeckt werden und fasziniert in Ferngläsern. Der hellste Stern, Alkyone (in der Bildmitte), erreicht leicht die 3. Größe.

Taurus beheimatet auch noch einen anderen leicht zu sehenden offenen Sternhaufen: die Hyaden. Diese Sternansammlung gruppiert sich in Form eines V um den orange leuchtenden Aldebaran herum, obwohl dieser Stern nicht zum Sternhaufen gehört – er befindet sich sehr viel näher bei uns, auch wenn die Hyaden zu den nächsten offenen Sternhaufen zählen. Mit ihrer Entfernung von etwa 140 Lichtjahren ist das nur ein Viertel von der der Plejaden.

Verschiedene andere offene Sternhaufen lohnen die Betrachtung, unter ihnen M44 im Krebs. Er heißt Praesepe oder Bienenstock, nachdem er mit einem Bienenschwarm verglichen wurde, der um seinen Stock schwirrt. Perseus hat ein dicht beieinander stehendes Paar offener Sternhaufen vorzuweisen, nämlich den berühmten Doppelsternhaufen (Abb. rechts), der in Ferngläsern herrlich anzuschauen ist. Tief im südlichen Himmel steht das unvergleichliche Schmuckkästchen im Crux (oben), das nahe an einer Dunkelwolke, dem sogenannten Kohlensack, liegt. Ein weiterer Sternhaufen im Süden ist M11 im Scutum (Schild), dessen flügelförmige Anordnung ihm den Namen Wildente eingebracht hat.

◀ Der Sternhaufen M3 in Canes Venatici ist einer der schönsten Kugelhaufen am Nordhimmel. Knapp außerhalb des menschlichen Sehvermögens, kann er mit dem Feldstecher leicht entdeckt werden. Kleinere Teleskope lösen die äußeren Schichten dieser Kugel in etwa 45 000 Sterne auf. Wie die meisten Kugelhaufen liegt M3 mit 40 000 Lichtjahren weit von uns entfernt.

▼ Der Doppelsternhaufen im Perseus, auch Schwertgriff genannt, ist deutlich erkennbar. Die beiden Haufen werden mit h (links) und Chi Persei bezeichnet und sind mit bloßem Auge auffindbar.

Kugelhaufen

Der Kugelhaufen Omega Centauri (Seite 82) könnte sich nicht stärker von dem offenen Sternhaufen der Plejaden unterscheiden. Buchstäblich Hunderttausende von Sternen drängen sich im All auf einem Raum zusammen, der im Durchmesser nur 60 Lichtjahre groß ist. Für das Auge wirkt er wie ein einzelner Stern, weswegen er auch eine Sternenbezeichnung hat. Mit dem Feldstecher lassen sich individuelle Sterne am äußeren Rand ausmachen, und mit Teleskopen werden eine Unmenge an Sternen erkennbar.

Auch in vielen anderen Hinsichten unterscheidet sich Omega Centauri von den Plejaden. Er liegt mit einer Entfernung von 16 000 Lichtjahren 40mal weiter weg. Er setzt sich aus sehr alten Sternen zusammen. Und während die Plejaden mit den anderen Sternen im selben Bereich wie unsere Galaxis rotieren, folgt Omega Centauri einer ganz anderen Umlaufbahn, die ihn über und unter die galaktische Ebene bringt.

Omega Centauri ist ein typisches Beispiel eines Kugelhaufens. Sie alle bestehen aus dicht besetzten Kugeln mit sehr alten Sternen – einige scheinen so alt wie die Galaxie selbst zu sein. Sie sind alle weit entfernt und bewegen sich in ganz anderen Umlaufbahnen als die gewöhnlichen Sterne innerhalb des galaktischen Halos – ein kugelförmiger Bereich im All um das Zentrum der Galaxis. Ein paar der rund 150 restlichen Kugelhaufen sind mit dem bloßen Auge zu erkennen.

Nebel

Das Universum, so wie wir es sehen, besteht aus zahllosen Galaxien, die durch weite Flächen leeren Raumes voneinander getrennt sind. Die Galaxien wiederum beinhalten Milliarden von Sternen, die scheinbar durch leeren Raum voneinander getrennt sind.

Doch der Raum ist nicht wirklich ganz leer. Er enthält verstreute Spuren von Materie in Form von Gasmolekülen und Staubpartikeln. Normalerweise ist diese interstellare Materie dünn verteilt und schwer zu entdecken, doch an manchen Stellen ballt sie sich zu dichteren Wolken zusammen und wird dann von den Astronomen als Nebel bezeichnet (lat. nebula = Dunst, Wolke). Doch selbst solche »verdichteten« Wolken sind milliardenfach dünner als Luft!

Helle Nebel

Viele Nebel sind in Ferngläsern und Teleskopen zu sehen, ein paar mit dem bloßen Auge, wie sie sich als helles Glühen gegen den dunklen Hintergrund des Alls abzeichnen. Am leichtesten zu entdecken und für Himmelsbeobachter beider Hemisphären sichtbar ist der Große Nebel im Orion (unten).

Diese wogende flammende Wolke ist beispielsweise ein Emissionsnebel. Bei dieser Art Nebel geben Gaspartikel in der Wolke Licht ab, wenn sie von der Strahlung der heißen Sterne, die in ihr eingebettet sind, angeregt werden bzw. Energie absorbieren.

▼ Vielleicht der schönste aller Nebel ist M42, der Große Nebel, und er ist nah genug, um mit dem bloßen Auge gesehen zu werden. Der separat stehende kleinere Nebel darüber trägt die Bezeichnung M43, doch ist er in Wirklichkeit eine Erweiterung desselben Nebels.

Wie viele Emissionsnebel ist der Orionnebel leicht rötlich, und dafür gibt es einen guten Grund. Rot ist die Lichtfarbe, die von Wasserstoffatomen ausgeht, wenn diese angeregt werden. Und Wasserstoff ist in diesen Nebeln das am reichlichsten vorhandene Element.

Andere Emissionsnebel sind ebenso spektakulär, doch werden für die meisten größere Teleskope und langzeitbelichtete Aufnahmen benötigt, um die ganze Pracht zum Vorschein zu bringen. Viele haben bezeichnende Formen, die ihnen ihren Namen eingebracht haben. Der Trifidnebel im Sagittarius zum Beispiel wird von drei dunklen Staubspuren durchzogen.

Wenn die Sterne innerhalb oder in der Nähe des Nebels kalt sind, ist ihre Strahlung zu schwach, um die Atomkerne anzuregen. Dann reflektiert der Nebel lediglich das Licht des Sterns. Ein solcher Reflexionsnebel wird normalerweise als diffuser Lichtfleck wahrgenommen. Die jungen heißen Sterne des Sternhaufens der Plejaden im Taurus (siehe Seite 99) sind von dieser Art Nebeln umgeben.

▲ Eine dramatische Großaufnahme des berühmtesten aller Dunkelnebel im Orion – passenderweise wird er als Pferdekopfnebel bezeichnet. Die dunkle Masse hebt sich deutlich gegen den leuchtenden Nebel IC 434 ab, der sich südlich von Zeta Orionis in Orions Gürtel erstreckt.

Dunkelnebel

Am Himmel gibt es viele Wolken aus Staub oder Gas, die nicht von nahe gelegenen oder eingebetteten Sternen angeleuchtet werden. Doch können wir sie trotzdem manchmal auskundschaften, da sie das Licht von weiter entfernten, hinter ihnen liegenden Sternen oder leuchtenden Nebeln abdecken. Der bekannteste ist der Pferdekopfnebel im Orion (gegenüber) und der »Kohlensack« in Crux (Kreuz des Südens).

Astronomen gehen davon aus, daß die unsichtbare dunkle Materie einen großen Teil des Universums ausmacht.

Todesahnungen

Andere Nebelarten entstehen, wenn Sterne sich dem Ende ihres Lebens zuneigen. Ein Stern, der sich zu einem roten Riesen ausgedehnt hat, schleudert oft Gas von sich, das als sich erweiternde kugelförmige Schale oder Blase durch das All reist. Durch ein Teleskop betrachtet, erscheint die Gasblase als diffuse Scheibe, ähnlich einem Planeten. Aus diesem Grund bezeichnen wir diesen Typ als planetarischen Nebel. Der Ringnebel in Lyra (unten), der Helixnebel in Aquarius und der Hantelnebel in Vulpecula sind wunderschöne Beispiele für diese Gattung.

Eine sich drehend ausdehnende Gaswolke ist ein weiteres Resultat eines solchen spektakulären Sterntodes durch eine Supernova (siehe Seite 73). Klassisches Beispiel hierfür ist der Crabnebel in Taurus (siehe Seite 92), ein Überrest der Supernova, die 1054 von chinesischen Astronomen beobachtet wurde. Der Cirrusnebel oder Nebelschleier in Cygnus (siehe Seite 84) passend nach seinem an Spitzenarbeit erinnernden glühenden Filamentmuster benannt.

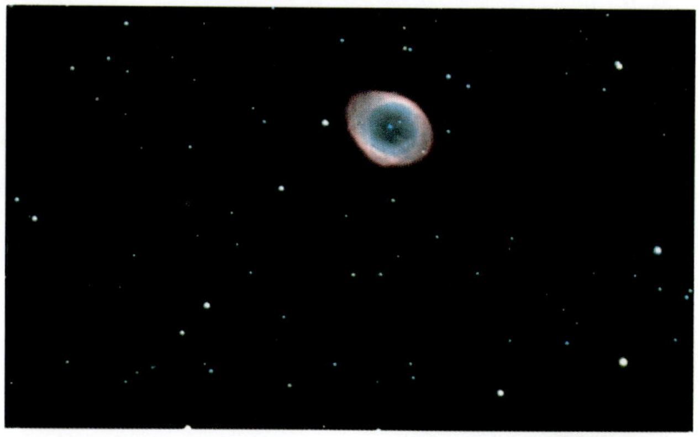

◀ Dieser chaotische Bereich aus Sternen und glühendem Gas hat Ähnlichkeit mit dem Kontinent, dessen Namen er trägt: Nordamerika. Der Nebel (NGC7000) findet sich in Cygnus und kann mit Ferngläsern entdeckt werden.

▲ Der Ringnebel (M57) in Lyra bildet einen vielfarbigen »Rauchring« aus glühendem Gas und ist einer der schönsten planetarischen Nebel. Der Ring entstand vor 6000 Jahren durch den Gasausstoß des Zentralsterns.

Die Milchstrasse

In klaren, dunklen Nächten ohne Mondschein können Sie einen diesigen Lichtstreifen die Himmelskuppel überspannen sehen. Dieses Phänomen wird treffenderweise als Milchstraße bezeichnet.

Die Milchstraße zieht sich durch einige der leuchtendsten Sternbilder: Cassiopeia, Cygnus, Perseus, Auriga und Aquila im nördlichen Himmel sowie Puppis, Vela, Carina, Crux, Centaurus, Scorpius und Sagittarius in der südlichen Hemisphäre. Die Helligkeit schwankt deutlich: Am Nordhimmel leuchtet sie am stärksten in Cygnus und Aquila, am Südhimmel in Scorpius und Sagittarius. Die Milchstraße hat auch unterschiedliche Breiten: An manchen Stellen beträgt ihr Durchmesser 5°, an anderen bis zu 30°.

Doch was ist die Milchstraße? Keiner wußte es, bis Galileo Galilei vor fast 400 Jahren sein Teleskop auf dieses himmlische Band richtete. Was er dann sehen konnte, versetzte ihn in Erstaunen. Das milchig verwaschene Band offenbart sich dann als eine Unmenge zahlloser blasser Sterne.

An manchen Stellen, etwa im Cygnus oder im Aquila, wird die Milchstraße von dunklen Bändern unterteilt – sie geben den Anschein, als befänden sich dort überhaupt keine Sterne.

Die Milchstraße stellt einen Querschnitt des großen Sternsystems oder der Galaxie dar, zu der unsere Sonne und all die anderen Sterne am Himmel gehören. Dieses System ist gemeint, wenn wir von der »Milchstraße« sprechen, oft aber nennen wir es einfach »die Galaxis«.

▼ Diese Karte des gesamten Nachthimmels entstand auf der Grundlage von Informationen, die der Astronomie-Satellit IRAS mit seinen Infrarot-Aufnahmen des Universums geliefert hat. Tatsächlich zeigt sie einen Querschnitt unserer Galaxis: Der leuchtende Streifen in der Mitte ist die sternübersäte Milchstraße. Die großen und kleinen weißen Flecken darunter stellen unsere nächsten galaktischen Nachbarn dar, die Große und die Kleine Magellan-Wolke.

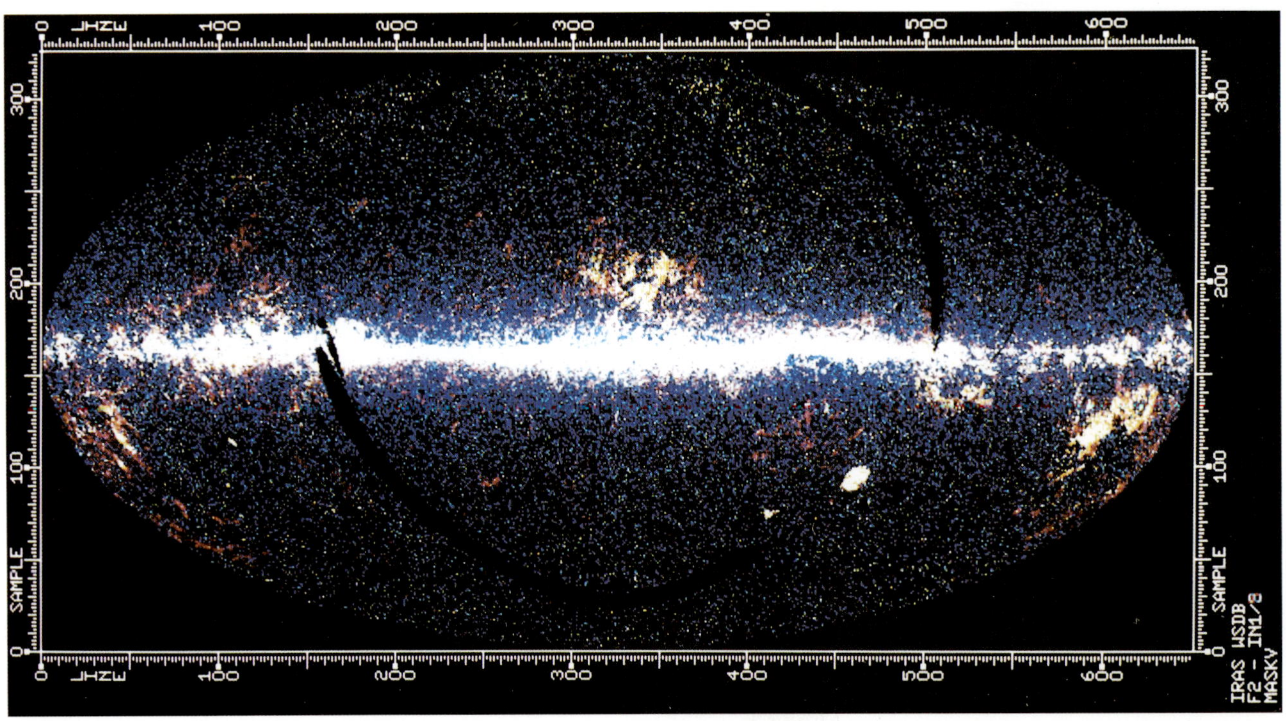

▲ In dieser Ansicht der Milchstraße in Norma (Winkelmaß), einem Sternbild des Südhimmels, lassen sich dunkle Spalten an den Stellen erkennen, wo Staub das Licht der dahinter liegenden Sterne verdeckt. Die Aufnahme vom März 1986 zeigt einen himmlischen Eindringling, den Halleyschen Kometen, der in jenem Jahr gut in der südlichen Hemisphäre zu beobachten war.

► Anlage und Seitenansicht unserer Galaxis, einer typischen und ziemlich großen Spiralgalaxie. Der größte Teil der Materie konzentriert sich in der Spiralscheibe, doch Spuren davon umgeben das Zentrum in einem kugelförmigen »Halo«.

◀ Die Große Spirale in der Andromeda, M31, ist zu Recht das berühmteste aller extragalaktischen Systeme. Sie ist mit dem bloßen Auge erkennbar, und die Struktur ihrer Spirale gibt die unserer eigenen Galaxis wieder.

▲ Könnten wir unsere Galaxis von der Seite her betrachten, würde sie dieser Spiralgalaxie des SB-Typs sicherlich sehr ähneln: NGC5907 in Draco. Hier ist deutlich erkennbar, wie sich die Scheibe in Richtung Zentrum verdichtet.

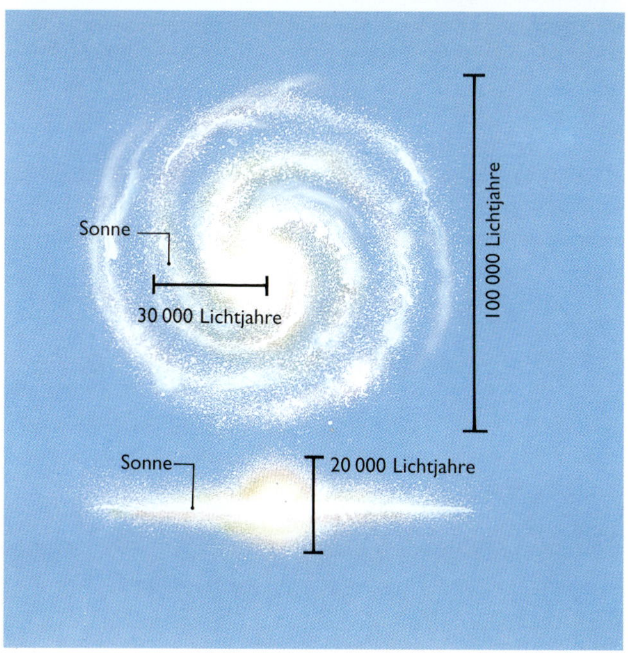

Das Sternsystem hat die Form einer Scheibe mit einer Ausbauchung in der Mitte, dem Kern; von ihm gehen mehrere Arme voller Sterne spiralförmig ab. Die ganze Galaxis dreht sich und würde aus weiter Ferne vielleicht wie ein Feuerrad aussehen (siehe Abb. links).

Die Größe unserer Galaxis ist beeindruckend. Sie mißt 100 000 Lichtjahre im Durchmesser und besteht aus mindestens 100 Milliarden Sternen. Doch unter den Galaxien ist das nichts Besonderes; in diesem Fall handelt es sich um eine typische Spiralgalaxie des SB-Typs. Viele Galaxien sind viel größer, so zum Beispiel die Große Spirale in der Andromeda.

Auf einem der Spiralarme sitzt die Sonne, vom Zentrum etwa 30 000 Lichtjahre entfernt. Wie die anderen Sterne dreht sie sich um die galaktische Mitte und vollzieht dabei eine Umlaufbahn in 225 Millionen Jahren. Diese Periode wird kosmisches Jahr genannt.

Das Zentrum der Galaxis liegt in Richtung des Sternbildes Sagittarius (Schütze); darum ist die Milchstraße dort und in den benachbarten Sternbildern am dichtesten. Doch die verdunkelnden Staubwolken verstellen uns den Blick.

▲ Die Große Magellan-Wolke im Dorado (Schwertfisch) ist eines der Glanzlichter am südlichen Sternenhimmel. Für das bloße Auge erscheint sie als Nebelfleck, doch mit dem Teleskop lassen sich die einzelnen Sterne leicht ausmachen. Am oberen Rand dieser ausgezeichneten Fotografie sieht man den Tarantelnebel, einen der größten Nebel, die wir kennen.

▲ Diese Galaxie, NGC 5128, wird Centaurus A genannt. Sie zählt zu den hellen, kugelförmigen Galaxien und liegt knapp außerhalb des Sichtbereichs. Die dunkle Staubspur teilt sie in zwei Hälften.

▼ Centaurus A in einem anderen Licht: So erscheint die Galaxie durch Radiowellen. Sie ist die drittstärkste Radioquelle am Himmel, ein sicheres Zeichen dafür, daß sich im Innern Zerstörerisches ereignet.

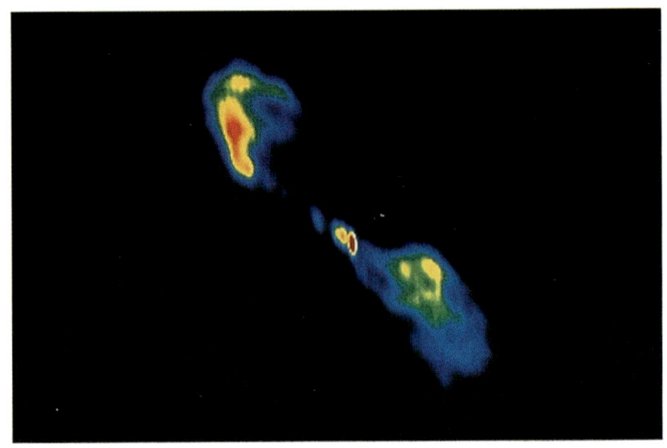

Extragalaktische Sternsysteme

Charles Messier, der große »Sammler« von nebelhaften Erscheinungen im 18. Jahrhundert, führte in seinem Katalog als Nummer 31 einen unscharfen Fleck auf, der mit bloßem Auge nördlich des Sterns Beta Andromedae zu sehen ist. Er erhielt den Namen Andromedae zu sehen ist. Er erhielt den Namen Großer Nebel in der Andromeda (siehe Seite 103).

Erst später, als die Teleskope leistungsfähiger wurden, erkannte man, daß zu diesem »Nebel« auch Sterne und Sternhaufen gehören und daß er kein Nebel unserer Galaxis ist, sondern eine völlig eigene Galaxie bildet. Dies bestätigte sich, als die Entfernung gemessen wurde: Der »Nebel« liegt über zwei Millionen Lichtjahre entfernt, also sehr viel weiter als jeder andere Stern unserer Galaxis.

Zwei andere mit dem bloßen Auge sichtbare »Nebel« entpuppten sich ebenfalls als eigene Galaxien: Die Große Magellan-Wolke (LMC = Large Magellanic Cloud) im Dorado und die Kleine Magellan-Wolke (SMC = Small Magellanic Cloud) im Tucana. Beide liegen dicht am südlichen Himmelspol. Die LMC, auch Nubecula Maior genannt, ist unserer Galaxis am nächsten gelegen – mit etwa 170 000 Lichtjahren nur einen Steinwurf weit entfernt, zumindest für die Größenverhältnisse des Universums.

Klassifikation der Galaxien

Der Andromedanebel und die Große Magellan-Wolke sind ebenfalls gegensätzlich aufgebaut. Die erste Erscheinung weist eine regelmäßige Spiralform auf, während die zweite ziemlich unregelmäßig ist und wenig Struktur hat. Diese beiden Typen klassifizieren zwei Hauptgruppen der Galaxien: die spiralförmigen und die unregelmäßigen. In der dritten Hauptgruppe haben die Galaxien eine elliptische Form.

Diese Klassifikation der Galaxien durch ihre Form wurde von dem großen Pionier der Galaxienbeobachtung, Edwin Powell Hubble, um 1920 vorgeschlagen. Er teilte die elliptischen Galaxien von E 0 bis E 7 ein, je nachdem, wie sehr oval sie sind. Die spiralförmigen (S) stufte er entsprechend der Größe ihrer Spiralöffnung in a, b und c ein, wobei Sc demnach weit geöffnete Arme hat. Unsere eigene Galaxie und die von Andromeda gehören beide der Klasse Sb an, während M33 im Triangulum (Seite 65) Sc zuzurechnen ist. Bei manchen Spiralgalaxien zieht sich eine Art Balken durch den Kern – sie bilden die Gruppe der Balkenspiralen.

Aktive Galaxien

Die Mehrheit der Galaxien scheinen ganz »normal« zu sein; sie geben Licht und Energie in einer Menge ab, wie es von einer Anhäufung von Billionen von Sternen zu erwarten ist. Doch einige Galaxien haben einen besonders hohen Energieausstoß, der auf außergewöhnliche, innere Vorgänge zurückzuführen ist. Sie werden als aktive Galaxien bezeichnet.

Viele von ihnen geben den Großteil ihrer Energie über Radiowellen ab, so auch NGC5128 oder Taurus A (links), eine der ersten Radiogalaxien, die entdeckt wurden. Seltsamerweise scheint die Energie einer Radiogalaxie von einer Ecke des Alls aus zu strahlen, die sich weit weg von der Galaxie befindet!

Galaxiehaufen

Sterne wie auch Galaxien neigen dazu, sich im All zu einem Haufen zusammenzudrängen. Unsere eigene Galaxis ist Teil eines Haufens, der auch als lokale Gruppe bezeichnet wird. Zu ihr gehören etwa 30 Mitglieder, unter anderem die Große und die Kleine Magellan-Wolke, die Andromedagalaxie und M33 im Triangulum.

Die lokale Gruppe nimmt ein Gebiet im All von etwa fünf Millionen Lichtjahren im Durchmesser ein – und ist damit ein kleiner Haufen. Der danach uns am nächsten stehende Coma-Virgo-Haufen enthält rund 3000 Galaxien! Seinen Namen hat er nach den Sternbildern erhalten, in denen er gefunden wurde; sein Zentrum liegt auf der hellen aktiven Galaxie M87.

Doch die Anhäufung hört hier nicht auf. Unsere lokale Gruppe und der Coma-Virgo-Haufen sind nur Teil eines riesigen Galaxiensuperhaufens. Und solche Superhaufen gibt es viele im Universum.

◀ Ein paar bekanntere Mitglieder des Coma-Virgo-Haufens, zu dem Tausende von Galaxien gehören: Die größten in der Aufnahme bilden ein dicht beieinander stehendes Paar aus den elliptischen Galaxien M86 (oben) und M84 und stehen direkt in der Mitte des Haufens. Beide gehören der 9. Größe an.

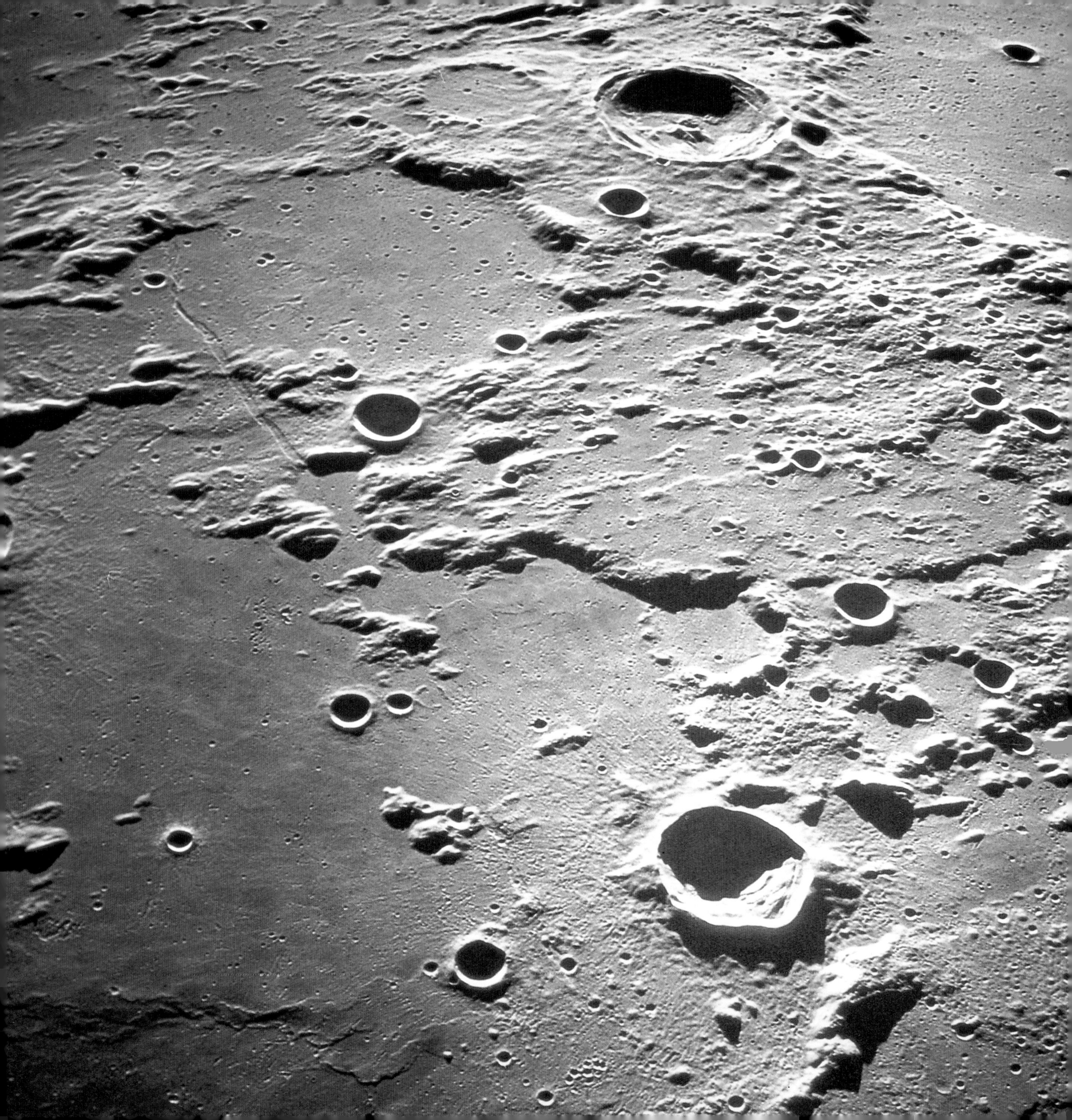

◀ Eine erstaunliche Landschaft in der Nähe des Mondzentrums, aufgenommen von Apollo-Astronauten im Jahre 1969. Der große Krater oben rechts heißt Ptolemäus und hat einen Durchmesser von mehr als 145 Kilometern. Der kleine Krater links daneben heißt Herschel. Der in etwa gleich große Krater am unteren Rand des Bildes heißt Lalande.

4

Der Mond

Die fernen Sterne und Nebel und noch weiter entfernte Galaxien sind eine Quelle immerwährenden Entzückens für den Astronomen. Viele astronomische Freuden findet man allerdings wesentlich näher der Heimat. Genau auf unserer Türschwelle zum Himmel steht der Mond, der einzige natürliche Satellit der Erde und bei weitem ihr nächstgelegener Nachbar im Weltraum.

Das Foto links deutet den Genuß an, der uns erwartet, wenn wir unsere Ferngläser und Teleskope auf unseren silbrigen Satelliten richten: Krater, flache Ebenen, zerklüftetes Hochland, faltige Hügelketten und noch mehr Krater – überall Krater.

Da er unser Satellit ist, kreist der Mond um die Erde und braucht hierfür etwas weniger als einen Monat. In dieser Zeit scheint er seine äußere Gestalt zu verändern, indem er zunächst mehr und später weniger seiner Oberfläche erkennen läßt, während er zu- und abnimmt. Die feinsten Details lassen sich auf dem Terminator erkennen, dem Übergang zwischen hell und dunkel.

Die Karten in diesem Abschnitt stellen die Oberfläche des Mondes in vier Quadranten dar. Wir zeigen ihn »richtig herum«, also so, wie er dem bloßen Auge und durch das Fernglas erscheint. Durch ein Teleskop dagegen werden diese Ansichten vom Mond verkehrt herum dargestellt.

▲ Der buckelige Mond: ein Schnappschuß der Apollo-Astronauten, der ihnen gelang, als sie auf ihn zurasten. Das Foto zeigt deutlich das Meeresgebiet in der östlichen Hemisphäre: Mare Crisium, Serenitatis, Tranquillitatis, Fecunditatis und Nectaris. Benutzen Sie die folgenden Mondkarten, um die hellen Krater zu identifizieren.

▶ Die Erde ragt auf einem der klassischen Weltraumfotos, die von den Apollo-Astronauten gemacht wurden, über den Horizont des Mondes. Wie farbenfroh und einladend doch die Erde im Vergleich zur zerklüfteten und mit Kratern übersäten Landschaft darunter aussieht!

Das Gestirn der Nacht

Der Mond ist der ständige Begleiter der Erde, während sie durch das Weltall reist – ihr einziger natürlicher Satellit. Obwohl er relativ klein ist, beherrscht der Mond den nächtlichen Himmel, da er uns so viel näher ist als jeder andere Himmelskörper. Der Mond aber hat kein eigenes Licht. Er leuchtet, weil er das Sonnenlicht reflektiert.

Der Mond liegt durchschnittlich etwa 384 000 Kilometer von der Erde entfernt und benötigt ungefähr einen Monat, um sie zu umkreisen. Während der Mond kreist, sehen wir ihn seine Phasen durchlaufen, wobei mehr oder weniger von seiner Oberfläche erleuchtet ist. Die Hauptphasen sind Neumond, zunehmender Mond, Vollmond und abnehmender Mond. Zwischen Neumond und zunehmendem Mond und zwischen abnehmendem Mond und Neumond sieht der Mond einer Sichel ähnlich. Zwischen zunehmendem Mond und Vollmond und zwischen Vollmond und abnehmendem Mond gleicht er einem Buckel.

Mit einem Durchmesser von 3476 Kilometern hat der Mond nur etwa ein Viertel der Größe der Erde. Das ist aber für einen Satelliten im Vergleich zu seinem Mutterplaneten eine außergewöhnliche Größe. Deshalb betrachten die Astronomen Erde und Mond als ein doppeltes Planetensystem.

Weil er trotzdem relativ klein ist, hat der Mond, im Vergleich zur Erde, eine geringe Masse und deswegen eine schwache Anziehungskraft (ein Sechstel von der der Erde). Als Ergebnis hat er nicht genug »Zugkraft«, um eine Atmosphäre an sich zu binden und festzuhalten. Zudem verfügt der »luftlose« Mond über keinerlei Wasser. Durch das Fehlen einer isolierenden Atmosphäre erfährt der Mond auch einen markanten Temperaturunterschied zwischen seinen jeweils zwei Wochen dauernden Tagen und Nächten. Im Laufe des Mondtages steigen die Temperaturen auf über 100 °C an, während sie in der Mondnacht unter –150 °C sinken.

Das Beobachten des Mondes

Da der Mond so groß am nächtlichen Himmel erscheint, ist er das ideale Ziel für Astronomen, und er ist sowohl bei Neueinsteigern als auch bei »alten Hasen« gleichermaßen beliebt. Die einfachste Ausrüstung, wie etwa Fernglas oder ein kleines Teleskop, läßt schon eine Vielzahl an Details erkennen.

Bereits das bloße Auge unterscheidet zwei verschiedene Bereiche auf dem Mond – hell und dunkel. Die dunklen sind die Maria oder Meere; die hellen sind zerklüftete Hochlandgebiete. Das bloße Auge läßt uns erkennen, daß uns der Mond immer dieselbe Seite präsentiert: die näher gelegene. Die weiter entfernt gelegene können wir von der Erde aus nie sehen. Jedes optische Hilfsmittel zeigt uns weitere markante Züge des Mondes, seine Krater und seine Berge.

Das Faszinierende an der Mondbeobachtung ist die Tatsache, daß sein Erscheinungsbild sich von einer Nacht auf die nächste verändert, während er seine Phasen durchläuft. Ge-

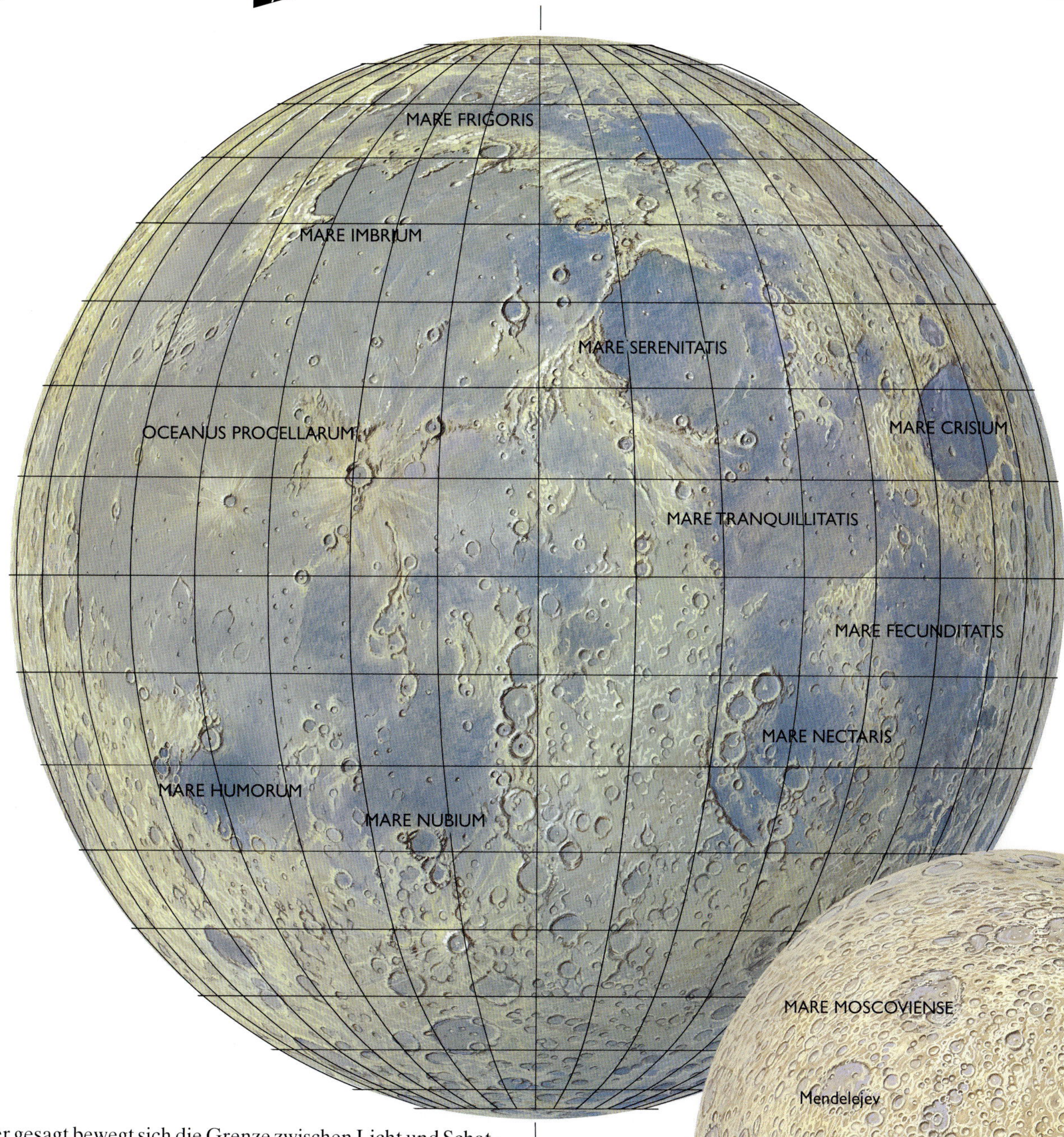

◀ Die nahe gelegene Seite des Mondes, die immer zu uns zeigt. Sie ist »richtig herum« dargestellt, also so, wie wir sie mit dem bloßen Auge oder einem Fernglas sehen können. Der größte Teil der Oberfläche ist von »Meeren« oder Maria bedeckt, die dunkler erscheinen als die stark zerkraterten Hochgebiete. Die Hochgebiete werden als Teile der antiken Kruste des Mondes angesehen. Die Maria sind jünger.

▼ Die abgelegene Seite des Mondes, die wir von der Erde aus nie sehen können. Sie stellte ein Rätsel dar, bis Raumsonden, als erste die russische Sonde Luna 3, damit begannen, Fotos von ihr zu machen. Das Seltsame an der abgelegenen Seite ist die Tatsache, daß sie frei von größeren Maria ist. Eines der bemerkenswertesten Charakteristika ist ein großer Krater mit dunklem Boden mit Namen Tsiolkovsky.

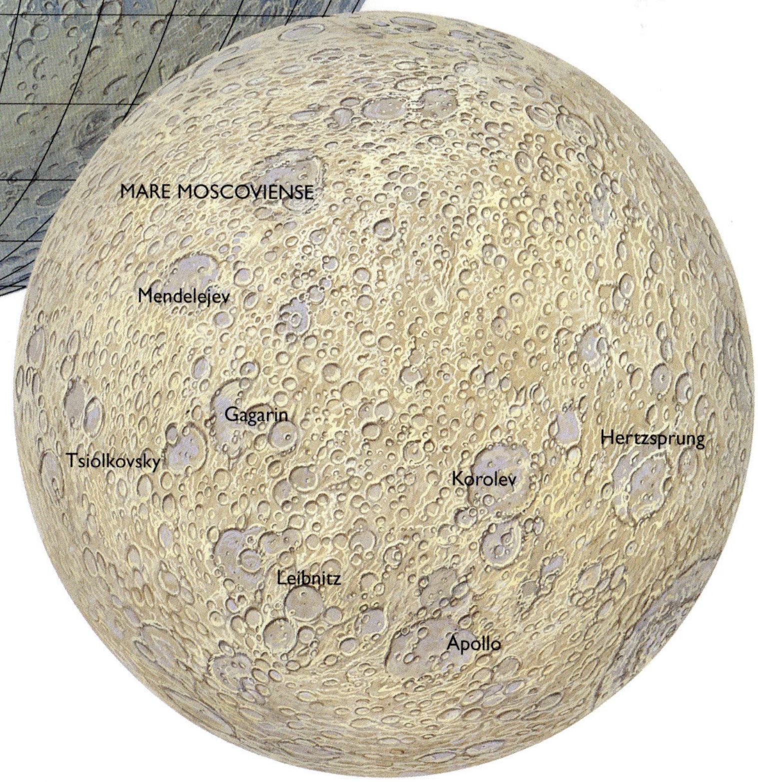

nauer gesagt bewegt sich die Grenze zwischen Licht und Schatten – Mondtag und -nacht – über die Oberfläche. Wir nennen diese Grenze den Terminator. Er wandert zweimal über die Mondoberfläche, zwischen Neumond und Vollmond und zwischen Vollmond und Neumond, während der Mond zu- und abnimmt. Genau auf dem Terminator können die besten Detailbetrachtungen gemacht werden.

Die nun folgenden Mondkarten stellen die Mondoberfläche in vier Quadranten dar. Der Norden ist oben. Die Karten zeigen die herausragendsten Charakteristika der Mondoberfläche. Die Namen der Maria und ähnlicher Charakteristika sind lateinisch angegeben. Die deutschen Äquivalente stehen im Glossar am Ende des Buches.

Nordwestlicher Quadrant

Der Oceanus Procellarum und das Mare Imbrium dominieren diesen Quadranten. Mit einem Durchmesser von mehr als 1100 Kilometern ist das Mare Imbrium das größte der kreisförmigen Meere. Seine Umrisse sind klar definiert und durch hohe Gebirgszüge – die Karpaten, den Apennin, den Kaukasus, die Alpen und das Juragebirge gekennzeichnet.

Die Karpaten, die eine Höhe von bis zu 2100 Metern erreichen, erstrecken sich nordöstlich von Kopernikus und bilden die Grenze zwischen dem Mare Imbrium und dem Oceanus Procellarum. Der Apennin hat eine Länge von etwa 450 Kilometern und umfaßt einige der höchsten Berggipfel des Mondes, die teilweise eine Höhe von mehr als 6000 Metern erreichen. Der Kaukasus trennt das Mare Imbrium und das Mare Serenitatis im Osten.

Sinus Iridum ist eine eindrucksvolle Bucht im Mare Imbrium, deren Breite etwa 250 Kilometer mißt.

Besondere Krater und andere Merkmale

Archimedes (75 Kilometer) ist der größte von drei auffälligen Kratern, die anderen heißen Autolycus und Aristillus. Alle drei haben einen flachen, lavagefüllten Grund.

Aristarchus ist zwar nur 37 Kilometer breit, aber dafür die hellste Erscheinung auf dem Mond. In der Nähe befindet sich eine tiefgehende Verwerfung namens Schröter-Tal.

Kopernikus (97 Kilometer) ist einer der am besten sichtbaren Krater auf dem Mond. Er hat einen klassischen Querschnitt: hohe, terrassierte Wände und hohe Berggipfel im Zentrum. Bei Vollmond ist er von hellen Kraterstrahlen umgeben.

Eratosthenes ist eine Kopie von Kopernikus, aber nur etwa zwei Drittel so groß und liegt am Ende der Apennin-Kette.

Kepler ist klein (35 Kilometer), sticht aber im Oceanus Procellarum gerade bei Vollmond wegen seiner funkelnden Kraterstrahlen hervor.

Lansberg (42 Kilometer) liegt auf dem Mondäquator und ragt deutlich aus dem Oceanus Procellarum hervor. Er stellt fast einen Zwilling von Reinhold im Nordosten dar.

Otto Struve (160 Kilometer) ist einer der größten Krater in diesem Quadranten; weil er aber so nahe am westlichen Rand liegt, ist er nur schwer zu sehen.

Pico ist ein einsamer Berg in der Nähe des Randes vom Mare Imbrium, genau südlich von Plato gelegen. Er erreicht eine Höhe von bis zu 2400 Metern.

Plato (97 Kilometer), ein runder Krater am Rande der Alpen, ist wegen seines flachen, dunklen Grundes bemerkenswert.

Reinhold (48 Kilometer) liegt zwischen Kopernikus und Lansberg. Wie der letztgenannte hat auch er einen tiefen Grund.

Straight Range ist eine einsame Bergkette nahe am nördlichen Rand des Mare Imbrium, neben Plato. Sie ist etwa 60 Kilometer lang und hat Gipfel mit einer Höhe von bis zu 1800 Metern.

▲ Zwei der auffallendsten Krater des Quadranten. Beide haben einen charakteristischen Berggipfel im Zentrum. Es sind Kopernikus (oben) und Eratosthenes. Die terrassierten Wände von Kopernikus sind eindeutig sichtbar.

▶ Eine weitere Besonderheit des Quadranten, der Krater Kepler, aufgenommen von Astronauten von Apollo 12 aus der Mondumlaufbahn. Man beachte, wie glatt die Oberfläche um das Mare herum ist.

Der größte Teil des nordwestlichen Quadranten wird von drei Meeren eingenommen, vom weit ausgebreitetem Oceanus Procellarum, vom Mare Imbrium und im Norden vom Mare Frigoris. Der Oceanus Procellarum ist das größte Meer auf dem Mond. Anders als die meisten anderen hat er keine eindeutigen Grenzen. Von den Kratern, die diesen Quadranten zieren, sind Kopernikus, Kepler und Aristarchus hervorzuheben, die bei Vollmond Mittelpunkte von spektakulären Strahlensystemen darstellen.

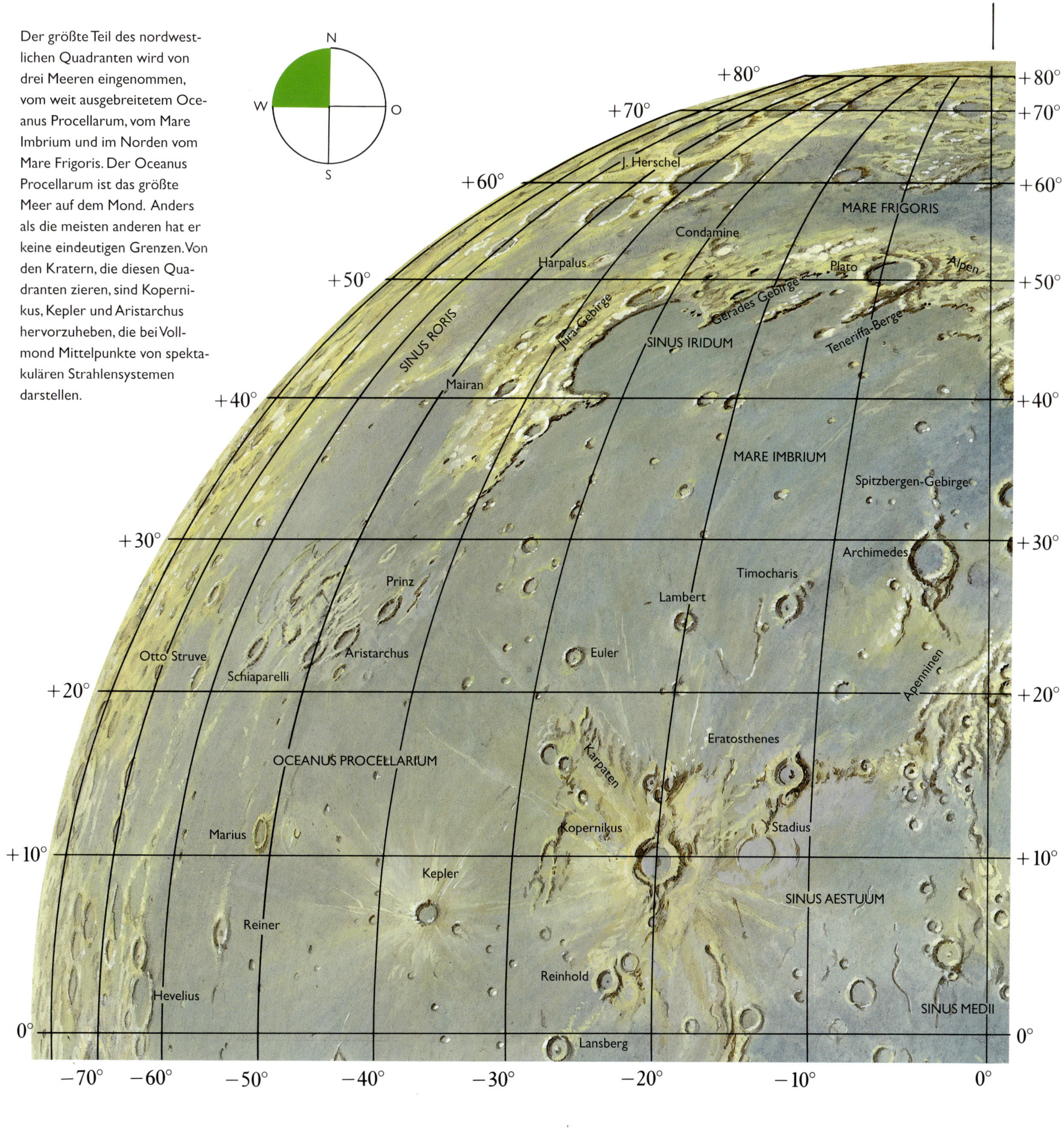

Südwestlicher Quadrant

Das Mare Cognitum wird oft als eine Bucht des Oceanus Procellarum angesehen. Dieser bedeckt eine Fläche von fast fünf Millionen Quadratkilometern. Dies wiederum entspricht der Hälfte des Mittelmeeres auf der Erde.

Das Mare Humorum ist eines der kleineren runden Meere, mit einer Breite von etwa 450 Kilometern. Am besten sieht man es, wenn der Mond etwa elf Tage »alt« ist. Das Mare Nubium ist weniger klar abgegrenzt, bietet dafür aber ein interessanteres, linienähnliches Detail, die »Gerade Wand« genannt. Mit seinem Verlauf von etwa 100 Kilometern stellt es eine Verwerfung in der Kruste des Mondes dar. Die Wand ist etwa 240 Meter hoch.

Zwei der sechs Landungen der Apollo fanden in diesem Quadranten statt, nur wenige Grad südlich des Mondäquators: Apollo 12 landete im Oceanus Procellarum und Apollo 14 nahe der Fra-Mauro-Formation.

▶ Eine Nahaufnahme des prächtigen südlichen Kraters Tycho, fotografiert von einer amerikanischen Mondumlaufbahn-Sonde aus einer Entfernung von etwa 220 Kilometern. Man beachte die terrassierten Wände und den Berggipfel im Zentrum.

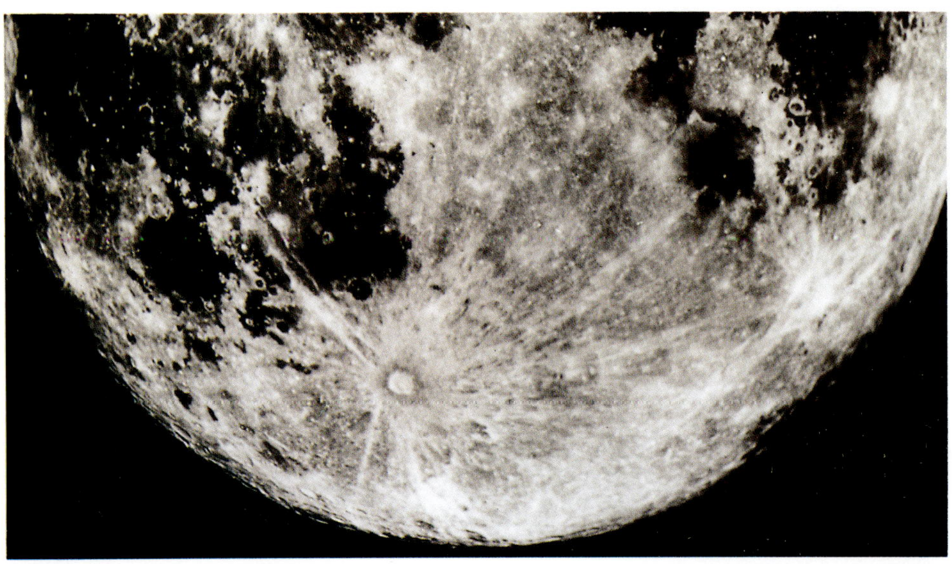

▼ Bei Vollmond verblaßt fast jeder andere Mondkrater neben Tycho. Er ist das Zentrum des größten Krater-Strahlen-Systems auf dem Mond.

Besondere Krater und andere Merkmale:

Alphonsus (129 Kilometer) ist das Zentrum dreier großer, mit Wänden versehenen Ebenen nahe des 0°-Längengrades. Rillen und Berge kreuzen seinen Grund. Er ist während des zunehmenden Mondes am besten zu sehen.

Bailly ist der größte Krater auf dem Mond, mit einem Durchmesser von 295 Kilometern. Leider liegt er ziemlich genau am Rand und ist deswegen fast immer nur schlecht zu sehen.

Bullialdus (50 Kilometer), am Rande des Mare Nubium, ist ein perfekt geformter Krater mit gut erhaltenen Wänden und Berggipfeln im Zentrum.

Clavius ist der größte Mondkrater, den wir von der Erde aus gut sehen können, mit einem Durchmesser von 232 Kilometern. Sein Grund und seine Wände sind übersät mit Kratern.

Gassendi (89 Kilometer), angrenzend an das Mare Humorum, ist eine der vielen Ebenen mit geraden Wänden, die dieser Quadrant zu bieten hat. Ihr Grund zeigt interessante Details.

Grimaldi (193 Kilometer) liegt einige Grade südlich des Äquators, nahe dem westlichen Rand. Er hat niedrige Wände, ist aber aufgrund seines dunklen Grundes immer gut zu finden. In der Tat ist dies die dunkelste Gegend auf dem Mond.

Longomontanus (145 Kilometer) ist einer von drei größeren Kratern im Süden, zu denen noch Clavius und Maginus gehören. Wie auch diese, hat er teilweise eingestürzte Wände.

Maginus (177 Kilometer) liegt genau östlich von Longomontanus. Diese beiden Krater bilden mit Clavius im Süden und Tycho im Norden eine Art »Kreuz des Südens« auf dem Mond.

Pitatus (80 Kilometer) am südlichen Rand des Mare Nubium gelegen, hat einen dunklen Grund mit einem niedrigen Berggipfel in der Mitte.

Ptolemäus ist der erste und größte in der Reihe der großen Krater, die sich nahe des 0°-Längengrades von Norden nach Süden erstreckt; sie sind vor allem im zunehmendem Mond bemerkenswert. Nahe am Zentrum des Mondes gelegen, besteht er aus einer Ebene mit Wänden, mit einem dunklen Grund und ist etwa 148 Kilometern breit.

Riccioli (160 Kilometer) liegt etwas südlich des Äquators, nahe am westlichen Rand. Ebenso wie sein »Nachbar« und »Fast-Zwilling« Grimaldi, hat auch er einen außergewöhnlich dunklen Boden.

Schickard (200 Kilometer) ist eine Ebene mit dünnen, niedrigen umgebenden Wänden.

Tycho konkurriert mit Kopernikus, da er der schönste Krater des Mondes ist. Obwohl er nicht groß ist (84 Kilometer), wird er bei Vollmond durchaus spektakulär, als Zentrum eines hellen Krater-Strahlen-Systems, dessen strahlende Arme sich in alle Richtungen bis zum Oceanus Procellarum im Nordwesten und dem Mare Nectaris im Nordosten ausbreiten.

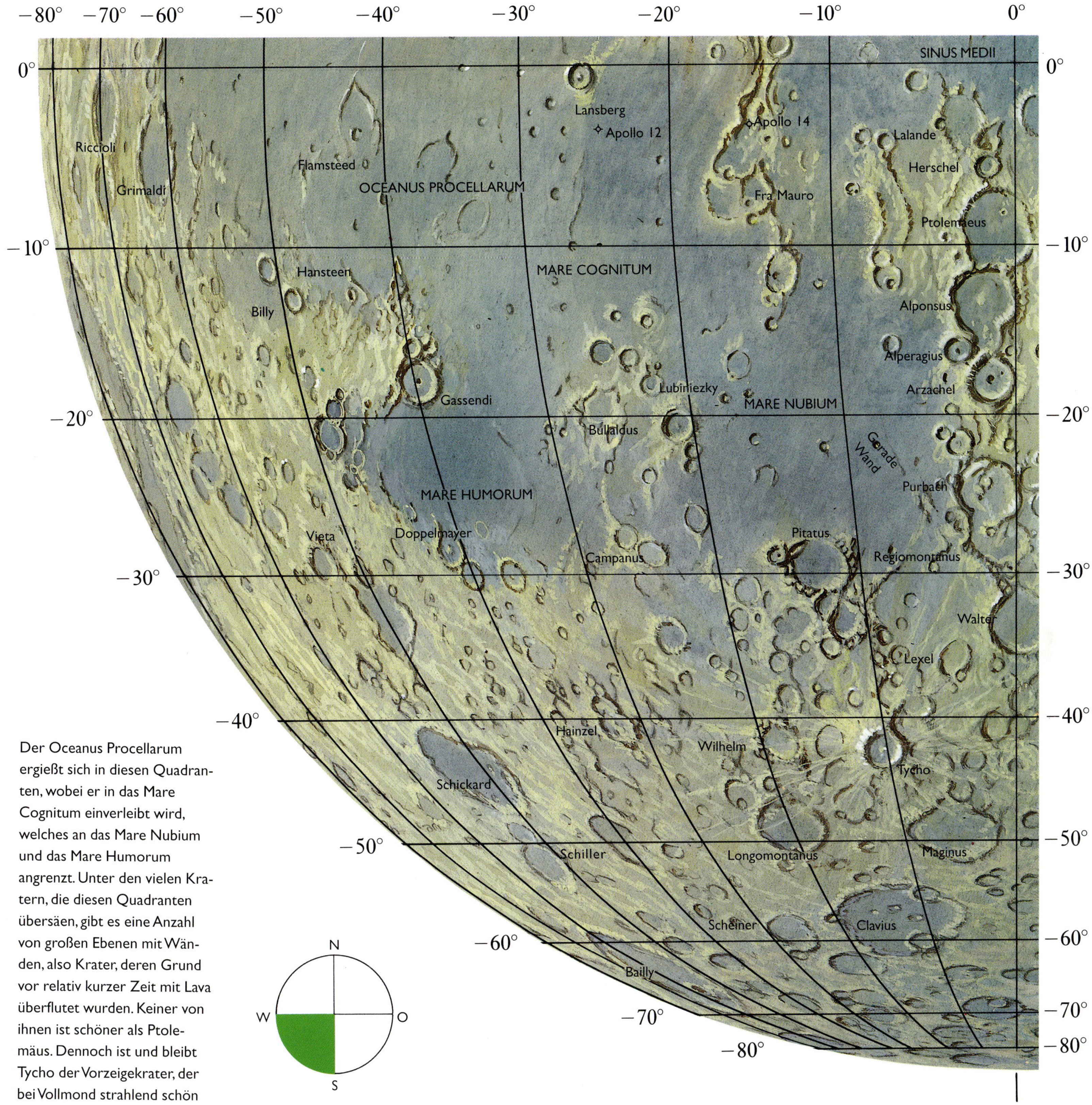

Der Oceanus Procellarum ergießt sich in diesen Quadranten, wobei er in das Mare Cognitum einverleibt wird, welches an das Mare Nubium und das Mare Humorum angrenzt. Unter den vielen Kratern, die diesen Quadranten übersäen, gibt es eine Anzahl von großen Ebenen mit Wänden, also Krater, deren Grund vor relativ kurzer Zeit mit Lava überflutet wurden. Keiner von ihnen ist schöner als Ptolemäus. Dennoch ist und bleibt Tycho der Vorzeigekrater, der bei Vollmond strahlend schön hervorsticht.

Nordöstlicher Quadrant

Das kreisförmige Mare Serenitatis mißt etwa 700 mal 900 Kilometer. Im Nordwesten grenzt es an den Kaukasus, in dem sich Gipfel bis zu einer Höhe von über 6000 Meter finden.

Die Haemus-Berge im Süden sind eine wesentlich niedrigere Kette. Ihr schließt sich im Osten ein Gebiet mit niedrigen Bergen und kleinen Kratern an, von denen der größte Plinius ist. Die Oberfläche des Mare ist sichtlich voller Falten, wobei nur ein Krater hervorsticht – Bessel.

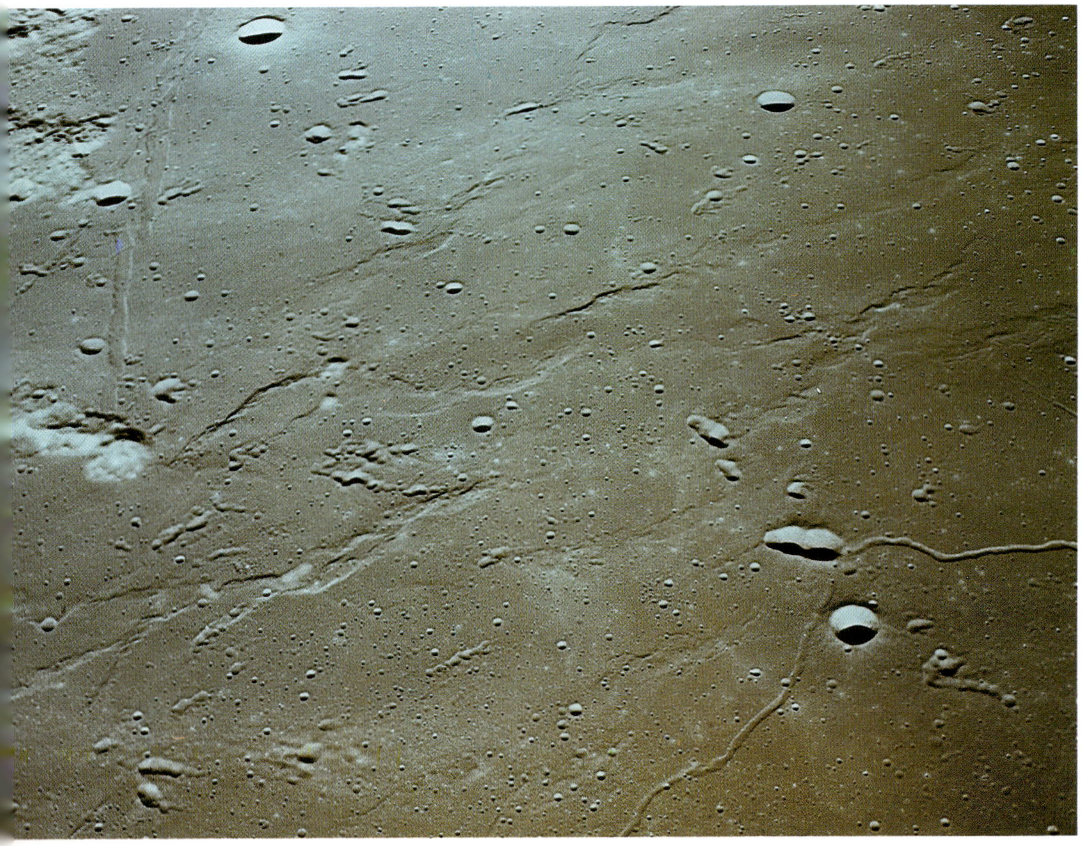

▲ Ein atemberaubender Blick auf die Südwestregion des Mare Tranquilitatis nahe der Stelle der ersten Apollo-Landung. Die Mondlandeeinheit von Apollo 11 setzte etwa in der oberen Bildmitte auf. Im Vordergrund: die Maskelyne-Rille.

Im Norden geht das Mare Serenitatis durch den Lacus Mortis und Lacus Somniorum in das Mare Frigoris über, welches sich im Westen in den Oceanus Procellarum im angrenzenden Quadranten ausbreitet. Das hügelige Gebiet im Süden von Serenitatis bildet eine undefinierte Grenze zwischen diesem Meer und dem annähernd gleich großen Mare Tranquillitatis.

Das Meer aber, das in diesem Quadranten am deutlichsten kreisförmig ist, heißt Mare Crisium, nahe am östlichen Rand gelegen. Mit seinen Maßen von etwa 590 auf 460 Kilometer wird es von einigen kleinen Kratern beherrscht, von denen der größte Picard ist.

Auf ungefähr demselben Breitengrad, aber auf der anderen Seite des Quadranten, liegt das kleine Mare Vaporum, das etwa 450 Kilometer breit ist. Es erstreckt sich in südlicher Richtung bis zu dem kleinen Meeresgebiet Sinus Medii in der Mitte des Mondes.

Drei Apollo-Landungen fanden in diesem Quadranten statt: Apollo 11 landete nahe am südwestlichen Rand des Mare Tranquillitatis, Apollo 15 im Apennin und Apollo 17 nahe dem Littrow-Krater, fast genau am südöstlichen Ufer des Mare Serenitatis.

Besondere Krater und andere Merkmale:

Alpental Ein Tal, das sich durch die Alpen schneidet und somit das Mare Imbrium mit dem Mare Frigoris verbindet. Es sieht einem Flußtal auf der Erde sehr ähnlich (siehe Seite 121), ist aber in Wirklichkeit eine äußerst geradlinige geologische Verwerfung.

Aristillus (56 Kilometer) ist Teil eines Pärchens (der andere ist Autolycus) kleiner aber herausragender Krater nahe dem östlichen Rand des Mare Imbrium. Er hat einen tiefen Grund und eine zentrale Bergkette.

Aristoteles (97 Kilometer) ist Teil eines weiteren Pärchens (der andere ist Eudoxus) von Kratern nördlich des Mare Serenitatis.

Atlas (89 Kilometer) und Herkules bilden ein anderes Kraterpaar im Norden des Quadranten.

Autolycus (36 Kilometer) stellt zusammen mit Aristillus ein auffallendes Paar dar.

Bessel (19 Kilometer) ist der einzige bemerkenswerte Krater im Mare Serenitatis und deswegen leicht zu erkennen. Er ist mit einem Kraterstrahl verbunden.

Cleomedes (126 Kilometer) ist ein großer Krater, etwas nördlich des Mare Crisium gelegen, und sieht genau nach Vollmond hervorragend aus, zusammen mit dem kleineren Geminus und Messala, der weiter nördlich liegt.

Eudoxus (64 Kilometer) bildet ein auffallendes Paar mit Aristoteles.

Gauss (136 Kilometer) ist einer der größten Krater in diesem Quadranten. Er ist aber schwierig zu sehen, da er genau am nordöstlichen Rand liegt.

Hercules (72 Kilometer) stellt mit Atlas ein Paar dar.

Hyginus-Rille Eine der bemerkenswertesten Rillen auf dem Mond; sie verläuft vom Süden des Mare Vaporum in Richtung Mare Tranquillitatis.

Manilius (36 Kilometer), ein relativ kleiner Krater am Rande des Mare Vaporum, hat stark reflektierende Wände, die ihn zu einem der hellsten Punkte dieses Quadranten machen.

Menelaus (32 Kilometer) liegt auf der anderen Seite der Haemus-Berge als Manilius und ist ebenfalls äußerst hell.

Posidonius (96 Kilometer), am Ufer des Mare Serenitatis gelegen, ist ein attraktiver Krater mit faszinierenden Wänden und für detaillierte Beobachtung hervorragend gelegen.

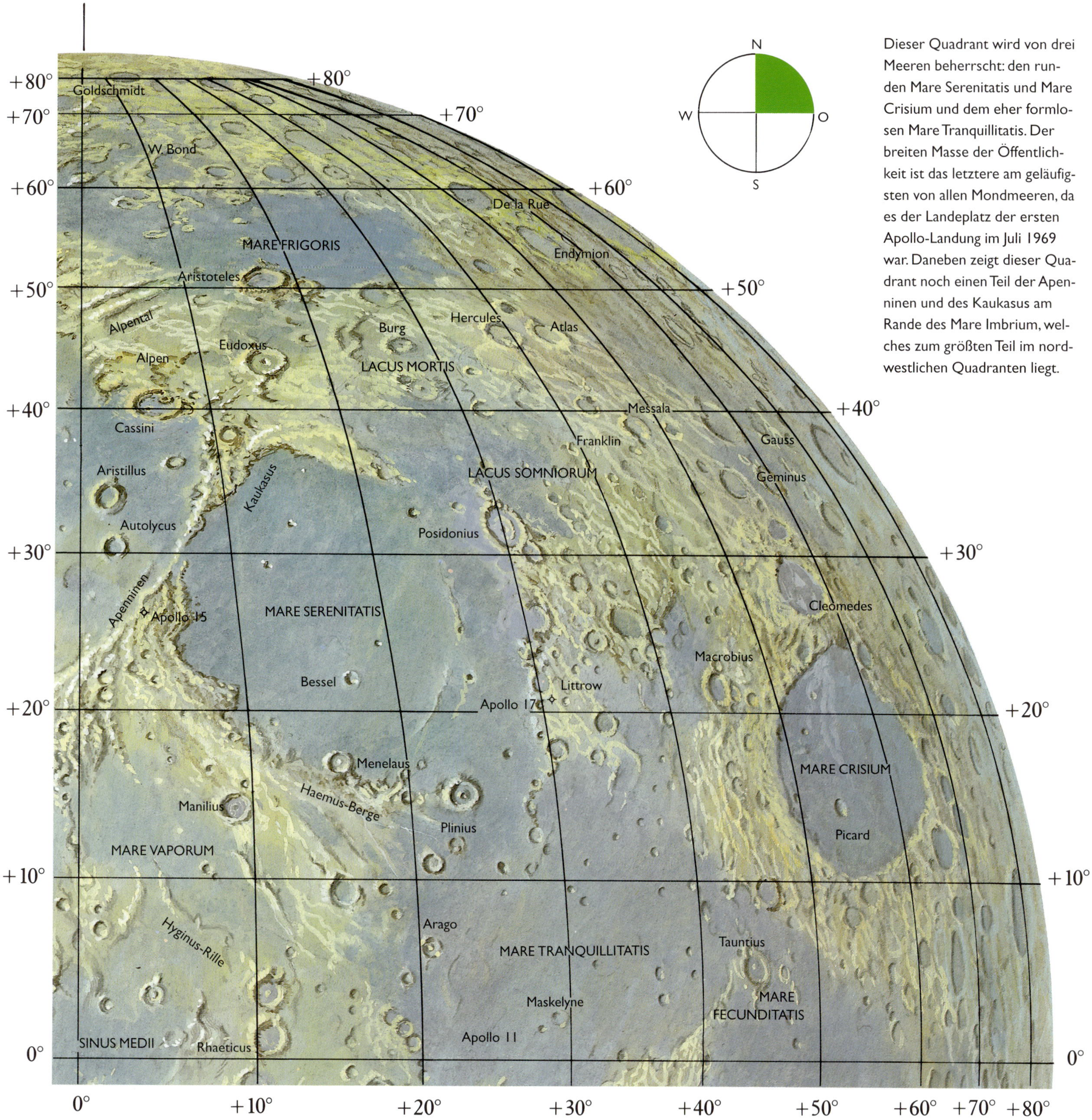

Dieser Quadrant wird von drei Meeren beherrscht: den runden Mare Serenitatis und Mare Crisium und dem eher formlosen Mare Tranquillitatis. Der breiten Masse der Öffentlichkeit ist das letztere am geläufigsten von allen Mondmeeren, da es der Landeplatz der ersten Apollo-Landung im Juli 1969 war. Daneben zeigt dieser Quadrant noch einen Teil der Apenninen und des Kaukasus am Rande des Mare Imbrium, welches zum größten Teil im nordwestlichen Quadranten liegt.

Südostlicher Quadrant

Das ungleichmäßig geformte Mare Fecunditatis wird im Osten von einer Kette großer Krater flankiert, darunter Langrenus, Vendelinus und Petavius.

Jenseits dieses Meeres, genau auf dem Rand und den Äquator überlappend, liegt das Mare Smythii, welches am besten während oder kurz nach dem Vollmond gesehen werden kann. Das Mare Australe, das am äußersten südlichen Rand liegt, kann ebenfalls zu diesem Zeitpunkt erspäht werden.

Das Mare Nectaris ist klar abgegrenzt und von einem Ring großer Krater umgeben, darunter Theophilus, Katharina und Fracastorius. Jenseits dieses Kraterbogens liegt die einzige herausragende Bergkette in diesem Quadranten, das Altai-Gebirge oder Scarp. Sie verlaufen über etwa 500 Kilometer von der Nähe von Katharina bis Piccolomini und erreichen eine Höhe von etwa 4000 Meter. Die Bergkette wurde wahrscheinlich vom gleichen Einschlag geformt, der auch das Mare Nectaris geschaffen hat.

Besondere Krater und andere Merkmale

Albategnius (129 Kilometer) ist eine sehr alte, von Wänden umgebene Ebene südlich von Hipparchus. Sie zeigt sich besonders bei zunehmendem Mond, wenn dieser auf dem Terminator steht. Sie hat eine zentrale Bergkette und im Südwesten einen tiefen Krater namens Klein, der in ihre Wände eingebettet ist.

Aliacensis (84 Kilometer) ist der größte in einer Reihe Kratern im Westen. Er bildet gemeinsam mit dem etwas kleineren Werner ein deutliches Paar.

Fabricus (89 Kilometer) unterbricht die große zerfallene Ebene Janssen und liegt an der Seite von Metius.

Fracastorius (97 Kilometer) ist ein ziemlich zerfallener Krater, der während der Entstehung des Mare Nectaris fast zerstört wurde, von dem er nun eine Bucht darstellt.

Hipparchus (145 Kilometer) ist eine alte, mit Wänden ausgestattete Ebene nahe am Zentrum des Mondes. Sie stellt mit Albategnius ein Paar dar, ist aber mehr zerstört als diese. Sie hat niedrige Wände und ist nur schwer zu erkennen.

Langrenus (138 Kilometer) ist der hervorstechendste in einer Reihe von großen Kratern, die mehr oder weniger auf dem 60°-Längengrad im Osten liegen.

Maurolycus (109 Kilometer) ist ein Paradebeispiel für antike Krater; er wurde von späteren Einflüssen stark erodiert.

Petavius (170 Kilometer) ist einer der »Drei Großen« Krater entlang des 60°-Längengrades im Osten (dazu gehören noch Langrenus und Vendelinus). Er sieht bei Vollmond atemberaubend aus, wobei er helle Strahlen abgibt, die sich mit denen von Tycho ausgehenden im angrenzenden Quadranten treffen.

Piccolomini (80 Kilometer) liegt am südlichen Ende des Altai-Gebirges. Er sticht besonders hervor, da es in seiner näheren Umgebung weit und breit keine großen Krater gibt.

Rheita (68 Kilometer) ist in der Nähe einer der prächtigsten Kraterketten auf dem Mond, des Rheita-Tales.

Theophilus (100 Kilometer) ist der größte eines Bogens von Kratern, die westlich des Mare Nectaris liegen. Er hat wohl terrassierte Wände und einen tiefen Grund mit einer zentralen Bergkette.

Vendelinus (165 Kilometer) liegt zwischen Langrenus und Petavius in einer Reihe von großen Kratern im Osten. Er ist zweifelsohne älter als die anderen und hat niedrige Wände.

Walter (129 Kilometer) liegt genau auf dem Nullmeridian und ist der südlichste in einer ganzen Reihe von großen Kratern, die sich auf den südöstlichen Quadranten beschränkt (Ptolemäus, Alphonsus, Arzachel, Purbach, Regiomontanus).

▶ Teil der Ausbeute an Mondsteinen, die die Astronauten von Apollo 16 zur Erde zurückbrachten. Es ist ein typisch vulkanisches Gestein, das zahlreiche Vesikel enthält. Das sind Hohlräume, die entstanden sind, als Gas entwich, während das vormals geschmolzene Gestein abkühlte und sich verfestigte.

▶ Langrenus ist möglicherweise der prächtigste Krater in diesem Quadranten. Er hat hohe, terrassierte Wände, eine zentrale Hügelkette und ist fast immer sehr hell erleuchtet.

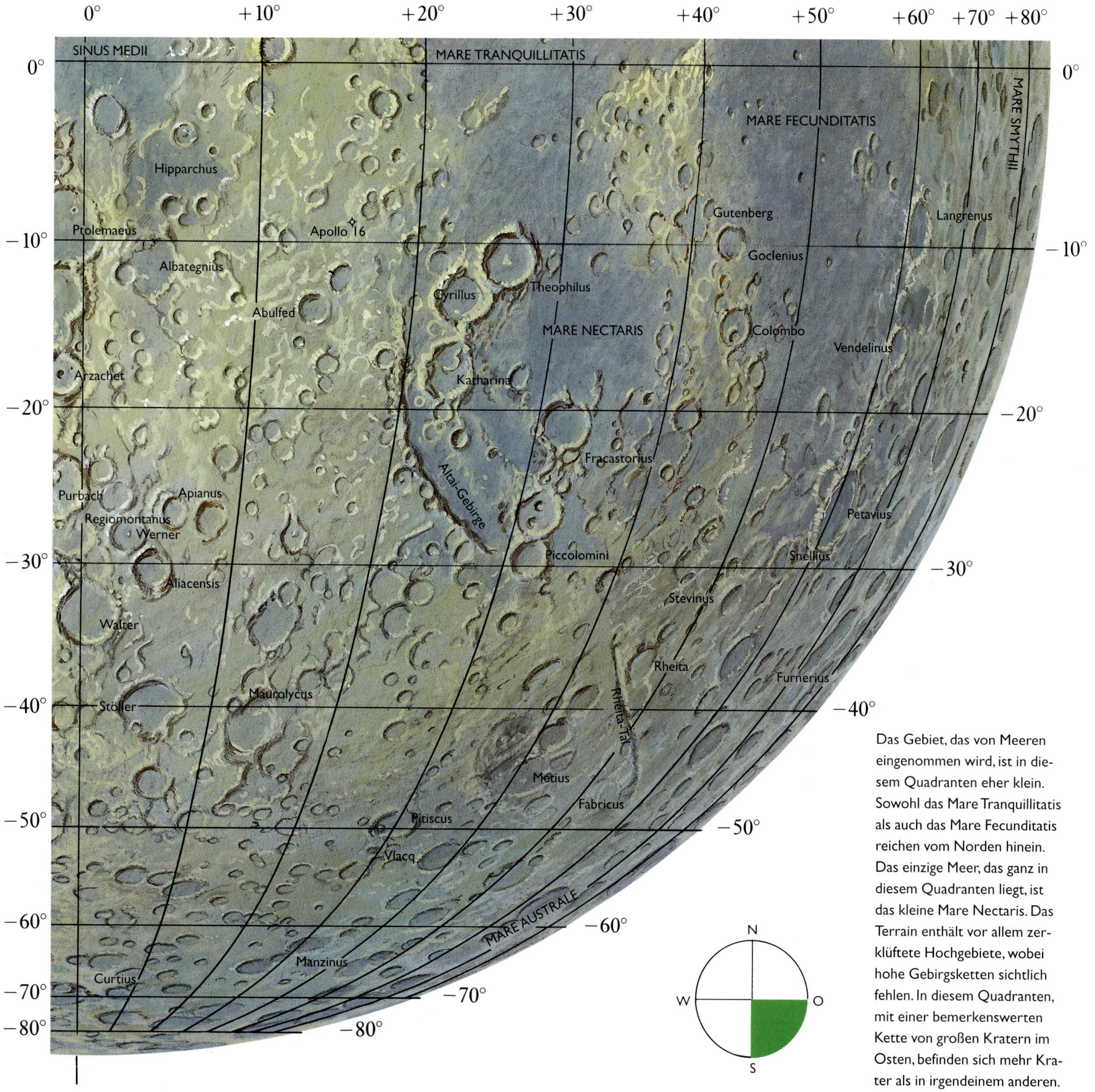

Das Gebiet, das von Meeren eingenommen wird, ist in diesem Quadranten eher klein. Sowohl das Mare Tranquillitatis als auch das Mare Fecunditatis reichen vom Norden hinein. Das einzige Meer, das ganz in diesem Quadranten liegt, ist das kleine Mare Nectaris. Das Terrain enthält vor allem zerklüftete Hochgebiete, wobei hohe Gebirgsketten sichtlich fehlen. In diesem Quadranten, mit einer bemerkenswerten Kette von großen Kratern im Osten, befinden sich mehr Krater als in irgendeinem anderen.

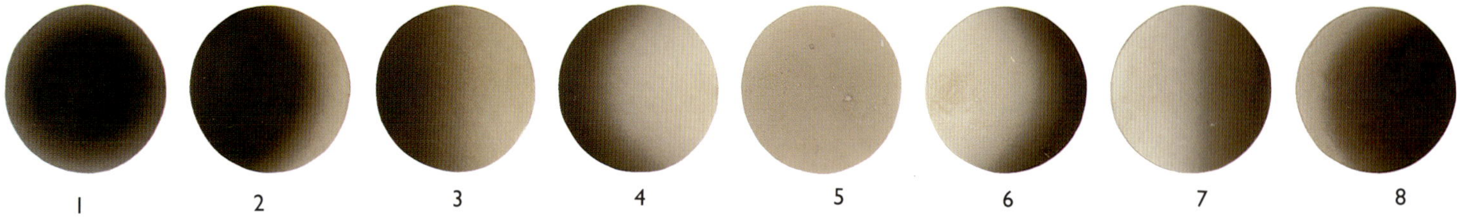

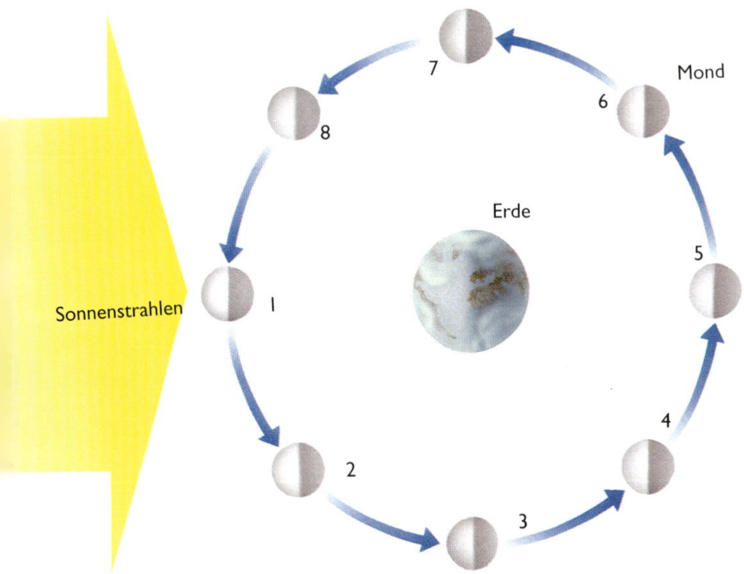

Mondphasen

Oben: Während der Mond im Verlauf eines jeden Monats die Erde umkreist, können wir verfolgen, wie er seine Phasen durchläuft. Die Phasen kommen dadurch zustande, daß, von der Erde aus gesehen, Sonnenlicht einen mehr oder weniger großen Teil der Mondoberfläche beleuchtet, während sich dieser auf seiner Umlaufbahn befindet.

Links: Die Abbildung hilft bei der Erklärung hierfür. Sie zeigt die Ansicht, die man hätte, wenn man auf das Erde-Mond-System von oberhalb des Nordpols herabsehen würde.

▶ Ein zunehmender, gewölbter Mond, etwa zehn Tage »alt«. Man beachte die interessanten Details in dem Gebiet um das Mare Imbrum: Sinus Iridum ist schön umrandet, und der Grund von Plato ist unverkennbar dunkel. In der Nähe kann man das Alpental erkennen, das sich durch die Berge schlängelt.

▶ *Gegenüberliegende Seite:* Eine wunderschöne Fotografie des Mondes während einer Finsternis. Die Oberfläche wird nur von Sonnenlicht beleuchtet, das von der Erdatmosphäre zurückgeworfen wurde, und strahlt leicht rötlich.

Mondbewegungen

So regelmäßig wie ein Uhrwerk durchläuft der Mond alle 29,5 Tage seine Phasen. Dieser Zeitraum ist eine der großen naturgegebenen Gliederungen der Zeit, an denen sich unsere Kalendermonate (die »Monde«) orientieren.

Wie die meisten Himmelskörper bewegt sich auch der Mond in zweierlei Richtungen im All: Er dreht sich um seine eigene Achse, und er umkreist die Erde. Der Mond dreht sich alle 27 1/3 Tage um seine eigene Achse. Etwa ebensoviel Zeit braucht er auch, um die Erde zu umkreisen. Das hat zur Folge, daß der Mond uns immer die gleiche Seite präsentiert, nämlich die uns zugewandte. Man spricht hier von einer »gefangenen Rotation«.

Die Bewegungen des Mondes auf seinem Weg führen zu seinem abwechslungsreichen Erscheinungsbild am Himmel, welches wir mit seinen Phasen erklären. Der Mond braucht etwa zwei Tage länger, um seine Phasen zu durchlaufen, als er dazu benötigt, die Erde zu umkreisen. Dies ist der Fall, weil die Erde sich selbst auf ihrer Umlaufbahn um die Sonne bewegt.

Die Zeichnungen oben zeigen, wie die einzelnen Phasen zustande kommen. Während der Neumondphase stehen die Sonne, der Mond und die Erde mehr oder weniger auf einer Linie im Weltraum. Die Sonne liegt genau auf der anderen Seite des Mondes und beleuchtet die abgelegene Seite. Die zugewandte Seite ist dagegen nicht erleuchtet; deswegen können wir sie nicht sehen. Nach ein paar Tagen ist der Mond so weit aus der Reihe getreten, daß die Sonne einen kleinen Teil der zugewandten Seite beleuchtet.

Dieser Prozeß geht weiter, und immer größere Teile der zugewandten Seite werden hell, bis der Mond erneut mit Sonne und Erde in einer Reihe steht, diesmal jedoch auf genau der anderen Seite der Sonne im All. Die gesamte uns zugewandte Seite ist nun erleuchtet, und wir haben Vollmond. Danach vollzieht sich der Vorgang in genau der entgegengesetzten Richtung.

Gelegentlich – während der Mond die Erde umläuft und die Erde die Sonne umkreist – stehen Sonne, Mond und Erde genau oder fast genau auf einer Linie. Dann entstehen Finsternisse.

▲ Ein typischer Mondkrater, IAU 308, auf der abgelegenen Seite des Mondes befindlich. Er hat terrassierte Wände und eine zentrale Hügelkette und mißt etwa 80 Kilometer im Durchmesser.

▲ Die glatte Oberfläche des Mare Tranquillitatis ist typisch für die ausgedehnten Meere auf der näher gelegenen Mondseite. Krater sind hier selten und im allgemeinen klein.

▼ Die Oberfläche der abgewandten Mondseite ist zerklüftet und voller Krater. Am linken unteren Bildrand kann man ein kleines Meeresgebiet, das Mare Moscoviense, erkennen.

Die Mondoberfläche

Die Oberfläche des Mondes ist, egal von welcher Entfernung aus wir sie betrachten, faszinierend. Die zwei Hauptbestandteile der Mondlandschaft sind die Maria und die Böden – die Meere und die Hochgebiete.

Beide Arten von Landschaft zeugen mit den Kratern, die Narben auf ihren Oberflächen darstellen, von der Bombardierung, die der Mond aus dem Weltall erfahren hat. Die Böden der Meere und viele der großen Krater sind durch eine Vielzahl anderer geologischer Charakteristika gekennzeichnet, darunter Rillen, Bergrücken, Verwerfungen und Kuppeln.

Die Meere

Auf der uns zugewandten Mondseite wird die Landschaft von Meeren beherrscht; im Gegensatz dazu hat die uns abgewandte Seite keine Meere von erwähnenswerter Größe. Die Meere haben weitaus weniger Krater als die Böden, was darauf schließen läßt, daß sie vor kürzerer Zeit entstanden sind.

▼ Diese faszinierende Kraterkette verläuft in südwestlicher Richtung von einem kleinen Krater am Rande von Ptolemäus bis zum Krater Davy.

◄ Das Alpental, eine der am deutlichsten erkennbaren Besonderheiten auf dem Mond. Es windet sich durch die Mondalpen am Rande des Mare Imbrium und verläuft über eine Strecke von 130 Kilometern. Die kurvenreiche Verwerfung im Talboden sieht eher aus wie ein Flußbett.

▲ Brekzien, bestehend aus alten Gesteinen, die zusammen-»zementiert« wurden, kommen mit am häufigsten auf dem Mond vor.

▲ Basalt (links) ist das andere Hauptgestein des Mondes. Diese Probe ist durchlöchert von Hohlräumen, aus denen Gas entwich.

Die Böden werden als Bestandteile der ursprünglichen Mondkruste angesehen.

Analysen von Bodenproben, die von Apollo-Astronauten zurückgebracht wurden, deuten darauf hin, daß die Meere möglicherweise erst 3,2 Milliarden Jahre jung sind, während die Hochgebiete bis zu einer Milliarde Jahre älter sein können.

Die Meere wurden geformt, als große Meteoriten oder Planetoiden mit dem Mond zusammenprallten und riesige Becken aushoben. Diese Becken wurden später durch enorme Ausflüsse von geschmolzener Lava gefüllt. Im Durchschnitt liegen die Meere einige Kilometer niedriger als die durchschnittliche Oberfläche des Mondes.

Die Krater

Die Krater, die auf der Mondoberfläche verstreut sind, wurden größtenteils ebenfalls durch den Einfluß von Meteoriten geformt. Der klassische Mondkrater hat Wände, die über die angrenzende Oberfläche hinausragen, und einen Grund, der weitaus niedriger ist.

Einer der tiefsten Mondkrater ist der im Durchmesser 113 Kilometer große Newton in der Nähe des Südpols. Die Wände überragen die angrenzende Landschaft bis zu zwei Kilometer und fallen bis zu neun Kilometer unter sie ab.

Während Krater entstehen, werden große Mengen an Material von ihnen aufgeworfen. Dieser »Auswurf« ist um viele der jüngeren Mondkrater herum, so wie etwa bei Kopernikus und Tycho, erkennbar. Er erscheint hell als Kraterstrahlen, die besonders bei Vollmond geradezu spektakulär aussehen.

Material, das von großen Kratern ausgeworfen wurde, kann aber auch Reihen von kleinen Kratern bilden, die unter dem Namen Kraterketten bekannt sind. Wiederum andere Kraterketten können aber auch das Ergebnis vulkanischer Aktivität, entlang des Verlaufes einer Verwerfungslinie in der Kruste, sein.

Einige der großen Krater, wie Plato und Grimaldi, sind bekannt für ihre niedrigen Wände und glatten, flachen Böden. Sie ähneln kleinen Maria und sind ein Beispiel für durch Wände abgegrenzte Ebenen.

Rillen und Bergrücken

Vulkanische Aktivität innerhalb der Kruste hat auch eine Vielzahl anderer Besonderheiten geformt. Am bekanntesten sind die Rillen. Dies sind grabenartige Formen, die eine Breite von bis zu 5 Kilometern und eine Tiefe von einigen hundert Metern erreichen können.

Ebenso wie es kurvenreiche Vertiefungen – Rillen – gibt, gibt es auch kurvenreiche Erhöhungen. Diese werden »faltige Bergrücken« genannt und verlaufen quer durch die meisten Maria. Einige scheinen mit vulkanischer Aktivität verbunden zu sein; andere scheinen entstanden zu sein, während sich die Oberfläche der Maria abkühlte.

▲ Dieser faszinierende orangefarbene Boden wurde im Taurus-Littrow-Tal von Apollo-17-Astronauten entdeckt.

Die Apollo-Missionen

Es war der späte Abend des 20. Juli 1969 im Kennedy Space Center in Florida und der frühe Morgen des 21. Juli in Europa, als eines der bedeutendsten Ereignisse in der Geschichte der Erde 385 000 Kilometer entfernt von ihr stattfand.

Neil Armstrong, ein Lebewesen vom Planeten Erde, setzte seinen Fuß auf die Oberfläche des Mondes. »Dies ist ein kleiner Schritt für einen Menschen, aber ein großer Sprung für die Menschheit«, sagte er.

Armstrong war der erste von zwölf amerikanischen Astronauten, die im Laufe der nächsten dreieinhalb Jahre am aufregendsten Forschungsprojekt teilnahmen, das die Menschen jemals unternommen haben. Das Projekt hieß Apollo. Es war ernsthaft vorangetrieben worden, nachdem John F. Kennedy 1961 die amerikanische Bevölkerung aufgefordert hatte, einen Menschen auf dem Mond landen zu lassen, bevor das Jahrzehnt zu Ende sei. Die NASA, die nationale Raumfahrt und Weltraumbehörde, erreichte das Ziel für die Bevölkerung sechs Monate, bevor das Jahrzehnt zu Ende ging.

Die Ausrüstung von Apollo

Die Technik, die gewählt wurde, um Astronauten auf dem Mond landen zu lassen, bedurfte einer Mannschaft aus drei Mann, einer dreiteiligen Raumfähre, die ungefähr 50 Tonnen wog, und einer riesigen Rakete, der 111 Meter langen Saturn V, um sie abzuschießen.

Die Technik, die auserkoren wurde, eine Landung auf dem Mond zu ermöglichen, beinhaltete sowohl Trennungs- als auch Andockmanöver in der Mondumlaufbahn. Hierzu mußten zwei Mann der Besatzung in einem Landegefährt, der Mondfähre, zur Mondoberfläche hinabsteigen, während das dritte Mitglied der Mannschaft oberhalb im Mutterschiff, der KSF, kreiste. Nach der Erforschung der Oberfläche kehrten die »Mondgeher« im oberen Teil der Mondfähre zurück und dockten an die KSF an, in der dann alle zur Erde zurückkehrten.

▶ Die Mondlandeeinheit von Apollo 11 erhebt sicht nach der ersten erfolgreichen Mondlandung wieder in die Umlaufbahn, um an die Kommandoeinheit (CSM=KSF) anzudocken. Unter ihr: das Mare Smythii. Am Himmel über dem Mond: der Planet Erde.

▼ Die Kommandoeinheit (CSM=KSF) von Apollo 11 auf der Umlaufbahn – aufgenommen von der Landeeinheit. Die Landschaft darunter: das Mare Fecunditatis mit neuen, symmetrischen Kratern.

▶ Das berühmteste Bild des Raumfahrtzeitalters: Edwin Aldrin, der zweite Mensch auf dem Mond, aufgenommen vom ersten Menschen auf dem Mond, Neil Armstrong (der sich in Aldrins Visier spiegelt).

Die erste Mondlandung in der Geschichte, die von Apollo 11, fand im Mare Tranquillitatis statt. Armstrong und sein Kollege Edwin Aldrin betraten den Boden des Mondes für 2,5 Stunden. Währenddessen sammelten sie über 21 Kilo Gesteinsproben und machten eine Reihe von erstaunlichen Fotos.

Apollo 12 (November 1969) landete am Rande des Oceanus Procellarum. Während dieser Mission wurde die erste von fünf automatischen, wissenschaftlichen Stationen installiert, die unter dem Namen ALSEP (dt.: AMOEP = **A**pollo-**M**ond-**O**berfläche-**E**xperimentier-**P**aket) bekannt wurde. Die Mission von Apollo 13 (April 1970) mußte abgebrochen werden, als eine Explosion das Raumschiff auf seinem Weg zum Mond erschütterte. Apollo 14 landete in der Gegend von Fra Mauro.

Die verbleibenden drei Missionen fanden in wesentlich dramatischeren Landschaften statt: Apollo 15 (Juli 1971) in das Vorgebirge des Apennin, Apollo 16 (April 1972) in die Hochgebiete in der Nähe des Descartes-Kraters und Apollo 17 (Dezember 1972) in das Tauro-Littrow-Tal nahe am Rand des Mare Serenitatis. Bei allen drei Missionen waren die »Mondgeher« wesentlich beweglicher als ihre früheren Kollegen, da sie eine Transportmöglichkeit, das »Mondauto«, hatten.

Alles in allem verbrachten die Apollo-Astronauten rund 170 Stunden damit, die Mondoberfläche zu erforschen. Sie fuhren etwa 100 Kilometer mit dem »Mondauto«. 385 Kilo Gesteins- und Bodenproben wurden ebenso gesammelt wie 50 Kernproben. Es wurden 30 000 Fotos auf der Oberfläche und von der Umlaufbahn aus geschossen, und alle möglichen wissenswerten Daten wurden auf 20 000 Kassettenbändern gespeichert.

▲ Der Geologe Harrison Schmitt bei der Arbeit in der Nähe eines riesigen gespaltenen Felsblockes während der Apollo-17-Mission.

▶ Mount Hadley bildet den Hintergrund, als James Irvin zu Beginn der Apollo-15-Mission dem Sternenbanner salutiert, das im Vorgebirge der Apenninen aufgestellt wurde. Rechts sieht man das »Mondauto«.

◀ Edwin Aldrin kämpft hier mit einer Kernproben-Bohrung in der ebenen Landschaft des Mare Tranquillitatis während der historischen ersten Mondlandung. Die Kernproben geben Aufschluß über die Entstehung der Mondoberfläche.

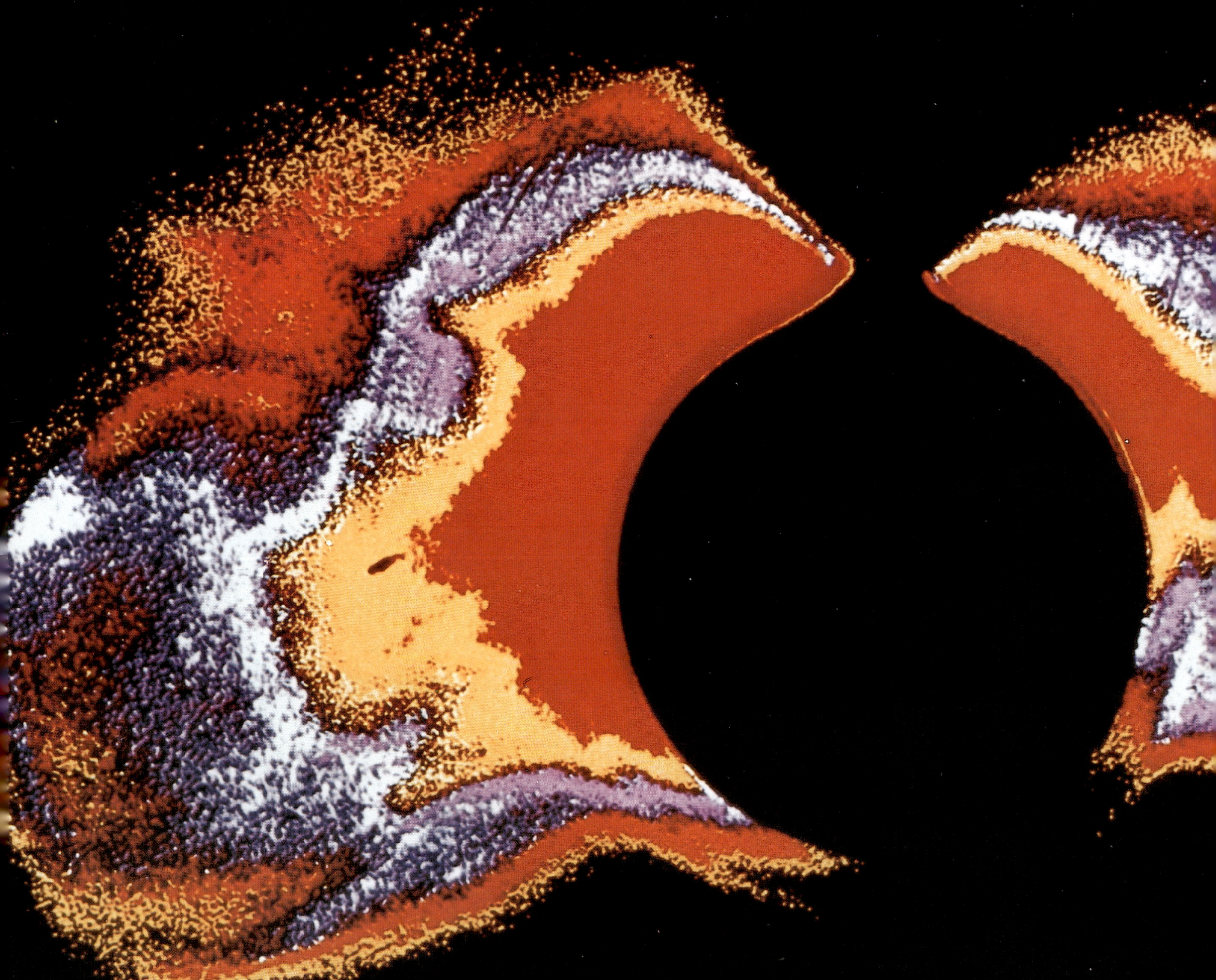

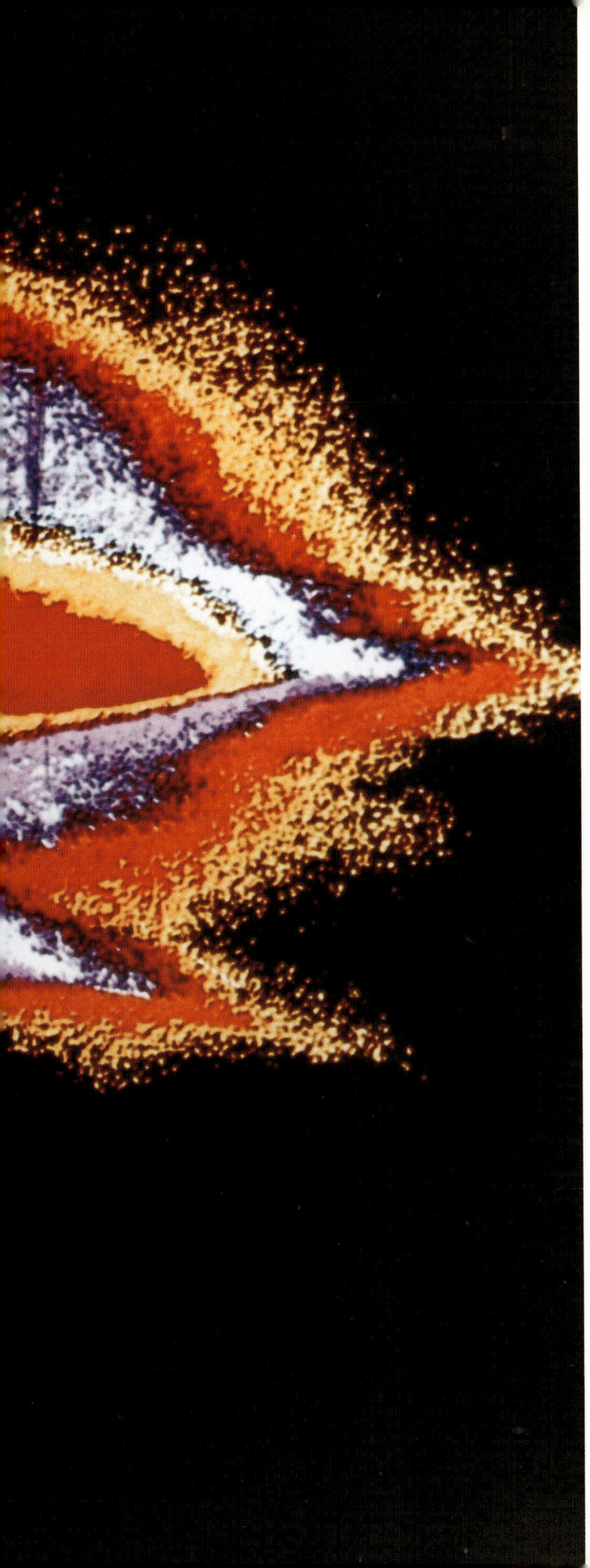

◀ Diese Infrarotaufnahme zeigt die Sonnenkorona, die äußere, sehr dünne und heiße Gasatmosphäre der Sonne, die sich über viele Millionen von Kilometern nach allen Richtungen ausdehnt, bis sie nicht mehr wahrnehmbar im interplanetaren Raum aufgeht. Das Foto ist eines der unvergleichlichen Bilder, die 1973 im Rahmen des Skylab-Projekts aufgenommen wurden.

5

Die Sonne

Auf die Frage »Welches ist der uns nächste Stern?« würden wir vermutlich antworten: Proxima Centauri, ein schwach rot leuchtender Zwerg, von Mitteleuropa aus nicht zu beobachten und mehr als vier Lichtjahre von der Erde entfernt. Genaugenommen ist das jedoch falsch. Der uns nächste Stern ist ein hell und gelblich leuchtender Zwerg und nur 8,5 Lichtminuten entfernt: das Tagesgestirn, das wir Sonne nennen.

Dieser goldene Himmelskörper, der während des Tages seine Kreisbahn über unseren Himmel zieht, ergießt sein Licht und seine Wärme auf die Erde und macht dadurch das Leben hier in seinen unzähligen verschiedenen Formen erst möglich. Die Astronomen untersuchen die Sonne besonders eingehend, weil ihr Verhalten und die Vorgänge auf ihr die der meisten anderen Sterne im Weltall widerspiegeln.

Hobby-Astronomen sollten die Sonne jedoch nur mit äußerster Vorsicht studieren, denn ihr blendendes Licht kann tatsächlich blenden und blind machen. Man darf die Sonne niemals direkt durch Ferngläser oder durch das Teleskop beobachten. Man kann diese Instrumente aber zur Projektion von Sonnenbildern verwenden, die uns solche Phänomene wie Sonnenflecken oder Sonnenfinsternisse erkennen lassen.

Eine totale Sonnenfinsternis ist für viele Astronomen ein Ereignis, von dem sie nicht nur schwärmen, sondern für dessen Beobachtung sie auch bis in die entlegensten Ecken der Welt reisen. Und dies aus gutem Grund. Eine Sonnenfinsternis ist einer der schönsten, aufregendsten und ehrfurchtgebietendsten Naturvorgänge.

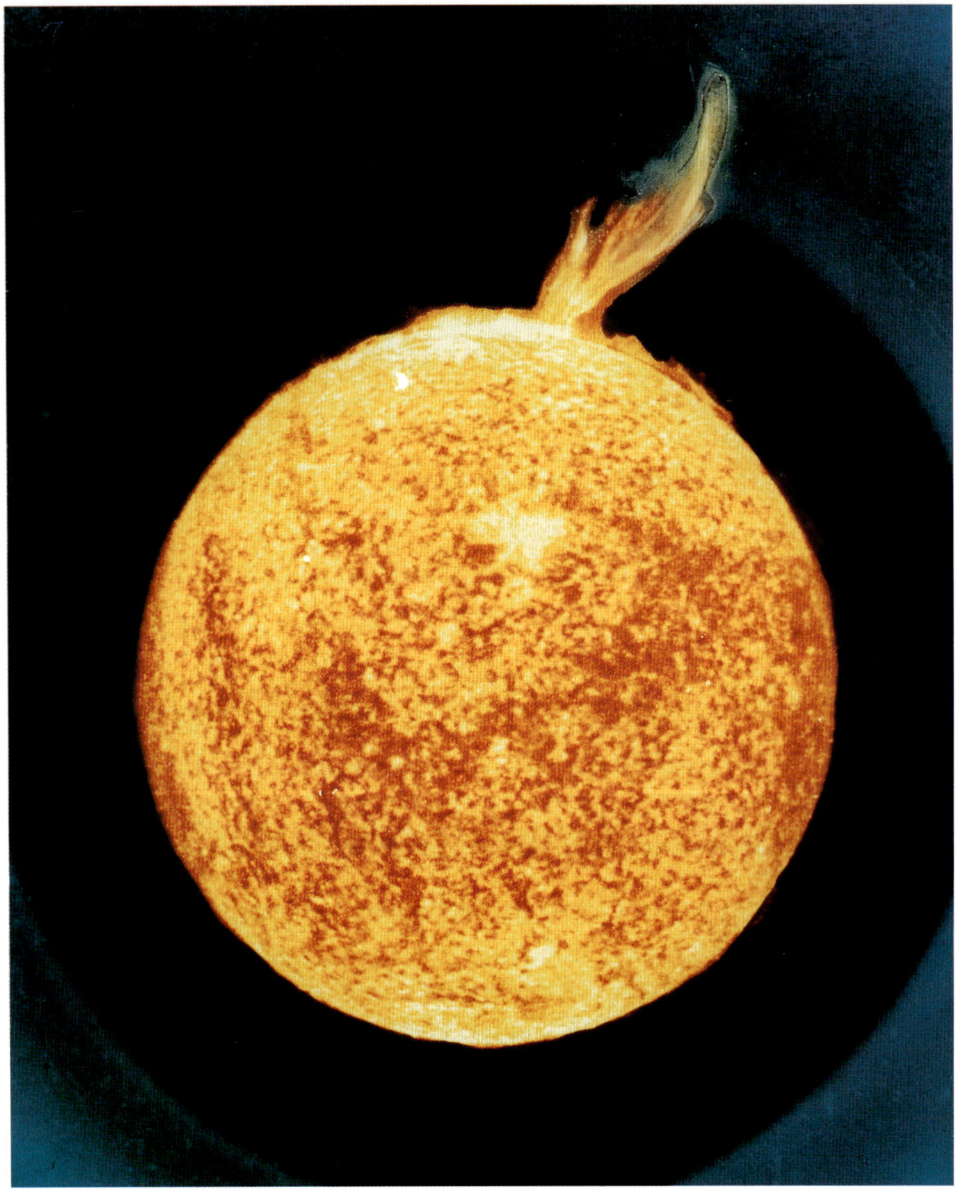

▲ Die goldene Sonnenkugel geht am Horizont von Cape Canaveral in Florida unter. Der Himmel färbt sich beim Sonnenuntergang rötlich-orange, weil der Staub in den unteren Schichten der Erdatmosphäre die kürzeren Wellenlängen des Sonnenlichts herausfiltert.

▼ Improvisierte Sonnenastronomie im australischen Outback im März 1986: Beobachter werden Zeugen einer partiellen Sonnenfinsternis. Ein Doppelbild der verfinsterten Sonne entsteht in der Projektion durch einen Feldstecher oder ein Fernrohr.

▲ Eine riesige leuchtende Zunge aus brennendem Gas schießt aus der Sonnenoberfläche über 500 000 Kilometer empor. Dies ist eine der spektakulären Sonnenprotuberanzen, die 1973 während der Skylab-Mission beobachtet und dokumentiert wurden.

Das Tagesgestirn

Unser Tagesgestirn, die Sonne, ist ein riesiger Ball aus heißem Gas und hat einen Durchmesser von etwa 1 390 000 Kilometern. Sie ist ein recht mittelmäßiger Stern, viel größer als manche, aber auch viel kleiner als andere Gestirne.

Die Sonnenmasse ist 750mal größer als die aller anderen Himmelskörper im Sonnensystem zusammengenommen. Ihre gewaltige Masse bewirkt eine äußerst mächtige Schwerkraft, die andere Himmelskörper mit ihrer Anziehung gefangenhält.

Die Entfernung der Sonne von der Erde beträgt durchschnittlich etwa 150 Millionen Kilometer. Diese Distanz wird als eine astronomische Einheit (AU oder AE) bezeichnet.

Die Sonne verströmt eine unglaubliche Energiemenge in den Raum, nicht nur als Licht und Wärme (Infrarotstrahlen), sondern auch in vielen anderen Arten von Strahlung, beispielsweise Gammastrahlen, Röntgenstrahlen, ultraviolette Strahlen oder Radiowellen. Seit ihrer Entstehung vor etwa 4,6 Milliarden Jahren strahlt die Sonne diese Energie ab. Und das wird wahrscheinlich noch 5000 Millionen Jahre so weitergehen. Diese Energie entsteht durch Kernverschmelzungsreaktionen im Wasserstoffgas des Sonnenkerns.

Die Sonnenenergie strahlt von der sichtbaren Oberfläche der Sonne aus, die wir als Photosphäre (»Licht-Sphäre«) bezeichnen.

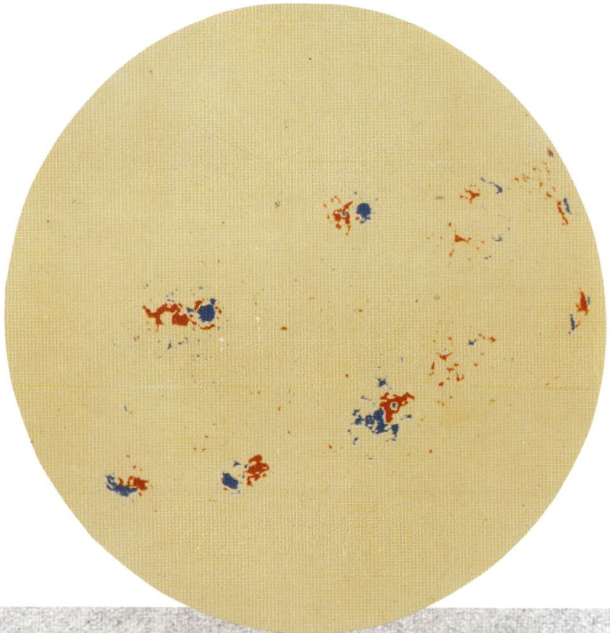

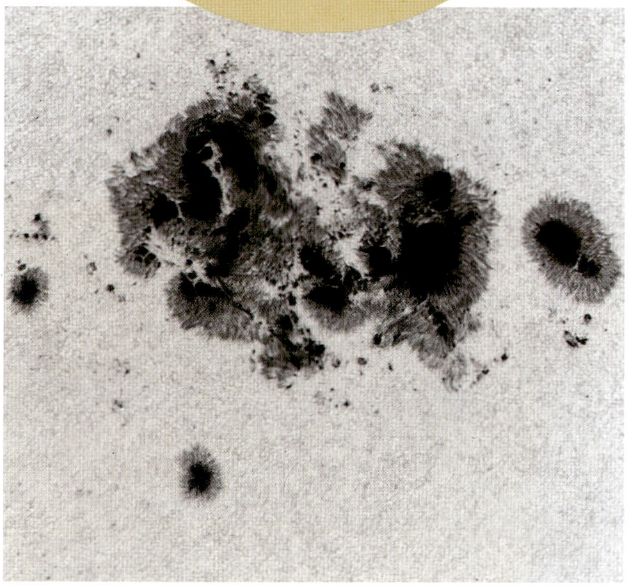

Deren Temperatur beträgt etwa 6000 °C. Oberhalb der Photosphäre liegt die untere Sonnenatmosphäre, die wegen ihrer rötlichen Farbe Chromosphäre (»Farben-Sphäre«) genannt wird. Über dieser liegt die äußere Atmosphäre, die Sonnenkorona, die nach außen hin immer dünner wird.

Die Sonnenoberfläche ist in ständiger Unruhe, denn heiße Gase steigen von unten empor. Manchmal schießen riesige Fontänen brennenden Gases – Protuberanzen genannt – hoch über die Sonnenoberfläche hinaus. Von Zeit zu Zeit entstehen dunkle Flächen, die sich ausdehnen. Sie werden Sonnenflecken genannt. Sie scheinen über die Sonnenscheibe zu wandern, während sich die Sonne innerhalb von rund 25 Tagen einmal um ihre eigene Achse dreht. Sie erscheinen und verschwinden im Rahmen eines »Sonnenfleckenzyklus« von ungefähr elf Jahren. Wir können die Sonnenflecken studieren, wenn wir mittels eines Fernrohrs ein Abbild der Sonne auf eine weiße Fläche, zum Beispiel einen Malkarton, projizieren.

Vorsicht: Schauen Sie niemals durch ein Teleskop oder ein Fernglas direkt in die Sonne!

Sonneneruptionen, »Flares« genannt, werden oft mit den Sonnenflecken in Zusammenhang gebracht. Sie schleudern Ströme von aufgeladenen Partikeln empor, die den Sonnenwind, die normale von der Sonne nach allen Richtungen ausgehende Korpuskularstrahlung, erheblich verstärken.

Wenn der Sonnenwind außerordentlich stark »weht«, entstehen auf der Erde Magnetstürme und Polarlichter. Das Polarlicht ist am äußersten nördlichen und südlichen Himmel zu sehen und wird als Aurora borealis (»Nordlicht«) bzw. Aurora australis (»Südlicht«) bezeichnet. Es nimmt die Gestalt wundervoller leuchtender und schimmernder Vorhänge aus farbigem Licht an, wenn die aufgeladenen Partikel des Sonnenwindes in der Erdatmosphäre mit den Luftpartikeln zusammenstoßen.

◀ Eine gut ausgeprägte Gruppe von Sonnenflecken. Man beachte die dunkle Umbra im Kern jedes Flecks und die umgebende hellere Penumbra. Manche Sonnenflecken erreichen eine Größe von 200 000 Kilometern im Durchmesser.

◀ *Oben:* Sonnenflecken sind sichtbare Anzeichen gewaltiger Aktivitäten auf der Sonnenoberfläche.

▼ Dieses Nordlicht war im April 1981 vom Kitt Peak National-Observatorium in Arizona zu sehen. Daß Polarlichter in so niedrigen geographischen Breiten erscheinen, ist sehr ungewöhnlich und deutet auf besonders gewaltige Sonnenaktivitäten hin.

118 126

▼ Eine totale Sonnenfinsternis ereignet sich, wenn der Schatten des Mondes auf die Erde fällt.

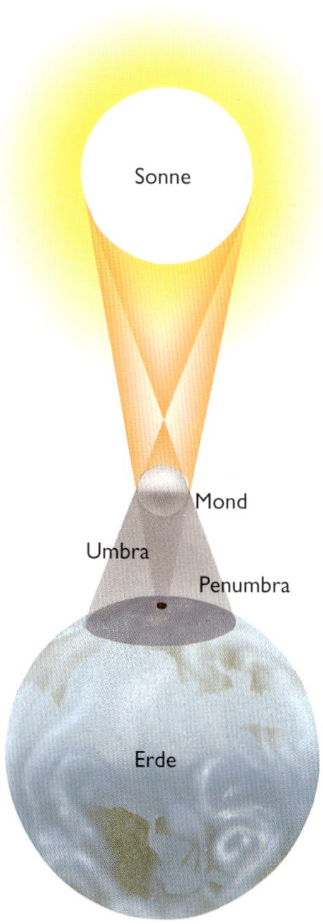

Die Beobachtung von Sonnenfinsternissen

Von allen Naturphänomenen, die wir auf der Erde beobachten, ist keines aufsehenerregender und erfurchtgebietender als eine totale Sonnenfinsternis. Während einer Sonnenfinsternis wird der Tag plötzlich zur Nacht; die Luft kühlt ab, die Vögel hören auf zu singen und hocken sich zum Schlafen nieder.

Sonnenfinsternisse entstehen aufgrund eines besonderen astronomischen Zusammentreffens. Die Sonne ist 400mal weiter von der Erde entfernt als der Mond, aber ihr Durchmesser 400mal größer als der des Mondes. Deshalb erscheinen Sonne und Mond von der Erde aus gesehen am Himmel in ungefähr der gleichen Größe.

Zu bestimmten Zeiten gelangt der Mond auf seiner Umlaufbahn um die Erde exakt auf eine gerade Linie zwischen der Sonne und der Erde. Wenn er so zwischen sie gerät, verdunkelt er das Sonnenlicht und wirft einen Schatten auf die Erde. Dann haben wir eine Sonnenfinsternis. Wenn der Mond auf der anderen, der Sonne abgewandten Seite der Erde steht, gelangt er in den von der Erde geworfenen Schatten, und dann gibt es eine Mondfinsternis (siehe Seiten 118 und 119).

Im Durchschnitt ereignen sich Sonnenfinsternisse zweimal im Jahr, aber sie sind nicht immer total, sondern oft nur partiell, wobei der Mond lediglich einen Teil der Sonnenscheibe verdeckt. Manchmal sind sie ringförmig, wenn der Mond die ganze Sonne mit Ausnahme des Randes abdeckt.

▲ Aufnahmen des Autors von der totalen Sonnenfinsternis am 18. Mai 1988, von der Insel Bangka in Indonesien aus gesehen. Links: Vor der Totalität wird der Schatten des Mondes deutlich sichtbar.
Rechts: die Korona.

▼ Der Autor bei der Beobachtung der langen totalen Sonnenfinsternis am 11. Juli 1991 von Hawaii aus. Man beachte die einfache Ausrüstung: eine normale Kamera mit Teleobjektiv und Kunststofffilter, Drahtauslöser, Stativ.

Selbst unter den günstigsten Bedingungen während einer totalen Sonnenfinsternis beträgt der Durchmesser der Umbra, also des gesamten Schattens, selten mehr als 270 Kilometer. Dieser Schatten fegt mit einer Geschwindigkeit von etlichen tausend Stundenkilometern entlang der sogenannten Totalitätszone über die Erde. Entlang der Mittellinie dieser Zone dauert die Totalität am längsten. Die überhaupt größtmögliche Dauer einer totalen Sonnenfinsternis liegt theoretisch bei siebeneinhalb Minuten. Aber für die nächsten 50 Jahre wird die längste Totalität im Juli 2009 mit 6 Minuten und 38 Sekunden vorausgesagt. Die meisten anderen werden kürzer ausfallen.

Fassen wir kurz den Ablauf einer totalen Sonnenfinsternis zusammen. Der Mond braucht im Durchschnitt zwei Stunden, um an der Sonne vorüberzuziehen. Die Teilfinsternis beginnt mit dem »ersten Kontakt«, wenn der Mond das erste Stück aus der Sonnenscheibe »herausbeißt«. Eine Stunde später – und während das Licht merklich schwächer wird – folgt der »zweite Kontakt«: der Beginn der Totalität. Unmittelbar davor kommt es zum »Baily's Beads«-Phänomen: Durch die Gebirgstäler am Rand des Mondes fällt perlengleich das Sonnenlicht.

Während der Totalität zeigen sich lebhaft rosafarbene Protuberanzen rund um die dunkle Mondscheibe. Dann erscheint die perlweiße Korona der Sonne. Weitere Baily-Perlen gehen dem Ende der Totalität, dem »dritten Kontakt«, voraus. Die Sonne erscheint wieder und läßt für einen Augenblick einen schönen »Diamantring« entstehen. Etwa eine Stunde später gibt der Mond die Sonne gänzlich frei (»vierter Kontakt«), und die Sonnenfinsternis ist beendet.

Um die totale Sonnenfinsternis am 11. Juli 1991 zu beobachten, fielen Tausende – unter ihnen der Autor – auf der Großen Hawaii-Insel ein. Um 07.28 Uhr morgens kam die Sonne in die relativ lange totale Verfinsterung von 4 Minuten und 12 Sekunden. Der Autor verfolgte das Naturereignis von Kailua Kona aus, nahe der Mittellinie der Totalitätszone. Plötzlich drohten Wolken das Schauspiel zu verderben, aber glücklicherweise verzogen sie sich wenige Minuten vor der Totalität. Viele tausend andere Beobachter auf der Insel hatten weniger Glück.

▶ Der Mond hat bereits ein erkennbares Stück aus der Sonne »gebissen«. Der Lichthof entsteht durch Wolken.

▼ Die Sonnenfinsternis ist total. Lebhafte Protuberanzen springen empor.

▼ Während der Totalität ist der Himmel nicht gänzlich dunkel. Am Horizont hat er eine orangefarbene Tönung.

▲ Ein herrlicher »Diamantring« kündigt das Ende der Totalität an; das Tageslicht kehrt zurück.

◄ Der Planet Saturn mit seinem Ring ist hier zwischen sechs seiner Monde vor dem Hintergrund des Sternenhimmels abgebildet – eine Fotomontage aus Bildern, die von der Raumsonde Voyager I aufgenommen wurden. Der Mond im Vordergrund heißt Dione; dann folgen im Uhrzeigersinn: Enceladus, Rhea, Titan, Mimas und Tethys.

6

Die Sonnenfamilie

Die Sonne ist sehr massereich und übt folglich eine enorme Anziehungskraft aus, die auf viele Tausende von Kilometern in den Raum hinaus wirkt. Diese Gravitationskraft hält eine vielgestaltige Ansammlung von großen und kleinen Himmelskörpern zusammen. Sie alle bilden die Sonnenfamilie oder das Sonnensystem.

Die Erde ist einer jener größeren Himmelskörper im Sonnensystem, die wir als Planeten bezeichnen. Es gibt acht weitere Planeten, vier davon kleiner als die Erde und vier um vieles größer. Insbesondere drei der anderen Planeten – Venus, Mars und Jupiter – überstrahlen die hellsten Sterne bei weitem und sind Monat für Monat bei ihrer Wanderung über das nächtliche Himmelsgewölbe und in die Sternbilder hinein sowie aus ihnen hinaus leicht zu verfolgen.

Zusätzlich zu den Planeten umfaßt die Sonnenfamilie mehr als 60 Monde, Tausende von Mini-Planeten oder Planetoiden (Asteroiden) und eine unbekannte Zahl von Eisklumpen, die als Kometen sichtbar werden, wenn sie sich der Sonne nähern. Sogar Teilchen von interplanetarem Staub lassen sich am Nachthimmel erkennen, wenn sie in der Atmosphäre verglühen, in dem sie Meteore oder Sternschnuppen bilden. Das Studium all dieser Himmelskörper – sowohl mit dem bloßen Auge wie auch mit Ferngläsern und Teleskopen – ist äußerst lohnend.

Das Sonnensystem

Bis zum 16. Jahrhundert glaubten die Menschen, daß die Erde ihren festen Ort in der Mitte des Universums habe und daß alle Himmelskörper um sie kreisten. Das entsprach dem von dem griechischen Astronomen Ptolemäus um 150 n. Chr. begründeten System.

Einige Astronomen gaben sich jedoch nicht zufrieden mit dieser Vorstellung, die keine hinreichende Erklärung für die von ihnen beobachteten Bewegungen der Planeten lieferte. Einer von ihnen war Nikolaus Kopernikus, der erkannte, daß sich die Planetenbewegungen nur erklären ließen, wenn die Sonne und nicht die Erde der Mittelpunkt des Universums wäre. Kopernikus' Ansichten fanden erst am Anfang des nächsten Jahrhunderts Anerkennung, als Johannes Kepler seine Gesetze der Planetenbewegung aufstellte.

Kopernikus hatte keine Vorstellung von der Größenordnung des Sonnensystems. Wir wissen heute, daß es sich von der Sonne weit über die Erde hinaus und noch weiter jenseits der Umlaufbahn des Pluto, des am weitesten entfernten Planeten, den wir gemeinhin kennen, erstreckt.

Pluto bewegt sich bis zu sieben Milliarden Kilometer weit von der Sonne entfernt. Und jenseits der Bahn dieses Außenseiter-Planeten verbirgt sich ein »Gürtel« aus Eisklumpen, der Kuiper Belt, und jenseits davon befindet sich eine ähnlich zusammengesetzte »Wolke«, die Oort-Wolke. Diese »Wolke« stellt man sich als eine Ansammlung von um die hundert Milliarden Eisbrocken vor, die sich jenseits der Planeten in einer Entfernung von etwa 50 000 astronomischen Einheiten bis zu mehr als einem Lichtjahr befinden und sich gelegentlich in das innere Sonnensystem verirren, wo sie als Kometen sichtbar werden. Die Existenz solcher weit entfernten Himmelskörper wurde 1992 durch die Entdeckung eines Objekts (QBI) jenseits der Umlaufbahn des Pluto bestätigt.

▼ Die Planeten sind die größeren Himmelskörper im Sonnensystem. Sie kreisen um die Sonne in unterschiedlichen Abständen, aber etwa auf der gleichen Ebene. Von »Norden« aus gesehen kreisen die Planeten gegen den Uhrzeigersinn um die Sonne. Alle außer der Venus drehen sich außerdem gegen den Uhrzeigersinn um ihre eigene Achse. In der unteren Graphik sind die Umlaufbahnen ungefähr maßstabgerecht gezeichnet.

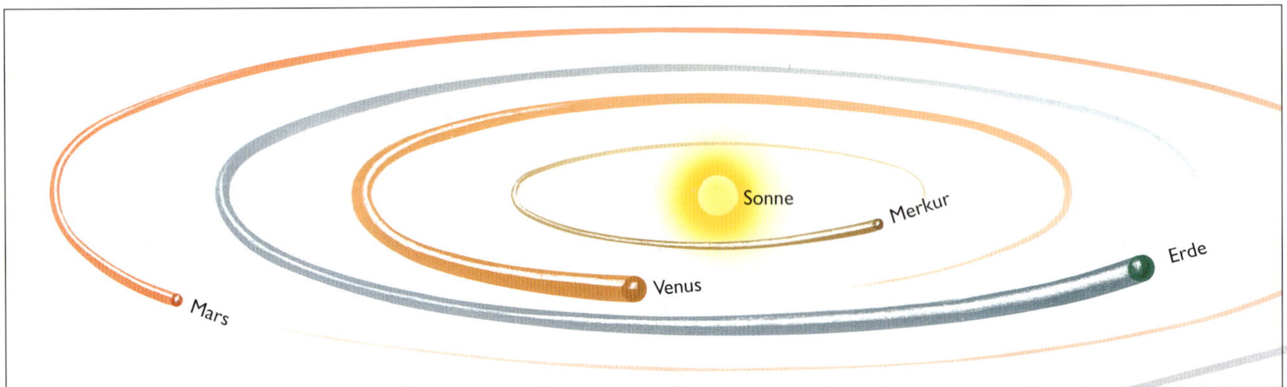

◀ Die kleine Graphik links zeigt im richtigen Größenverhältnis zueinander die Umlaufbahnen der vier inneren Planeten. Merkur, Venus und Mars werden als erdähnliche Planeten bezeichnet, weil sie steinige Himmelskörper wie die Erde sind.

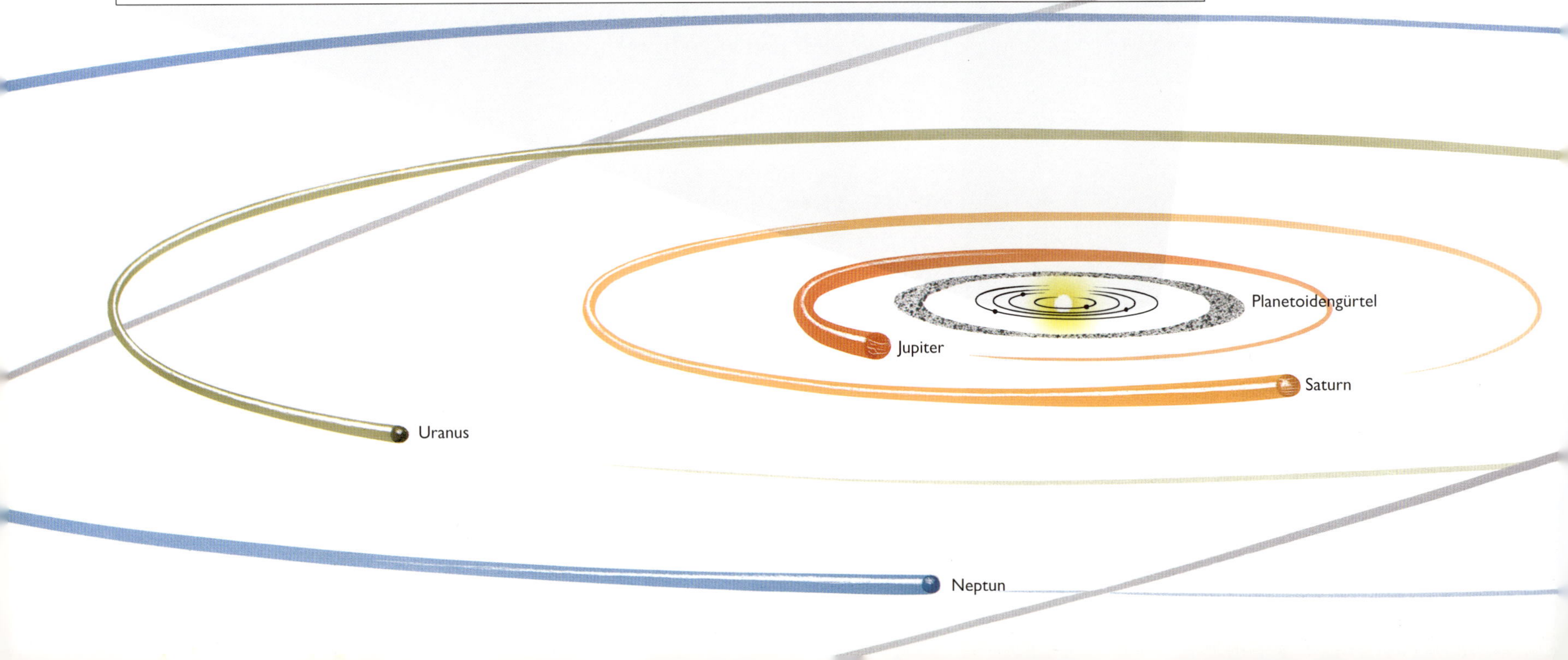

Planet	Merkur	Venus	Erde	Mars	Jupiter	Saturn	Uranus	Neptun	Pluto
Durchmesser am Äquator (km)	4,878	12,104	12,756	6,794	142,800	120,000	51,200	49,500	2,280
Mittlere Entfernung von der Sonne (x 10^6)	60	108	150	228	778	1,430	2,870	4,500	5,900
Umkreist die Sonne in	88 Tagen	225 Tagen	365,25 Tagen	687 Tagen	11,9 Jahren	29,5 Jahren	84 Jahren	165 Jahren	248 Jahren
Dreht sich um die eigene Achse in	58,6 Tagen	243 Tagen	23,93 Stunden	24,6 Stunden	9,8 Stunden	10,2 Stunden	16,3 Stunden	16 Stunden	6,3 Tagen
Masse (Erde = 1)	0,06	0,82	1,00	0,11	318	95	14,5	17,2	0,002
Volumen (Erde = 1)	0,05	0,88	1,00	0,15	1,316	755	52	44	0,005
Dichte (Wasser = 1)	5,4	5,2	5,5	3,9	1,3	0,7	1,3	1,8	2
Zahl der Monde	0	0	1	2	16+	22+	15+	8+	1

▼ Die Umlaufbahn des Planeten Pluto beschreibt einen weiten Bogen über und unter den anderen Planetenbahnen. Diese Umlaufbahn ist in hohem Maße exzentrisch und führt Pluto manchmal in die Umlaufbahn von Neptun. Gegenwärtig befindet er sich in der Neptun-Umlaufbahn, und dort wird er bis 1999 bleiben. Dann wird er wieder seinen angestammten Platz als der am weitesten entfernte Planet einnehmen.

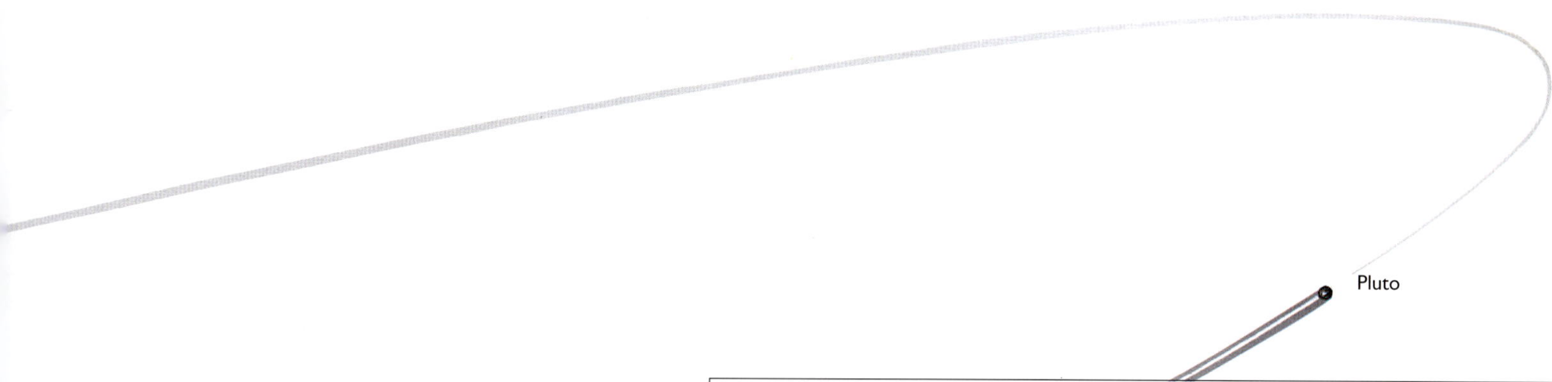

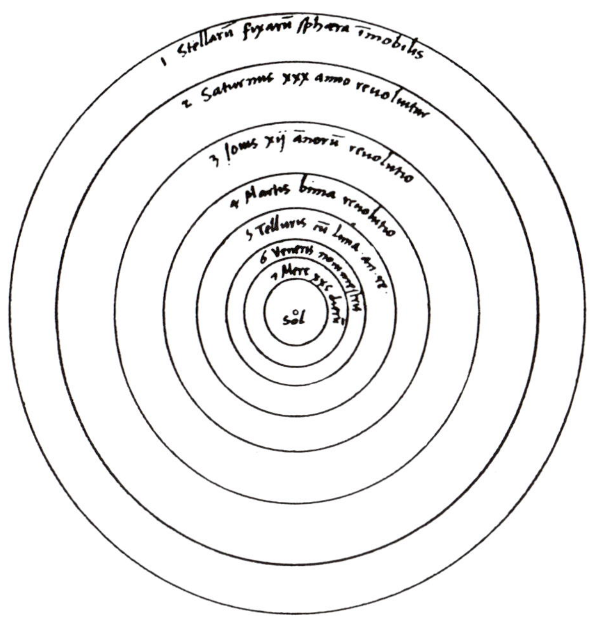

KOPERNIKUS

Nikolaus Kopernikus (1473–1543) war polnischer Mathematiker und Astronom und schuf die Grundlagen der modernen Astronomie. Er brachte unsere kleine Ecke des Universums in Ordnung, indem er die Theorie eines Sonnensystems mit der Sonne im Mittelpunkt geltend machte. Er legte seine Gedanken in einem Werk mit dem Titel *Sechs Bücher über die Umläufe der Himmelskörper* nieder, das veröffentlicht wurde, als er auf dem Sterbebett lag. Die Illustration links ist diesem Buch entnommen und zeigt die Planeten, die eine feststehende Sonne umkreisen.

▲ Drei Ansichten des Mars während der Opposition von 1967. Man beachte die Eiskappe auf dem Nordpol, den weißlichen Dunst an manchen Stellen und verschiedene dunkle Musterungen.

▼ *Rechts:* Der Saturn, wie man ihn durch ein Teleskop sieht. *Mitte:* Der Jupiter, durch ein Teleskop gesehen, zeigt deutlich unterschiedene Gürtel und Zonen und den kräftigen Großen Roten Fleck. *Links:* Jupiter leuchtet neben dem wolkenverhüllten Mond.

Beobachtung von Planeten und Planetoiden

Fünf Planeten – Merkur, Venus, Mars, Jupiter und Saturn – kannte man bereits im Altertum, denn sie lassen sich mit bloßem Auge erkennen. Wenn sie für die Beobachtung günstig stehen, überstrahlen sie sogar die hellsten anderen Sterne. Im Teleskop erscheinen sie deutlich als Scheiben, nicht nur als Lichtpunkte.

Für Amateure ist die Beobachtung dieser fünf Planeten am lohnendsten. Die anderen – Uranus, Neptun und Pluto – liegen zu weit entfernt, um irgend etwas Interessantes zu zeigen.

Dank ihrer Leuchtkraft lassen sich Venus, Jupiter und oft auch Mars am Nachthimmel leicht ausmachen. Merkur und Saturn sind schwerer zu erkennen. Mit Hilfe astronomischer Zeitschriften und Jahrbücher – und vor allem mit Hilfe des vorliegenden Buches und einer Planisphäre – können Sie den Stand der Planeten zu jeder Zeit genau bestimmen.

Die Bewegung der Planeten über den Himmel verläuft nicht immer ganz geradlinig. Beispielsweise wandern Mars, Jupiter und Saturn, die normalerweise in östlicher Richtung über den Hintergrund des Sternenhimmels ziehen, plötzlich nach Westen, also rückläufig. Dies geschieht, weil die Erde, die sich schneller auf ihrer Umlaufbahn bewegt, diese Planeten regelmäßig ein- und überholt. Deshalb scheinen sie am Himmel ein Looping auszuführen.

Merkur und Venus

Obwohl der Merkur nicht sehr weit entfernt ist, kann man ihn nicht leicht ausfindig machen. Er umkreist nämlich die Sonne in relativ geringem Abstand und befindet sich deshalb am

Himmel ganz in ihrer Nähe. Im günstigsten Fall erreicht der Merkur die Größe –1,9. Die Venus ist viel leichter zu erkennen. Sie ist uns näher als der Merkur und auch viel größer und erreicht bei maximaler Helligkeit die Größe –4,4.

Wenn sich einer dieser beiden Planeten östlich der Sonne befindet, kann man ihn nach Sonnenuntergang im Westen sehen. Wenn sie sich westlich der Sonne befinden, sieht man sie vor Sonnenaufgang im Osten. Mit anderen Worten – sie sind entweder Abend- oder Morgenstern.

Mars

Wenn dieser Planet seine günstigste Stellung einnimmt, erreicht er eine Größe von –2,8 und überstrahlt alle anderen Planeten mit Ausnahme der Venus. Aufgrund seiner orangeroten Farbe kann er leicht von den übrigen Planeten unterschieden werden. Deshalb heißt er auch der »rote Planet«. Er zeigt Eiskappen an den Polen und dunkle Musterungen, die mit dem Wechsel der Jahreszeiten auftreten und verschwinden.

Planetoiden (Asteroiden oder kleinere Planeten)

Diese Mini-Planeten haben als Umlaufbahn einen breiten »Gürtel« zwischen den Kreisbahnen von Mars und Jupiter. Die größten – mit einem Durchmesser von 1 000 Kilometern ist Ceres der allergrößte – kann man vor dem Hintergrund des Sternenhimmels flüchtig zu sehen bekommen und fotografieren.

Jupiter und Saturn

Jupiter ist der bei weitem größte Planet und von Wolken umhüllt, die das Sonnenlicht gut reflektieren. Er erreicht eine Größe von –2,6 und konkurriert so in der Helligkeit mit dem Mars. Da er leuchtend weiß ist, kann man den Jupiter leicht von anderen Planeten unterscheiden. Größere Teleskope zeigen auf der Jupiter-Scheibe eine Menge von Einzelheiten, insbesondere die dunklen und hellen Streifen (»Gürtel« oder »Zonen«) und sogar den berühmten Großen Roten Fleck.

Die Scheibe des Saturn ist eine blasse Wiederholung von Jupiter; aber was den leuchtenden Ruhm dieses Planeten begründet, ist sein unglaublich schönes Ringsystem, das seinen Äquator umgibt. Das Aussehen dieser Ringe wandelt sich auffällig während der 30 Jahre dauernden Umlaufzeit des Saturn.

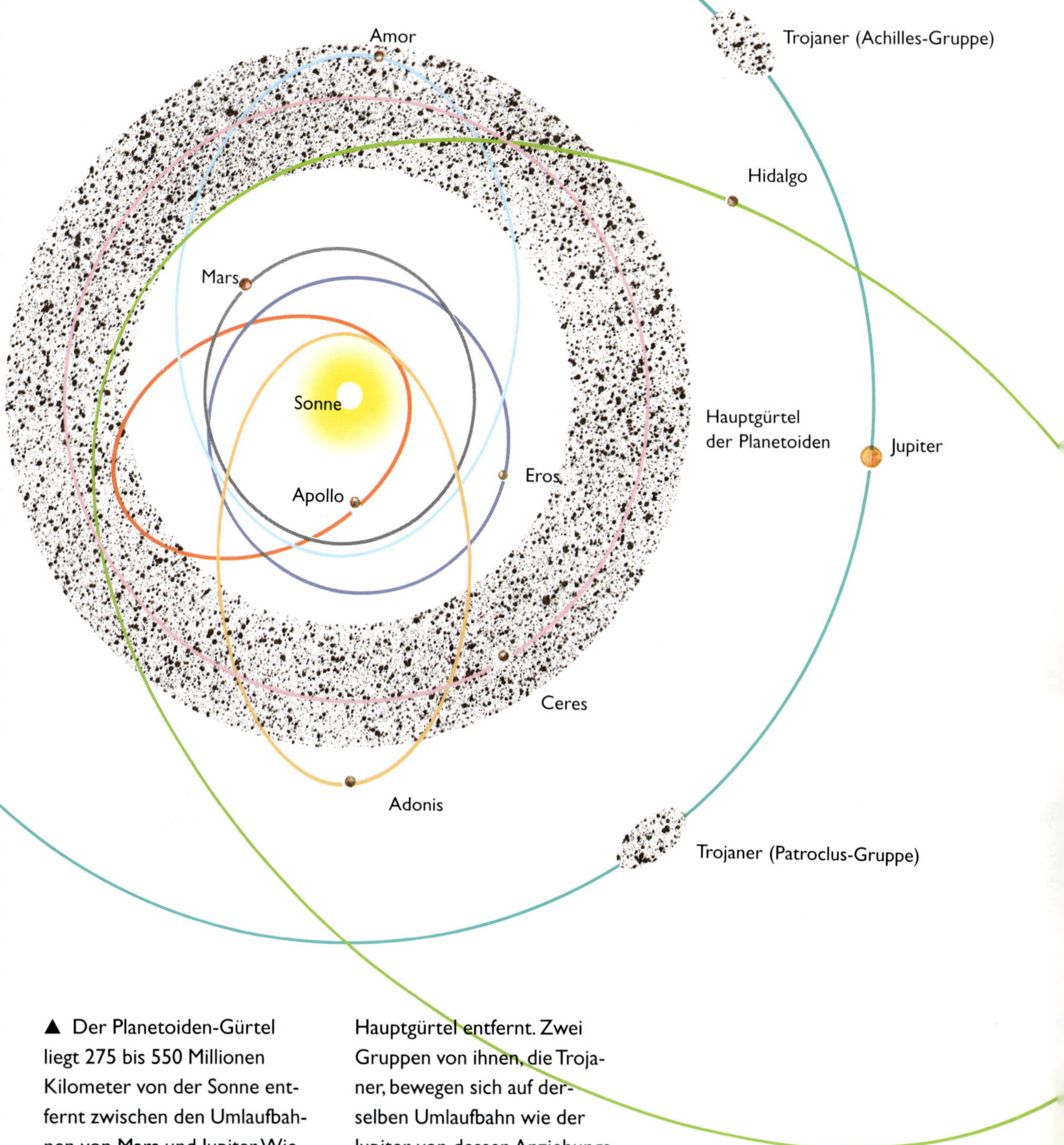

▲ Der Planetoiden-Gürtel liegt 275 bis 550 Millionen Kilometer von der Sonne entfernt zwischen den Umlaufbahnen von Mars und Jupiter. Wie die Abbildung zeigt, haben sich einige Planetoiden von dem Hauptgürtel entfernt. Zwei Gruppen von ihnen, die Trojaner, bewegen sich auf derselben Umlaufbahn wie der Jupiter, von dessen Anziehungskraft sie hier festgehalten werden.

◀ Auf länger belichteten Aufnahmen erscheinen Planetoiden als langgezogene Spuren, weil sie sich vor dem Hintergrund des Sternenhimmels bewegen. Bei der wissenschaftlichen Sternfotografie wird das Teleskop der Bewegung der Sterne entsprechend nachgeführt.

▲ Ein Feuerball zieht einen brennenden Schweif am Nachthimmel hinter sich her. Körper, die solche Feuerkugeln erzeugen, können so groß sein, daß sie als Meteoriten bis zum Erdboden gelangen.

▼ Wie dieses Bild beweist, hat sich der Meteorkrater in Arizona gut erhalten. Er hat einen Durchmesser von 1265 Metern und ist 175 Meter tief.

Beobachtung von Meteoren und Kometen

Meistens brauchen Sie nicht lange den Nachthimmel zu betrachten, bis Sie irgendwelche leuchtenden Streifen sehen, die über den Himmel schießen. Diese nennen wir Meteore oder Sternschnuppen. Sie sind keine Sterne, sondern lediglich feurige Spuren von Partikeln aus dem Weltraum, die beim Eintreten in die Erdatmosphäre hoch oben verglühen.

Im Sonnensystem ist der Raum zwischen den Planeten nicht gänzlich leer. Vielmehr enthält er bemerkenswerte Mengen von Gesteins- und Metallpartikeln, die man Meteorite nennt.

Während die Erde durch den Weltraum wandert, trifft sie immerfort auf solche Meteorit-Partikel. Geraten diese in die Nähe der Erde, werden sie von ihrer Schwerkraft angezogen. Sie tauchen mit einer Geschwindigkeit von bis zu 70 Kilometern in der Sekunde in die äußere Atmosphäre ein. Die Reibung mit den Luftteilchen erzeugt genügend Wärme, um sie bis zur Weißglut oder zum Verglühen zu erhitzen. Hinter sich ziehen sie einen feurigen Schweif brennender Gase her, den wir als Meteor bezeichnen.

Feuerkugeln und Meteorite

Manchmal donnert ein besonders großer Meteorit in die Atmosphäre. Er erscheint am Nachthimmel als große Feuerkugel, auch Feuerball oder Bolid genannt. Ist der Meteorit groß genug, kann er den rasenden Flug durch die Atmosphäre überdauern und – anstatt gänzlich zu verglühen – den Erdboden erreichen. Er kann sogar einen Krater schlagen.

Es gibt zwei Arten von Meteoriten: aus Gestein und aus Eisen. Das Gestein besteht hauptsächlich als Silikaten – wie viele Steine auf der Erde auch. Die Metall-Meteoriten sind eine Mischung aus Eisen und Nickel, manchmal mit etwas Kobalt.

Zu bestimmten Zeiten des Jahres nimmt die Zahl der Meteore aufsehenerregend zu: von etwa einem alle zehn Minuten zu einem oder mehr pro Minute. Dies geschieht bei sogenannten Meteorströmen, die dann entstehen, wenn die Erde durch die von Kometen zurückgelassene Staubspur reist.

Alle Meteore scheinen von einem bestimmten Punkt am Himmel zu kommen, den man Radiant nennt. So werden auch die Meteorströme nach der Konstellation des Radianten bezeichnet. Einer der am zuverlässigsten auftretenden Meteorströme, die Perseiden (oder der Laurentiusschwarm), ist alljährlich im August zu beobachten.

Kometen

Kometen erscheinen seltener an unserem Himmel, aber sie können sich als die aufsehenerregendsten Himmelsobjekte erweisen. In der Mehrzahl tauchen sie ohne jede Vorwarnung auf, indem sie aus einem »Sammelbecken« weit jenseits der Umlaufbahnen der Planeten (der Oort-Wolke) in den inneren Bereich des Sonnensystems fliegen. Einige Kometen, die man als periodisch wiederkehrende Kometen bezeichnet, erscheinen regelmäßig am Himmel über unserer Erde und bewegen sich auf bekannten Umlaufbahnen. Der bekannteste ist der Halley-Komet, der alle 75 Jahre wiederkommt.

Kometen sind Klumpen aus Eis und Staub, normalerweise

◀ Der Halley-Komet, aufgenommen vor dem Hintergrund des Sternenhimmels bei seiner letzten Wiederkehr am 9. April 1986. Bis zum Jahr 2061 wird er nicht mehr an unserem Himmel erscheinen.

▶ Der Komet Ikeya-Seki war 1965 in manchen Gegenden der Erde bei vollem Tageslicht zu sehen.

▼ In der Nacht vom 13. zum 14. März 1986 sandte die europäische Raumsonde Giotto dieses Bild auf die Erde, als sie den Halley-Kometen automatisch ansteuerte. Der Kern des Kometen, die dunklere Region oben links im Bild, dürfte 15 mal 8 km groß sein.

ganz hart gefroren und haben einen Durchmesser von einigen Kilometern. Meistens sind sie weit von uns entfernt und bleiben unsichtbar.

Nur wenn sie in das innere Sonnensystem reisen, verdampft etwas von dem Eis der Kometen, wodurch gleichzeitig ein Teil des Staubs freigesetzt wird. Dampf und Staub reflektieren das Sonnenlicht, wodurch ein Komet sichtbar wird. Der Druck des Sonnenwinds bläst Dampf, Gas und Staub vom Kopf des Kometen nach hinten und bildet so den typischen Kometenschweif.

▼ Kometen haben Umlaufbahnen, die sich von denen der Planeten, die allesamt die Sonne auf etwa gleicher Ebene umkreisenden, sehr unterscheiden. In allen möglichen Winkeln treten sie in das Sonnensystem ein – und verlassen es ebenso.

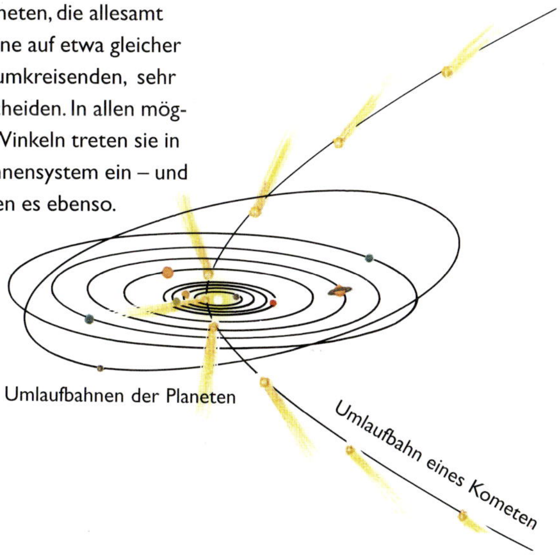

▶ Die Oberfläche des Merkur weist viele Krater auf und zeigt mehr als eine flüchtige Ähnlichkeit mit der des Mondes. Die Krater gleichen Mondkratern, und viele haben die typischen Bergspitzen in der Mitte. Man beachte auch die auffallende Verwerfungslinie oder steile Böschung nahe dem Rand.

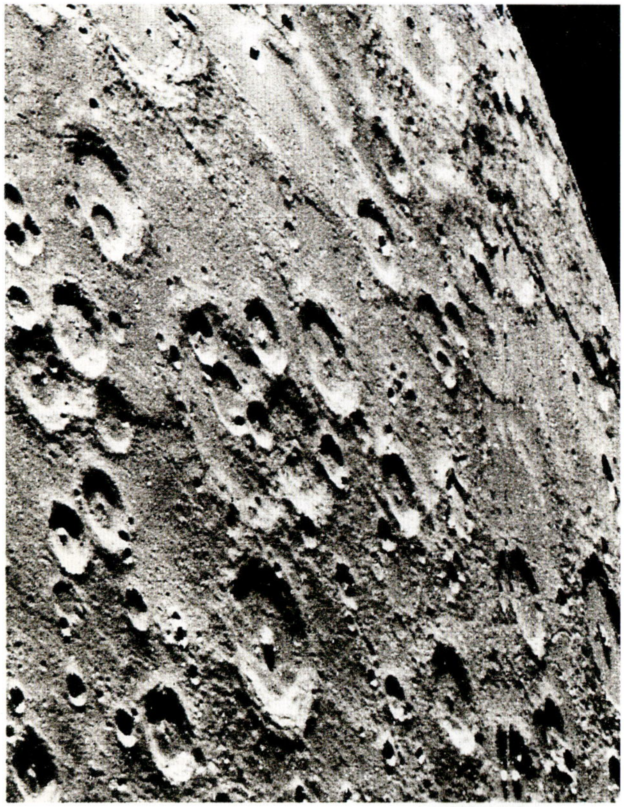

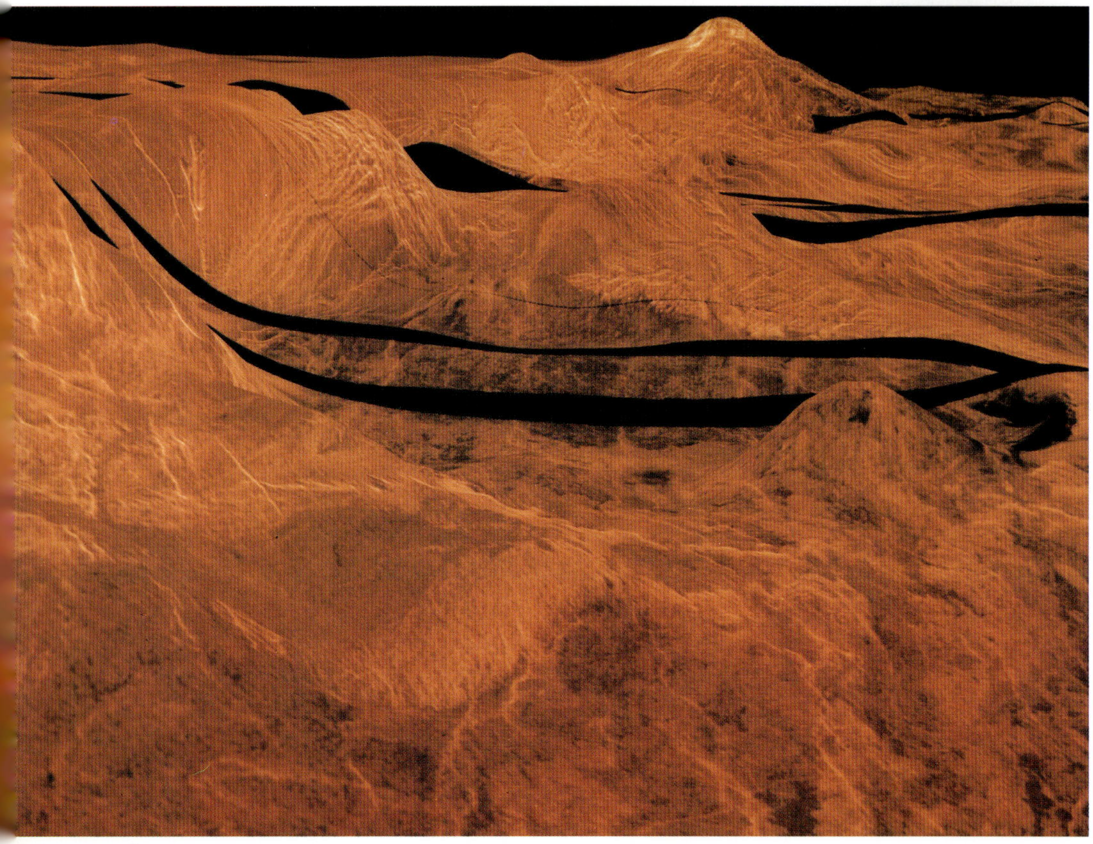

▼ Diese nicht farbengetreue Schrägaufnahme des Oberflächenreliefs der Venus wurde per Computer aus Daten von der Raumsonde Magellan erstellt. Die Sonde startete im Mai 1989 und kartographierte praktisch den gesamten Planeten innerhalb von vier Jahren. Sie entdeckte Hunderte von Vulkanen und wies ergiebige Lavaströme nach, und sie fand spinnenähnliche Formationen vor, Arachnoiden genannt.

Der Erde ähnliche Planeten

Die drei Planeten, die der Erde im inneren Bereich des Sonnensystems verhältnismäßig nahe sind, unterscheiden sich erheblich von den viel weiter außen befindlichen.

Diese drei Planeten – Merkur, Venus und Mars – sind verhältnismäßig klein und bestehen wie die Erde hauptsächlich aus Gestein. Deshalb werden sie oft als erdartige Planeten bezeichnet. Darin unterscheiden sie sich deutlich von den äußeren Planeten, die riesige Gaskugeln sind.

Merkur

Als zweitkleinster Planet nach Pluto befindet sich der Merkur (Durchmesser 4878 Kilometer) der Sonne am nächsten. Er rotiert nur langsam und benötigt 59 Tage für eine Umdrehung um die eigene Achse, während er die Sonne innerhalb von 88 Tagen einmal umkreist.

Die Folge dieser langsamen Rotation ist, daß ein beliebiger Punkt auf der Oberfläche des Planeten der Sonne drei Monate lang ununterbrochen zugewandt bleibt und sich dabei bis auf 425 °C erhitzt, wodurch Blei zum Schmelzen gebracht werden kann. Andererseits erhält ein der Sonne abgewandter Punkt drei Monde lang keinerlei Sonnenlicht und kann bis auf –275 °C abkühlen.

Der Merkur ist etwas größer als der Mond und hat wie dieser keine Atmosphäre. Seine Oberfläche ist ebenfalls mit Kratern bedeckt. Im Gegensatz zum Mond hat er aber keine großen Meere oder Maria. Sein ausgeprägtestes großes Oberflächenmerkmal ist das ringförmige Caloris-Becken mit einem Durchmesser von 1400 Kilometern.

Venus

Die Venus ist mit einem Durchmesser von 12 104 Kilometern nur geringfügig kleiner als die Erde und benötigt etwa 225 Tage für einen Umlauf um die Sonne. Noch länger braucht sie für eine Umdrehung um die eigene Achse, nämlich 243 Tage. Übrigens dreht sie sich im Unterschied zu allen anderen Planeten in die entgegengesetzte Richtung.

Obwohl sie der Größe nach fast ein Zwilling unserer Erde ist, könnte sie in anderer Hinsicht kaum unterschiedlicher sein. Sie hat eine sehr dichte, schwere Atmosphäre hauptsächlich aus Kohlendioxid mit einem Druck, der 90mal größer ist als der atmosphärische Druck auf der Erde. Ein galoppierender Treibhauseffekt treibt die Oberflächentemperaturen bis über 475 °C hinauf.

Dicke Wolken in der Atmosphäre – einige davon aus Schwefelsäuretröpfchen – verbergen die Oberfläche der Venus ausnahmslos vor unseren Blicken. Wir können sie nur mit Hilfe von Radaraufnahmen sehen, die uns enthüllen, daß der Planet größtenteils aus hügeligen Ebenen besteht. Es gibt nur zwei Gebirgsregionen: Aphrodite Terra in der Größe Afrikas und – allerdings kleiner – Ishtar Terra.

Mars, der rote Planet

Auch wenn er mit 6794 Kilometern Durchmesser viel kleiner als die Erde ist, ähnelt er ihr auf vielfältige Weise. Er rotiert in etwa der gleichen Zeit um die eigene Achse, hat Jahreszeiten, eine leichte Atmosphäre und Eiskappen an den Polen, die sich im Wechsel von Winter und Sommer ausdehnen und zurückziehen. Wegen diesen Ähnlichkeiten glaubte man einst, daß der Mars Leben beherbergen könne, vielleicht sogar intelligentes Leben. Aber die Erkundungen von Raumsonden wie beispielsweise der Viking haben dies ausgeschlossen.

Der Mars benötigt für einen Umlauf um die Sonne 687 Tage. Auf diesem Planeten findet sich eine viel kältere Welt als auf der Erde: mit Temperaturen, die selbst im Sommer am Äquator mit Mühe bis zum Gefrierpunkt ansteigen. Im Winter sinken die Temperaturen bis auf –140 °C. Kohlendioxid ist das vorherrschende Gas in der sehr dünnen Atmosphäre, die nur ein Hundertstel des Drucks auf der Erde hat.

Obwohl es keine fließenden Gewässer auf dem Mars gibt, existiert Wasser in Form von Eis in den Polkappen und in Feuchtigkeitsspuren in der Atmosphäre. Dadurch entstehen zeitweise an verschiedenen Stellen Wolken, Nebel und Reif.

Teile des Mars weisen viele Krater auf, aber seine auffallendsten Charakteristika sind ein riesiger Canyon und vier gewaltige Vulkane.

▲ Der Krater am Gipfel des Olympus Mons, eines riesigen erloschenen Vulkans auf dem Mars.

◀ Diese Aufnahme vom Anflug der Raumsonde Viking zeigt etliche der besonderen Merkmale des Mars. Die Reihe von Kreisen in der Bildmitte läßt die hohen Vulkane auf der Tharsis-Gebirgskette erkennen. Oberhalb von ihnen liegt der gewaltige Krater des Olympus Mons.

▶ Rostrote Gesteinsbrocken liegen über die Chryse-Ebene auf dem Mars verstreut. Hier landete 1976 die erste Viking-Marssonde.

Riesen-Planeten

Die erdartigen Planeten sind Mücken im Vergleich zu den vier Riesen-Planeten, die sich in den äußeren Bereichen des Sonnensystems befinden. In der Reihenfolge ihrer zunehmenden Entfernung von der Sonne sind dies Jupiter, Saturn, Uranus und Neptun.

Mit einem Durchmesser, der elfmal so groß ist wie der der Erde, ist der Planet Jupiter ein Riese unter Riesen und hat eine größere Masse als alle anderen Planeten zusammengenommen. Und doch ist er ein Zwerg im Vergleich zur Sonne.

Von den vier Giganten waren nur Jupiter und Saturn den Astronomen des Altertums bekannt. Die beiden anderen sind zu schwach und können nur durch das Teleskop gesehen werden. So wurde Uranus erst 1781 von William Herschel entdeckt; Johann Galle entdeckte 1846 den Planeten Neptun.

Dank den Raumsonden der NASA, insbesondere den beiden Voyagers, sind uns heute alle vier Riesen-Planeten ebenso vertraut wie die erdartigen Planeten. Die großen Planeten des äußeren Sonnensystems unterscheiden sich in ihrer Zusammensetzung deutlich von den erdartigen inneren Planeten. Sie bestehen hauptsächlich aus zwei Gasen: Wasserstoff und Helium. Sie haben eine dicke Atmosphäre und darunter tiefe Ozeane von flüssigem Gas. Nur ganz in ihrem Inneren könnten sich feste Gesteinskerne finden.

▼ Farbenprächtige Wolken werden durch die schnelle Rotation der Jupiter-Atmosphäre zu parallelen Streifen gezogen. Hier wirbeln in dem südlich des Äquators verlaufenden Gürtel die Wolken wild um den Großen Roten Fleck.

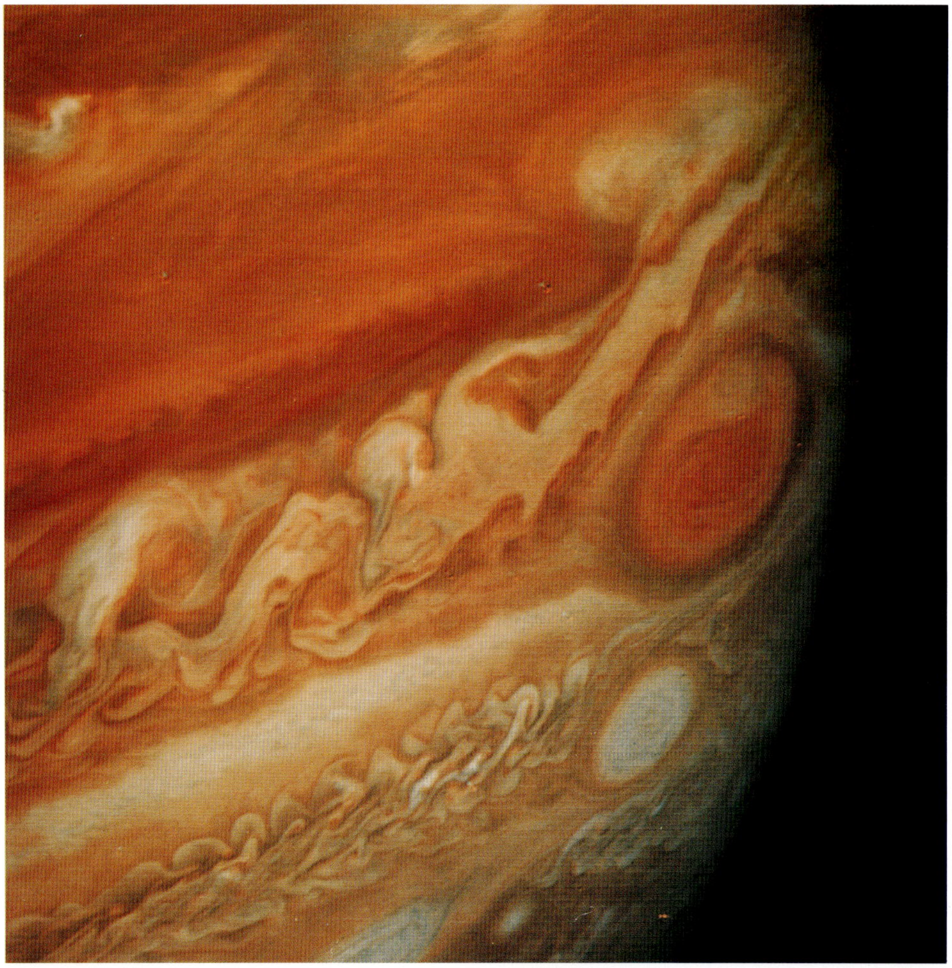

Jupiter

Die hellen und dunklen Gürtel und Zonen, die wir durch das Teleskop auf dem Jupiter (Durchmesser: 142 800 Kilometer) erkennen, sind Streifen von Wolken, die durch die schnelle Rotation des Planeten – in weniger als zehn Stunden dreht er sich einmal um die eigene Achse – parallel entlanggezogen werden. Der Jupiter braucht nahezu zwölf Jahre, um die Sonne einmal zu umkreisen.

Die Jupiter-Scheibe ist leuchtend rot und orange gefärbt. Die wilde Rotation der Atmosphäre erzeugt Turbulenzen, besonders in der Gegend eines riesigen Sturmzentrums, das wir als den Großen Roten Fleck bezeichnen und das einen Durchmesser von 28 000 Kilometern hat.

Saturn

Saturn, der zweitgrößte Planet (Durchmesser: 120 000 Kilometer) hat die geringste Dichte. Mit seiner relativen Dichte von weniger als 1 würde er – wenn er es könnte – auf Wasser schwimmen. Die Saturn-Scheibe hat weniger auffällige Streifen als der Jupiter, obwohl die Winde auf diesem Planeten viel heftiger wehen, und zwar mit bis zu 1800 Stundenkilometern. Der Saturn umläuft die Sonne einmal in 29 ½ Jahren.

Das prächtige Ringsystem um den Saturnäquator ist mehr als zweimal so lang wie der Durchmesser des Planeten, hat aber nur eine Dicke von etwa einem Kilometer. Von der Erde aus sind nur die drei Hauptringe gut zu erkennen: A, B und C.

Uranus und Neptun

Der Größe nach sind diese beiden Planeten beinahe Zwillinge. Der Uranus ist mit einem Durchmesser von 51 200 Kilometern etwa 1600 Kilometer größer als der Neptun. Gegenwärtig ist dieser der am weitesten entfernte der Planeten, weil Pluto – für gewöhnlich der entfernteste – bis 1999 in der Neptun-Umlaufbahn kreist. Etwas mehr als 84 Jahre braucht der Uranus für eine vollständige Umrundung der Sonne, während der Neptun fast doppelt solange braucht: nahezu 165 Jahre.

Die ungewöhnlichste Eigenschaft des Uranus ist die Neigung seiner Achse auf 98° – das ist mehr als ein rechter Winkel – zur Ebene seiner Umlaufbahn. Der Planet liegt gewissermaßen auf der Seite, während er um die Sonne kreist.

Die Uranus-Scheibe ist blaugrün und zeigt praktisch keine charakteristischen Merkmale. Die Neptun-Scheibe ist tiefblau und hat kleine Wischer weißer Wolkentupfen, vor allem am Rande der dunklen Flecken, bei denen es sich um Sturmzentren handelt.

◀ Diesen Ausblick könnten Sie genießen, wenn Sie den Uranus-Mond Miranda umkreisen würden. Der bläulichgrüne Planet ist 130 000 Kilometer entfernt. Unten im Vordergrund sieht man die zerklüftete Oberfläche von Miranda.

▼ Rein optisch ist der Neptun viel interessanter als der Uranus. Für einen so weit von der Sonne entfernten Planeten hat er eine überraschende Menge »Wetter«: Sturmzentren und Wolkenbänke. Interessant ist der Große Dunkle Fleck, den man auf dem Bild sieht, ein gewaltiges Orkanauge, das dem Großen Roten Fleck auf dem Jupiter entspricht.

▲ Eine schöne Voyager-Aufnahme des von Ringen umgebenen Planeten Saturn. Sie zeigt deutlich zwei der drei Hauptringe: A (außen) und B, klar getrennt durch die Cassini-Teilung. Die Wolkenstreifen sind nicht so ausgeprägt wie beim Jupiter.

▼ Das ausgedehnte Ringsystem des Saturn im Größenvergleich zur Erde. Es hat einen Durchmesser von 270 000 km. Die verschiedenen Farben auf diesem Bild der Ringe zeigen vor allem die unterschiedlichen Größen der Partikel in den Einzelringen an.

▲ Die größten Monde des Sonnensystems im Größenvergleich: Mit Ausnahme von Titan gehören alle Monde des äußeren Kreises zum Jupiter. Titan ist ein Mond des Saturn. Ganymed (5275 Kilometer) ist der größte Mond, ihm folgen der Reihe nach Titan (5150 Kilometer), Callisto (4820 Kilometer), Io (3632 Kilometer), unser Mond (3476 Kilometer) und Europa (3126 Kilometer).

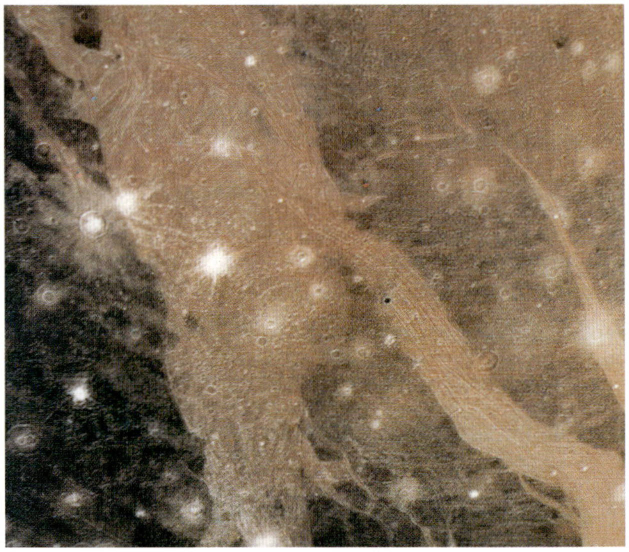

▲ Eine Nahaufnahme der Oberfläche von Ganymed. Die weißen Flecken sind frische Krater, die durch den Einschlag von Gesteinstrümmern entstanden. Diese Einschläge haben Löcher ausgehöhlt und frisches Eis freigelegt. Das seltsam gefurchte Gelände zeigt Risse in der Kruste.

Viele Monde

Alle Planeten mit Ausnahme von Merkur und Venus haben einen oder mehrere Satelliten oder Monde, die sich in Umlaufbahnen um sie herum bewegen. Diese Himmelskörper reichen der Größe nach von unförmigen Gesteinsbrocken mit 50 bis 100 Kilometern Durchmesser bis zu Monden, die größer sind als der Merkur.

Die Erde hat – das wissen wir natürlich – nur einen Mond: »den« Mond. Auch der Pluto hat nur einen Mond, Charon, der erstaunlicherweise halb so groß ist wie der Planet selbst: 1190 Kilometer im Durchmesser. Der Mars hat zwei kleine Monde – Phobos (28 Kilometer Durchmesser) und den geringfügig kleineren Deimos. Es ist ziemlich sicher, daß diese beiden Gesteinskörper Planetoiden sind, die sich der Mars aus dem nahen Planetoiden-Gürtel weggefangen hat.

Zwischen den Riesen-Planeten befinden sich Monde in erstaunlicher Anzahl: mehr als 60! Sie bestehen hauptsächlich aus Eis und Gestein. Die Voyager-Sonden entdeckten viele neue kleine Monde, als sie in den sechziger und siebziger Jahren an den Planeten vorbeiflogen.

▼ Am Rand von Io bricht ein Vulkan aus. Er speit keine Lava, sondern geschmolzenen Schwefel aus, der auch für die kräftig orangegelbe Farbe der Oberfläche verantwortlich ist. Gas und Staub werden in eine Höhe von mehr als 200 Kilometern geschleudert.

◀ Verwerfungslinien und Krater bilden Narben auf der eisigen Oberfläche des Saturn-Mondes Enceladus (500 Kilometer Durchmesser). Dieser Mond ist einer der am stärksten reflektierenden Himmelskörper im Sonnensystem; er reflektiert das Licht besser als frischer Schnee!

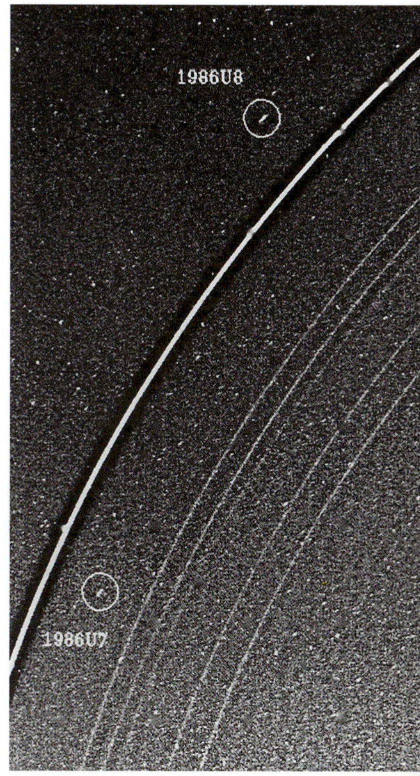

▲ Zwei der winzigen neuen Monde des Uranus, die Voyager 2 im Jahr 1986 entdeckte. Sie sind »Schäfer-Monde« beiderseits des Epsilon-Rings und helfen dabei, die Ring-Partikel an ihrem Platz zu halten.

Der Jupiter hat mindestens 16 Monde, von denen die vier größten die schon 1610 von Galilei entdeckten und von uns leicht mit einem Amateur-Teleskop zu beobachtenden Io, Europa, Ganymed und Callisto sind. Unter ihnen ist Io der interessanteste: der einzige Himmelskörper, der – soweit wir wissen – aktive Vulkane hat.

Der von Ringen umgebene Planet Saturn hat sogar noch mehr Monde als der Jupiter: mindestens 22! Titan ist der größte von ihnen – ein Sonderfall unter den Monden, denn er hat eine dichte Atmosphäre aus Stickstoff und Methan.

Von Uranus' etwa 15 Monden können wir durch das Teleskop nur fünf sehen. Von diesen hat Miranda (485 Kilometer Durchmesser) die außergewöhnlichste Oberfläche, ein Flickwerk von unterschiedlichster geologischer Beschaffenheit. Beispielsweise gehen hügelige Ebenen plötzlich in rätselhaft gefurchte Gegenden über. Das legt die Vermutung nahe, daß Miranda vor langer Zeit mit einem Planetoiden zusammenstieß und dabei zertrümmert wurde.

Von der Erde aus können wir nur zwei der acht oder mehr Monde des Planeten Neptun sehen: Triton und Nereid. Triton (Durchmesser 2700 Kilometer) wurde von Voyager 2 aus der Nähe fotografiert und präsentierte eine rosafarbene Welt, gesprenkelt mit eisigen »Geysiren«. Dies ist der kälteste Ort im Sonnensystem; hier herrschen Temperaturen von –236 °C.

◀ Nahaufnahme der Südhalbkugel des Neptun-Mondes Triton. Er hat Polkappen von rosafarbenem Schnee aus gefrorenen Methan- und Stickstoff-Gasen. Die dunklen Fahnen sind Materie, die von Vulkanen oder Geysiren herausgeschleudert wurde.

◀ Teleskop-Kuppeln am Roque de Los Muchachos-Observatorium auf La Palma auf den Kanarischen Inseln. Bei den Teleskopen handelt es sich – von links – um William Herschel, Isaac Newton, Jacobus Kapteyn. Das Observatorium liegt auf einem herrlichen Berggipfel-Gelände in etwa 2400 Metern Höhe.

7

Astronomen bei der Arbeit

Wenn sich die Dunkelheit herniedersenkt und der Großteil der arbeitenden Bevölkerung nach Hause, zum Abendessen und ins Bett strebt, öffnen die Astronomen die Kuppeln ihrer Sternwarten und richten ihre Teleskope auf ferne Welten in den unergründlichen Tiefen des Alls. Vielleicht suchen sie heute nacht nach dem schwer erfaßbaren zehnten Planeten, von dessen Existenz und Lage hinter Pluto manche Astronomen überzeugt sind. Oder sie zeichnen die Bahn eines einzelgängerisch herumgeisternden Kometen mit langem Schweif auf. Oder mit sehr viel Glück sehen sie einen der spektakulärsten, umwälzendsten Vorgänge im Universum, den Helligkeitsausbruch einer Supernova.

Auch Amateure tragen mit ihrem bescheideneren Instrumentarium dazu bei, die Grenzen der Astronomie immer weiter hinauszuschieben und das Wissensgebiet zu erweitern. Das Universum ist sehr groß – und auch die Fachleute können jeweils nur kleinste Teile davon auf einmal untersuchen. Die riesige Armee der Amateure, die sich überall auf der Erde befinden und die allnächtlich den Himmel beobachten, leistet der Wissenschaft mit ihren Aufzeichnungen der unberechenbaren Launen von veränderlichen Sternen, der Entdeckung von aus dem stygischen Dunkel des äußeren Sonnensystems auftauchenden neuen Kometen sowie der Entdeckung des Helligkeitsausbruchs einer Nova oder gar einer Supernova unschätzbare Dienste.

Die Astronomie hat den Blick in die Zukunft gerichtet.

Die Himmelsbeobachtung

Hoch oben auf Berggipfeln – und in den Gärten von Vorortsiedlungen – gehen die Astronomen ihrem Beruf oder ihrem Hobby nach und lassen sich im Geist von dieser Erde weg in ferne Welten entführen.

▼ Teleskop-Kuppeln des Kitt Peak National-Observatoriums bei Tucson, Arizona. Die Kuppel rechts im Bild beherbergt den Mayall-Reflektor mit vier Metern Durchmesser, das größte Instrument dieser Anlage. Kitt Peak, auf einer Gipfelhöhe von 2095 Metern auf den Quinlan-Bergen über der Sonora-Wüste gelegen, ist eines der besten Observatorien der Erde. Die dort lebenden Papago-Indianer nennen die Astronomen von Kitt Peak »die Leute mit den langen Augen«.

Professionelle Astronomen führen ihre Teleskop-Beobachtungen in Observatorien durch, wo sich in der Regel vielerlei Instrumente befinden. Die meisten der maßgebenden Observatorien stehen auf Berggipfeln in trockenen Klimagebieten, also oberhalb der dicksten Atmosphäreschichten, in denen Staub, Wasserdunst und Luftströmungen die optischen Wahrnehmungen beeinträchtigen.

Kitt Peak (unten) ist ein gutes Beispiel; es liegt in einer ariden Wüstenregion oben auf einem Berg. Zwei der besten Observatorien der Südhalbkugel befinden sich 120 Kilometer voneinander entfernt auf den Ausläufern der Anden in der Atacama-Wüste, wo in machen Gegenden schon seit Jahrhunderten (!) kein Regen gefallen ist. Es handelt sich um das Cerro Tololo Inter-American Observatory, das einen Vier-Meter-Reflektor hat, und das European Southern Observatory mit zwei 3,60-Meter-Reflektoren.

▲ In der Kuppel des Mount Palomar Observatoriums in Kalifornien befindet sich der 1948 fertiggestellte Fünf-Meter-Reflektor Hale. Die mit solch neuen Teleskopen arbeitenden Astronomen, wie zum Beispiel Edwin Hubble, haben den Aktionsbereich der Astronomie mehr denn je auszuweiten vermocht.

◀ Stonehenge auf der Salisbury Plain in England diente vermutlich als Observatorium – bereits vor 4000 Jahren! Das Bild zeigt einen Teil der Sarsen-Steine des äußeren Rings und den auf einer bestimmten Linie dazu weiter entfernt stehenden Heel-Stein.

▲ Die verstreut liegenden Kuppeln des Anglo-australischen Observatoriums in Siding Spring bei Coonabaarabran in Neusüdwales in Australien. Unter der Kuppel rechts im Bild ist das Anglo-australische 3,90-Meter-Teleskop, eines der leistungsstärksten Instrumente auf der Südhalbkugel.

▼ Dieser hohe Turm ist eines der Sonnenteleskope des Mount Wilson Observatoriums bei Los Angeles, Kalifornien. Dieses Observatorium besitzt auch das Hooker-Teleskop (2,50 Meter), das zuerst das Vorhandensein extragalaktischer Systeme entdeckte.

Das bekannteste Teleskop ist allerdings der Fünf-Meter-Riese, das Hale-Teleskop des Mount Palomar Observatoriums bei Los Angeles. Doch dieser Gigant von historischem Rang beginnt jetzt stark unter etwas zu leiden, das die Astronomen zunehmend beeinträchtigt: Lichtüberflutung.

Solch große Instrumente sind sagenhafte Lichtsammler. Es heißt, sie könnten das Licht einer Kerze über Zehntausende von Kilometern entdecken! Aber es schaut niemand mehr durch sie hindurch. Sie werden als gewaltige Kameras verwendet, die ihre Bilder auf fotografischem Film festhalten. Auf dem belichteten Film kann man selbst die schwächsten Sterne und Galaxien entdecken.

Amateur-Astronomen hingegen schauen nach wie vor selbst durch ihre Teleskope, und manche bauen sich kleine Observatorien, um das optische Gerät darin unterzubringen. Eine einfache Vorrichtung ist ein simples Gehäuse, ein kleiner Schuppen aus zwei gleich großen Hälften, die man auseinanderziehen kann, wenn das Teleskop zum Einsatz kommt. Dieser Schuppen bietet jedoch dem Beobachter keinen Schutz vor den Elementen.

Solcher Schutz ist aber erforderlich, da das Beobachten eine ziemlich bewegungsarme Beschäftigung ist. Ziehen Sie sich also warm an! Im Winter sind ein dicker Pullover, eine gefütterte Jacke, zwei Paar Socken, feste Stiefel und eine Wollmütze zu empfehlen, ebenso ein heißes Getränk und ein Imbiß.

Zur weiteren Ausrüstung brauchen Sie eine Taschenlampe mit rotem Filter, so daß Sie gedämpftes rotes Licht haben, das Ihre Nachtsichtfähigkeit am geringsten beeinträchtigt. Aber Sie benötigen die Taschenlampe, um ihre Ausrüstungsgegenstände zu sehen und eine Sternkarte betrachten zu können.

Für Ihre eigenen Aufzeichnungen – nicht für die Nachwelt – sollten Sie sich auf einem Block Notizen über Ihre Beobachtungen machen:

1. Datum und Uhrzeit (Uhr mit 24-Stunden-Anzeige) gemäß Weltzeit (Greenwich Mean Time); berücksichtigen Sie gegebenenfalls die Sommerzeit.
2. Sichtbedingungen nach der Antoniadi-Skala von I (ideale Sichtbedingungen) bis V (sehr schlechte Sicht).
3. Detailangaben zum verwendeten Teleskop oder Feldstecher, also Blendenöffnung und Vergrößerung.

▲ Amerikas »Stonehenge« liegt bei Salisbury in New Hampshire und hat ebenfalls geradlinige Ausrichtungen der Steine, die den Stand der auf- und untergehenden Sonne und die Jahreszeiten markierten.

◀ Kreisförmige Sternenspuren zu fotografieren ist ganz einfach. Befestigen Sie Ihre Kamera auf einem Stativ, richten Sie sie auf den Himmelspol aus, öffnen Sie den Verschluß mit »B« – und lassen Sie die Erde sich drehen!

▶ Sie können interessante Bilder von Sternenspuren aufnehmen, wenn Sie die Kamera auf den Horizont richten. Bei langer Belichtungszeit zeigen die Aufnahmen auch die Silhouette des Horizonts.

▶ *Rechts unten:* Um Sterne als Punkte und nicht als Striche zu fotografieren, brauchen Sie einen Motorantrieb, der das Teleskop und die Kamera der Himmelsrotation nachführt. Dieses Bild der Plejaden wurde mit einer Belichtungszeit von fünf Minuten aufgenommen.

▲ Zum Fotografieren von Sonnenfinsternissen – wie hier bei der Finsternis im Juli 1991 auf Hawaii – genügen normale Kameras. Aber Sie müssen einen aluminiumbeschichteten Kunststoffilter vor das Objektiv setzen, wenn Sie die einzelnen Phasen aufnehmen wollen. Der Filter nimmt den Großteil des ansonsten blendenden Sonnenlichts weg. Während der Totalität nehmen Sie den Filter ab, um ihn sofort wieder aufzusetzen, nachdem Sie den »Diamantring« fotografiert haben.

Den Himmel fotografieren

Wenn Sie eine Kamera besitzen, können Sie den Nachthimmel fotografieren und mit der Astrofotografie beginnen. Selbst mit der einfachsten Ausrüstung kann man Schnappschüsse von Mond, Sternen, Planeten, Meteoren, Planetoiden, Kometen und Finsternissen machen.

Die Astrofotografie verbindet zwei der mit Sicherheit auf allen Erdteilen verbreitetsten Hobbys: Astronomie und Fotografie. Und wenn Sie erst einmal ein paar Filmrollen mit Aufnahmen vom Nachthimmel belichtet haben, können Sie leicht »süchtig« werden – sofern Sie nicht erwarten, daß Sie sofort solche Spitzen-Farbfotos zustande bringen, wie sie die Titelseiten der Astronomie-Zeitschriften zieren.

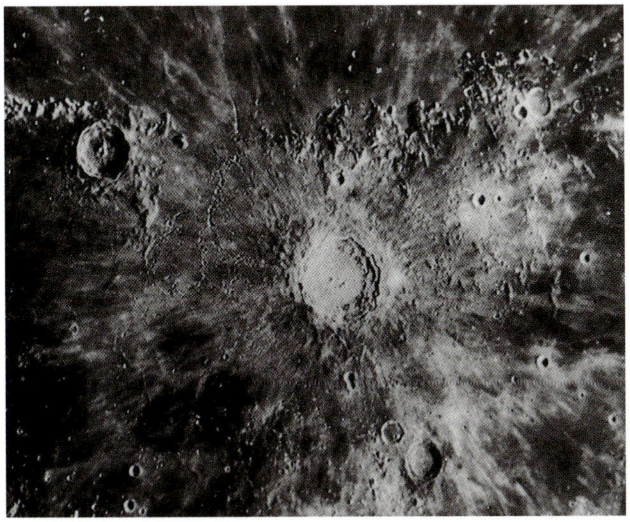

▲ Kopernikus und seine Umgebung, durch ein Teleskop fotografiert. Sie können aber auch gute Mondaufnahmen durch das Teleobjektiv Ihrer Kamera machen.

▼ Ein hübsches Paar zweier Nebel, das mit einem nachgeführten Teleskop aufgenommen wurde: M16 (links) im Schlangenschwanz und M17 im Schützen; beide: Größe 7.

▲ Die uns nahe Galaxie M33 im Nördlichen Dreieck lohnt ein genaueres Studium mittels nachgeführtem Teleskop mit Kamera. Die Fotos lassen ihre weit offene Spiralstruktur entdecken. M33 läßt sich fast schon mit bloßem Auge erkennen. Sie ist ungefähr so weit entfernt wie der große Andromeda-Spiralnebel und am Himmel ganz in seiner Nähe zu finden.

Viele Bücher wurden über die Astrofotografie geschrieben, und Sie sollten wenigstens eines davon lesen, wenn Sie diese Tätigkeit ernsthaft betreiben wollen. Hier können nur ein paar grundlegende Informationen für Ihre ersten Anfänge gegeben werden. Wesentliche Voraussetzung ist eine Kamera mit einer »B«-Einstellung für Zeitaufnahmen (lange Belichtungszeiten). Das Licht der Sterne ist nämlich schwach, und der Kameraverschluß muß meistens eine Weile offenbleiben.

Zweite wesentliche Voraussetzung ist ein stabiles Stativ. Es muß die Kamera während der langen Belichtungszeit absolut erschütterungsfrei halten. Wenn die Kamera wackelt, bekommen Sie unscharfe Bilder. Es kann nützlich sein, zusätzliche Gewichte an das Stativ zu hängen.

Der Handel bietet eine große Auswahl an Filmen mit unterschiedlicher Lichtempfindlichkeit an. Wenn Sie Sterne als Punkte aufnehmen wollen, brauchen Sie einen hochempfindlichen Film. Denn wegen der Rotation des Himmels ziehen die Sterne bereits in weniger als einer halben Minute Spuren. Gute Ergebnisse erzielt ein hochempfindlicher Film mit 400 ISO (ASA), vor allem wenn er »schneller«, also wie ein noch viel höher empfindlicher Film, entwickelt wird. Es gibt allerdings auch sehr viel empfindlichere Filme – bis zu 1600 ISO (ASA) und mehr –, aber auf ihnen werden die Bilder etwas grobkörnig. Wenn Sie lediglich Sternenspuren aufnehmen wollen, empfehlen sich weniger empfindliche Filme (ISO 100 und 200), die feinere Details und bessere Farbresultate liefern.

Um Ihre Gestirnfotografie weiter zu verbessern, brauchen Sie für Ihre Kamera einen Antrieb, um der Himmelsrotation folgen zu können. Dann können Sie Aufnahmen mit langen Belichtungszeiten machen und die Schönheit von Objekten in der Tiefe des Himmels – Nebel, Sternhaufen und Galaxien – dokumentieren. Wenn Sie bereits ein Teleskop mit Motorantrieb haben, können Sie die Kamera auf diesen montieren oder die Kamera hinter das Teleskop setzen.

▶ Die wichtigsten Merkmale des bei Hobby-Astronomen beliebten Newton-Teleskops. Das Okular befindet sich seitlich in einer bequemen Höhe für die Betrachter.

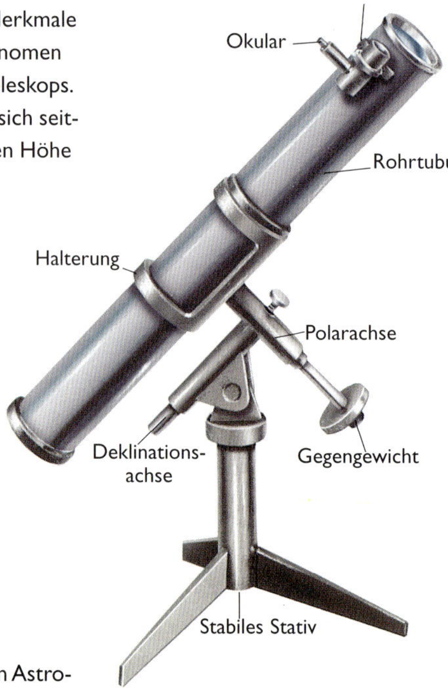

Teleskope

Mit dem bloßen Auge erkennen wir am Nachthimmel eine Menge, doch um seine ganze Pracht bewundern zu können, brauchen wir Ferngläser oder Teleskope. Diese Instrumente habe eine um ein Vielfaches größere Sehstärke als das Auge.

Es gibt zwei Hauptgruppen von Fernrohren, das Linsenteleskop (Refraktor) und das Spiegelteleskop (Reflektor). Beide erzeugen ein auf dem Kopf stehendes Bild – doch für die Astronomie ist das ohne Belang.

Refraktoren verwenden Glaslinsen, um das Sternenlicht einzusammeln und zu fokussieren. Am vorderen Ende befindet sich ein Objektiv. Hier wird das Licht gesammelt und im Brennpunkt gebündelt. Das Bild kann dann durch das Okular vergrößert betrachtet werden. Ferngläser bzw. Feldstecher haben für jedes Auge einen Linsensatz.

Reflektoren benützen zur Lichtsammlung Spiegel, von denen es zahlreiche verschiedene Ausführungen gibt. Die meisten Amateure bevorzugen das Newton-Teleskop – benannt nach Isaac Newton, der den ersten Reflektor um 1668 baute. Es hat einen konkaven Hauptspiegel, der das Licht sammelt und an einen zweiten (flachen) Planspiegel weitergibt, der es seinerseits zum Okular reflektiert. Das Okular liegt am oberen Ende des Fernrohrtubus.

▼ Einem angehenden Astronomen werden die Prinzipien eines Fernrohrs erklärt. Das abgebildete 21-Zentimeter-Modell eines Newton-Teleskops hat eine gute Größe für engagierte Sterngucker.

▼ Ein gut gearbeitetes 10-Zentimeter-Linsenteleskop kann ausgezeichnete Bilder produzieren. Bemerkenswert sind der Sucher und der Knopf am Ende zum Scharfstellen. Das Okular sitzt auf einem rechtwinklige Prisma, das im Okularrohr angebracht ist. Das erleichtert das Betrachten beim Studium hoch am Himmel stehender Sterne.

▲ Der 4,2 Meter große Spiegel des William-Herschel-Teleskops, das heute im Observatorium auf dem Roque des los Muchachos auf La Palma, Kanarische Inseln, installiert ist, wird auf Hochglanz gebracht. Es zählt zu den besten Fernrohren überhaupt.

▼ Das Anglo-australische Teleskop in Siding Spring, Neusüdwales, hat einen Spiegel von 3,9 Metern. Der offene Rohrkörper ist in einer riesigen hufeisenförmigen Halterung untergebracht. Fast 13 Meter über dem Spiegel ist der Käfig mit dem Primärfokus installiert.

Das Cassegrain-Teleskop ist ein weiteres Reflektormodell. Das im gewölbten Hauptspiegel gesammelte Licht wird von einem zweiten gewölbten Spiegel zurück zum Hauptspiegel und durch ein darin befindliches Loch zum Okular reflektiert.

Die Wahl des Fernglases

Ferngläser werden durch ihre Vergrößerungsleistung und ihre Blende oder den Durchmesser ihres Objektives in Millimetern definiert. Sinnvolle Größen für eine normale astronomische Beobachtung sind 8 x 40, 7 x 50 und 10 x 50. Letztgenannte sind fast zu wuchtig, um sie ruhig in der Hand zu halten; für sie wie für noch größere Ferngläser ist ein Stativ zu empfehlen, um ein Verwackeln des Bildes zu verhindern.

Die Wahl des richtigen Teleskops

Es gibt gute Teleskope und es gibt billige Teleskope – aber es gibt nur wenige, die beide Kriterien erfüllen. Je billiger das Teleskop ist, desto armseliger ist die Optik und das daraus resultierende Bild. Lassen Sie sich von einem erfahrenen Sternesucher beraten, bevor Sie kaufen!

Die kleinste sinnvolle Blendengröße eines Refraktors zu astronomischen Zwecken sollte etwa 60–75 Millimeter bzw. das Doppelte für ein Spiegelteleskop betragen. Im allgemeinen sind Refraktoren die robusteren Geräte und brauchen weniger Aufmerksamkeit, doch sie sind vergleichsweise teuer.

Doch die Optik Ihres Teleskops kann noch so gut sein – ist es schlecht befestigt, bekommen Sie nur miserable Bilder. Die meisten Teleskope sind auf einem Stativ montiert, das solide gearbeitet sein muß, damit es absolut fest steht, wenn Sie das Teleskop einstellen oder drehen.

Die Art und Weise, wie das Fernrohr mit dem Stativ oder einer anderen Stütze verbunden wird, ist ebenso wichtig. Die einfachste Methode ist ein Altazimut, mit dem Sie das Teleskop vertikal und horizontal bewegen können – aber es ist ziemlich schwierig, damit dem Lauf der Sterne zu folgen, die sich weder waagrecht noch senkrecht fortbewegen.

Die beste Befestigung ist das Äquatorial, mit dem sich das Teleskop auf einer Achse (der Polachse) bewegen läßt, die parallel zur Erdachse verläuft und auf die Himmelspole zeigt. Die um diese Pole kreisende Bahn der Sterne kann dann leicht nachvollzogen werden, indem das Teleskop auf seiner Polachse gedreht wird.

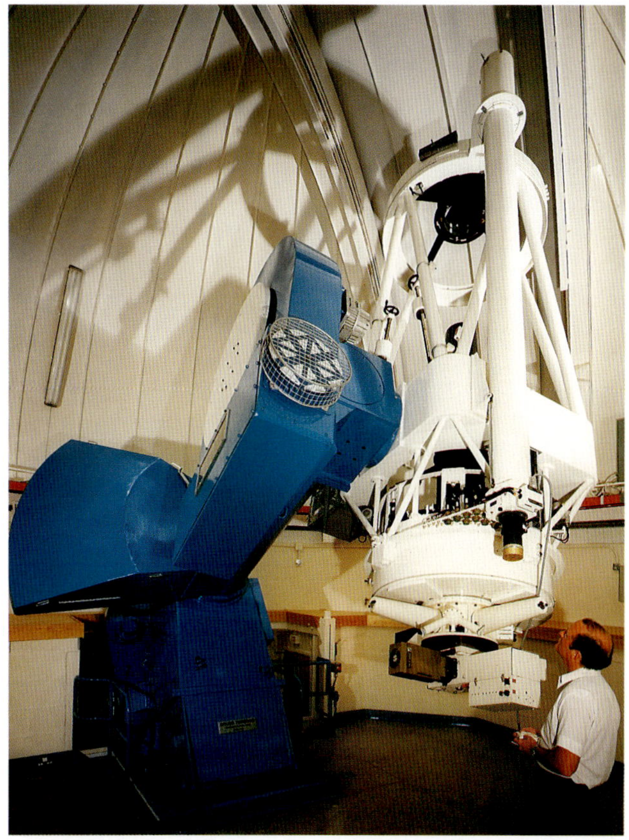

▲ Der Jacobus-Kapteyn-Reflektor im Observatorium auf dem Roque de los Muchachos auf La Palma, Kanarische Inseln.

▼ Das CCD (engl.: **c**harge-**c**oupled **d**evice) revolutioniert die optische Astronomie. Der Empfänger ist sehr viel lichtempfindlicher als Fotofilme.

▲ Das Radioobservatorium bei Arecibo in Puerto Rico hat mit seiner im Durchmesser 305 Meter breiten Empfangsschüssel das größte Teleskop der Welt. Der Spiegel, in einer natürlichen Vertiefung auf der Spitze eines Berges angebracht, besteht aus 38 778 perforierten Aluminiumplatten.

▲ *Rechts:* Dieser riesige Tank mit Chemischreinigungsflüssigkeit (Chloräthylen) tief unten in einer Mine in Süddakota dürfte das merkwürdigste astronomische »Instrument« sein. Es spürt Neutrinos auf, die im Herzen der Sonne produziert werden.

▶ Das größte Teleskop des australischen National-Radioobservatoriums bei Parkes in Neusüdwales hat einen Radioparabolspiegel mit einem Durchmesser von 64 Metern.

Radio- und Weltraumteleskope

Einige der dramatischsten astronomischen Entdeckungen der letzten Jahre, etwa Quasare und Pulsare, wurden mit Radioteleskopen gemacht – mit ihnen können die von Sternen und Galaxien abgegebenen Radiowellen erforscht werden. Ebenso haben Teleskope im All, die dort sichtbare wie unsichtbare Wellenlängen einsammeln, aufregende Entdeckungen ermöglicht: über die Entstehung von Sternen, über andere Sonnensysteme und über schwarze Löcher.

Sterne geben ihre Energie nicht nur in Form von sichtbaren Lichtstrahlen ab, sondern auch als unsichtbare Gammastrahlen, Röntgenstrahlen, ultraviolette und Infrarotstrahlen, als Mikrowellen und Radiowellen. All diese Strahlen stellen elektromagnetische Strahlung dar; sie unterscheiden sich voneinander durch ihre Wellenlänge. Gammastrahlen haben die kürzeste Wellenlänge, Radiostrahlen die längste.

Nun geben die Sterne nicht auf allen Wellenlängen die gleiche Energie ab. So scheint ein Stern in sichtbarem Licht matt, während er beispielsweise über Radiowellen wie ein Leuchtfeuer wirkt. Um uns eine richtige Vorstellung vom All machen zu können, müssen wir es über alle Wellenlängen bertrachten.

Das Problem dabei ist, daß die Erdatmosphäre die meisten der unsichtbaren Wellenlängen abschirmt. Doch Radiowellen läßt sie durch und ermöglicht damit die Radioastronomie vom Boden aus. Diese Wissenschaft hat ihren Ursprung 1931 in der Entdeckung von Karl Jansky, einem Forscher der amerikanischen Bell Telephone Laboratories, daß Radiowellen aus dem All kommen. Richtig in Schwung kam die Radioastronomie aber erst mit der Konstruktion so riesiger Radioteleskope wie des 76-Meter-Spiegels von Jodrell Bank bei Manchester, England, der 1957 fertiggestellt wurde.

Das Radioteleskop bei Parkes in Australien (links) ist ebenso ein leistungsstarkes Instrument. Der Spiegel sammelt die Radiowellen aus dem All und bündelt sie in der darüberliegenden Antenne. Über ein elektronisches System werden die Signale an einen Computer weitergegeben (Seite 154).

Weltraumteleskope

Die Erdatmosphäre hält all die Gammastrahlen, Röntgenstrahlen, Ultraviolettstrahlen und Infrarotstrahlen ab, die von den Sternen zur Erde kommen. Also wurden mit den Satelliten Instrumente in den Weltraum geschickt, um sie aufzuspüren. Die Resultate waren spektakulär und vermittelten den Astronomen ein ganz anderes Bild des Universums.

Zu den herausragendsten Weltraumstationen gehören die Satelliten Einstein und Exosat im Bereich der Röntgenstrahlen, der IUE (engl. für **I**nternationaler **U**ltraviolett-**E**rforscher), IRAS (**I**nfra**r**ot-**A**stronomie-**S**atellit) und das Compton-Observatorium (für Gammastrahlung).

Auch optische Teleskope in der Umlaufbahn haben einen Vorteil von einer Positionierung über der verhüllenden Erdatmosphäre. Normalerweise fliegen sie als astronomische Nutzlast bei Raumfähren oder auch bei der russischen Raumstation Mir mit. Ein hervorragendes Gerät ist das Hubble-Weltraumteleskop, das faszinierende Bilder liefert.

▲ Die Teleskopgruppe von Astro-I, von der Raumfähre Columbia im Dezember 1990 ins All transportiert. Sie erforschte im Universum die Ultraviolettstrahlung, nachdem diese Strahlen von der Erdatmosphäre verschluckt werden.

▶ *Oben:* Zwei Voyager-Sonden dieser Art, 1977 gestartet, revolutionierten die Erforschung entfernter Planeten. Zu ihren Instrumenten gehören Kameras, Radiometer und Partikeldetektoren. Zum Vergleich: Die Schüsselantenne hat einen Durchmesser von 3,7 Metern.

▶ Das Hubble-Weltraumteleskop in der Umlaufbahn. Der Parabolspiegel des 11-Tonnen-Satellits, der mit sichtbaren Wellenlängen arbeitet, mißt 2,4 Meter im Durchmesser. Trotz fehlerhafter Optik hat es bessere Bilder geliefert als erdgebundene Teleskope.

Unsichtbare Bilder

Die meisten Bilder in diesem Buch sind Fotografien von Himmelskörpern, die mit normalem Licht gemacht wurden, also mit sichtbaren Wellenlängen. Sie zeigen die Objekte, wie wir sie mit unseren Augen sehen. Die Bilder auf diesen Seiten jedoch sind Aufnahmen, die über unsichtbare Wellenlängen gemacht wurden.

Diese Bilder wurden mittels Signalen von Detektoren produziert, deren Empfindlichkeit auf die jeweils erforschte Wellenlänge eingestellt war. Computer haben die Daten umgerechnet und unterschiedlichen Strahlungsintensitäten willkürlich unterschiedliche Farben zugeordnet. Dadurch entstehen sogenannte Falschfarbendarstellungen.

Die Aufnahmen wurden so ausgewählt, daß sie verschiedene Wellenlängen des elektromagnetischen Spektrums darstellen – von den kurzwelligen Gammastrahlen bis zu den langwelligen Radiostrahlen.

▶ **Röntgenstrahlen**
Diese Aufnahme des sogenannten Galaxiehaufens Abell 2256 stammt von dem deutschen Röntgensatelliten Rosat.

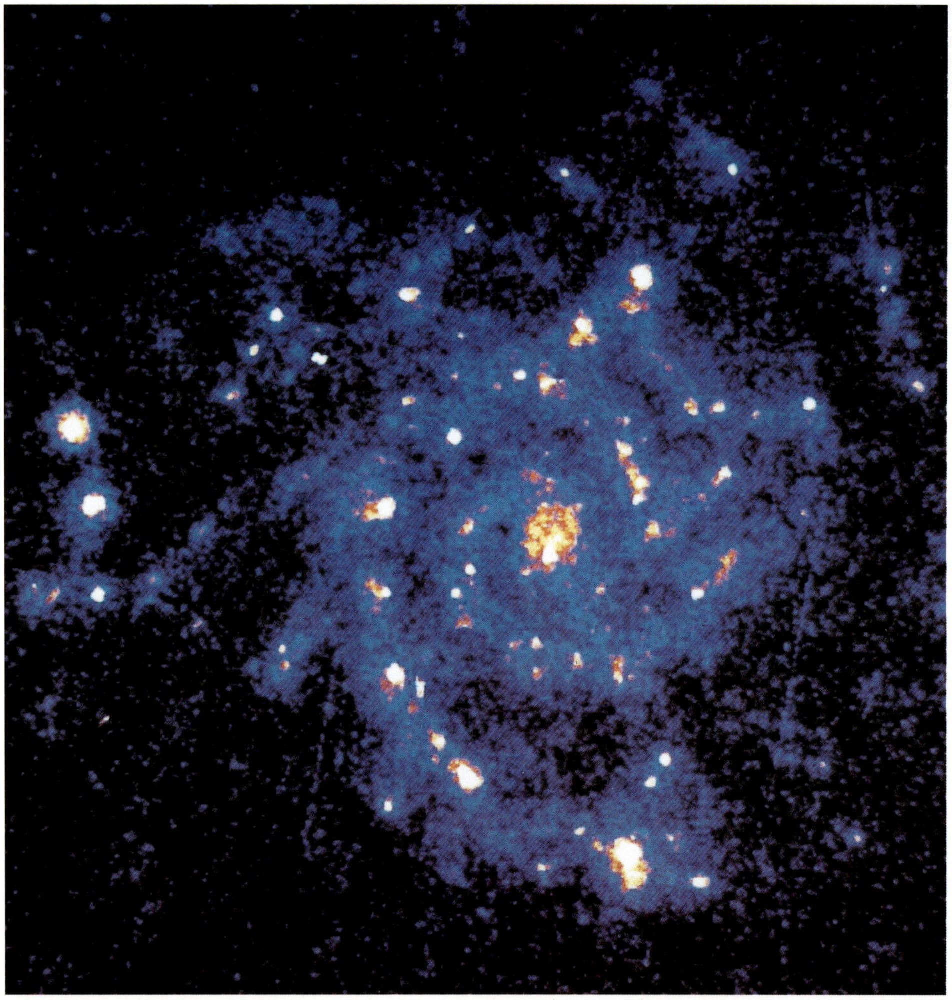

▼ **Ultraviolett**
Das Ultraviolett-Teleskop des von einer Raumfähre transportierten Satelliten Astro-I übermittelte dieses Bild der von vorne gesehenen Spiralgalaxie M47 in den Pisces. Die hellen Punkte stellen Gebiete mit dichter Sternformation dar.

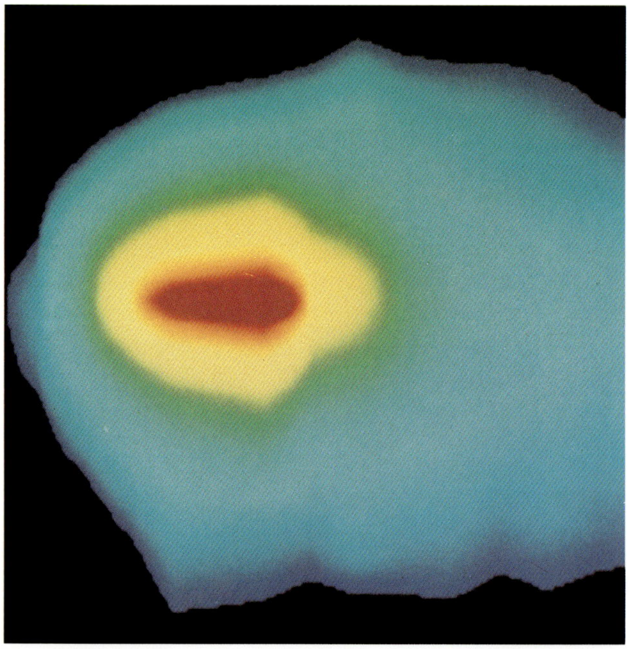

▼ **Infrarot**
Der Komet IRAS-Araki-Alcock, 1983 von IRAS (Infrarot-Astronomie-Satellit) entdeckt. Während seiner 300tägigen Mission schaute er sich in unserer Galaxis um, beobachtete Sterne, wie sie in Nebeln geboren wurden, und entdeckte Materiescheiben im Umfeld anderer Sterne, die sich zu Planeten verdichten können.

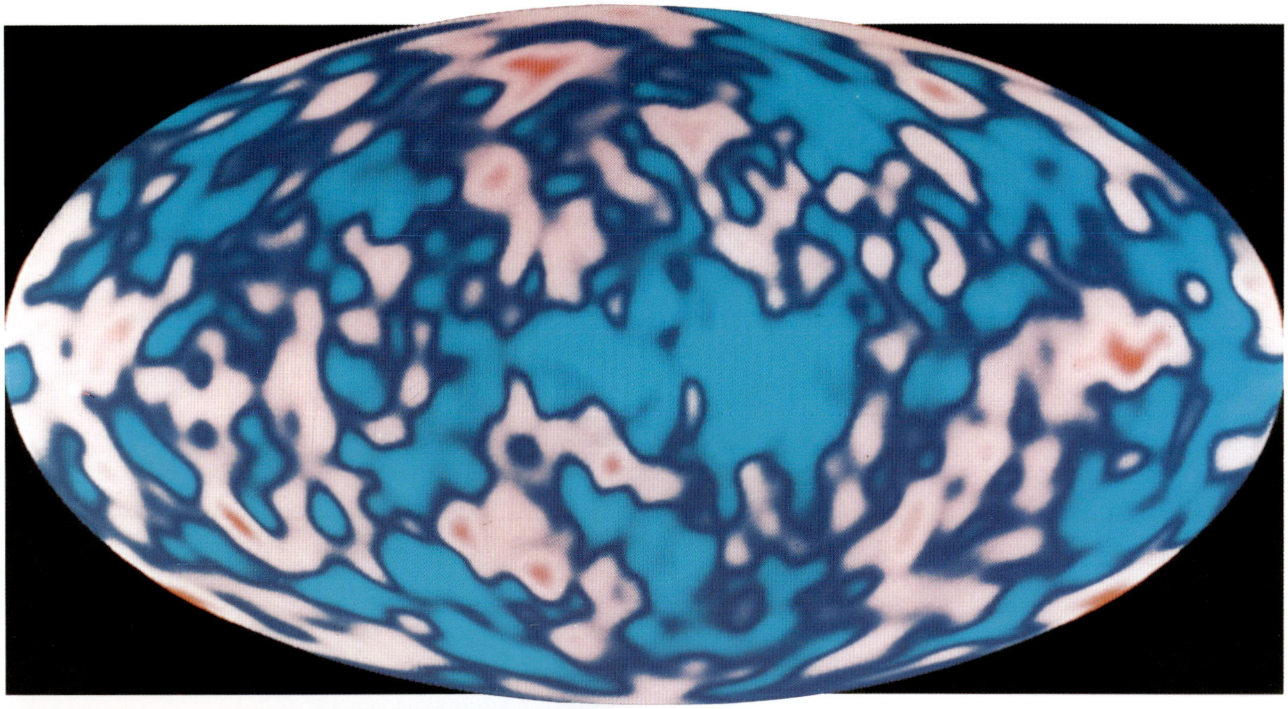

▶ **Mikrowellen**
Eine Mikrowellenkarte des gesamten Himmels, entstanden aus Daten von COBE (engl. »kosmischer Hintergrunderforscher«). Die Farbnuancen deuten geringfügige Unterschiede der Hintergrundtemperatur an, die im Durchschnitt drei Grad über dem absoluten Temperaturnullpunkt (–273,15 °C) beträgt.

▼ **Mikrowellenradar**
Die Venus, wie wir sie mit sichtbarem Licht nie wahrnehmen könnten. Diese Gesamtansicht ist durch ein Mosaik aus Bildern entstanden, die 1990/91 mit Radartechnik von der sie umkreisenden Raumsonde Magellan aufgenommen wurden.

▼ **Radiostrahlung**
Eine Falschfarbendarstellung der Radioquelle 3C75 im Galaxiehaufen Abell 400 im Cetus. Das VLA- Radioteleskop in der Nähe von Socorro in New Mexico sammelte dafür die Daten mit seinen 27 Antennen. Die Aufnahme zeigt zwei »Radiojets«, die aus dem Kern der Zentralgalaxie des Haufens herausschießen.

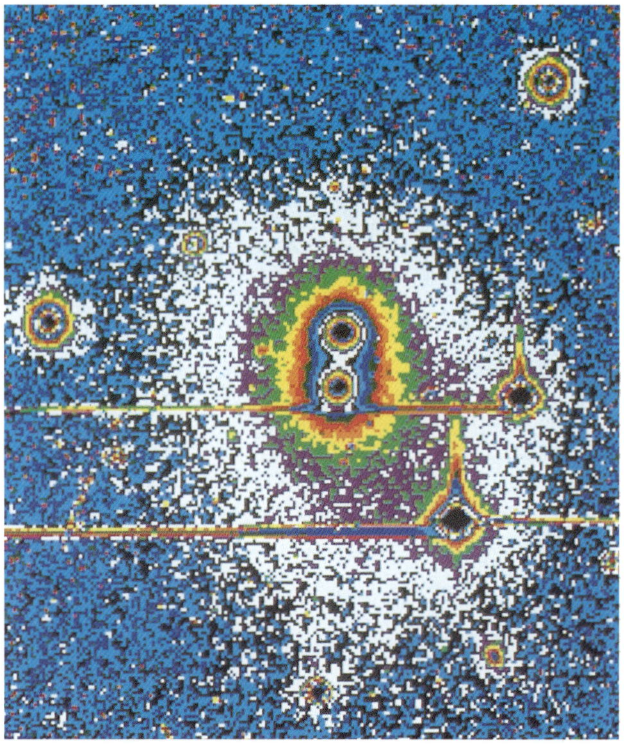

Glossar

Abendstern Ein *Planet* (gewöhnlich die Venus), der bei Sonnenuntergang am westlichen Himmel hell leuchtet.

Absolute Größe Maß für die tatsächliche Helligkeit eines Sterns. Der Begriff bezeichnet die Helligkeit, die der Stern hätte, würde man ihn aus einer Entfernung von 10 *Parsec* oder 32,6 *Lichtjahren* betrachten.

Aktive Galaxie Sternsystem mit außergewöhnlich hoher Energieproduktion.

Antoniadi-Skala Maßstab eines Betrachters zur Bestimmung des *Seeing* (Beobachtungsverhältnisse).

I	Hervorragende Sicht
II	Vorwiegend ruhig, aber leichte Störungen
III	Mittelmäßige Sicht, mehr Störungen
IV	Schlechte Sicht, konstante Störungen
V	Sehr schlechte Sicht, sehr starke Störungen

Äquinoktien Tagundnachtgleichen. Zeitpunkte, an denen die Sonne auf ihrer jährlichen scheinbaren Bahn (Ekliptik) den Himmelsäquator schneidet. Dies geschieht am 21. März (Frühlingsäquinoktium) und am 23. September (Herbstäquinoktium).

Asteroiden Kleinere Gesteinskörper, die sich um die Sonne bewegen – vorwiegend im Bereich zwischen den *Orbits* von Mars und Jupiter. Auch kleine Planeten oder Planetoiden genannt.

Astrologie Lehre von den Positionen der Himmelskörper mit dem Versuch, das Schicksal der Menschen und ihre Zukunft aus den Gestirnstellungen zu deuten.

Astronomie Exakte naturwissenschaftliche Untersuchung des Universums und der Himmelskörper – der Sonne, des Mondes, der *Planeten,* ihrer Monde, der Sterne und der *Galaxien.*

Astronomische Einheit (AE) Die mittlere Entfernung zwischen Erde und Sonne, 149 600 000 Kilometer.

Aurora/Polarlicht Farbenprächtige Lichterscheinungen vorwiegend in den Polregionen. Sie entstehen, wenn geladene Korpuskularteilchen von der Sonne mit Atomen und Molekülen der Hochatmosphäre zusammenstoßen. Am nördlichen Himmel heißen sie »Aurora borealis« oder Nordlichter, am südlichen Himmel »Aurora australis« oder Südlichter.

Bedeckung Ein Himmelskörper wird vorübergehend durch einen anderen verborgen, z. B. ein Stern oder Planet durch den Mond.

Bedeckungsveränderlicher Doppelstern Doppelsternsystem, dessen Helligkeit schwankt, je nachdem, ob die hellere Komponente (Hauptkomponente) von uns aus gesehen gerade vor oder hinter der anderen Komponente (Begleiter) steht.

Cepheiden Eine Klasse *veränderlicher Sterne* die sich periodisch in ihrer Helligkeit ändern. Sie sind nach dem Prototyp der Klasse, dem Stern Delta Cephei, benannt.

Deklination Der Winkelabstand eines Gestirns vom Himmelsäquator. Wird in Grad Nord (+) und Grad Süd (–) gemessen.

Doppelstern Sehr nahe beieinanderstehendes Sternenpaar. Einige Doppelsterne umkreisen als Sternsystem einen gemeinsamen Schwerpunkt (Baryzentrum), andere (optische Doppelsterne) sind räumlich weit voneinander getrennt, stehen aber zufällig in gleicher Beobachtungsrichtung.

Eigenbewegung Beobachtbare Bewegung eines nahe gelegenen Sterns in Relation zum Sternhintergrund.

Eklipse (= Finsternis) Verdeckung eines Himmelskörpers durch einen anderen. Schiebt sich von einem Beobachtungsort aus gesehen der Mond zwischen Erde und Sonne, gibt es eine Sonnenfinsternis. Tritt die Erde zwischen die gerade Verbindungslinie Sonne – Mond, gerät der Trabant in den Schattenkegel der Erdkugel, und wir erleben eine Mondfinsternis.

Ekliptik Scheinbare Bahn der Sonne über den Himmel im Jahreslauf.

Elongation Die Winkeldistanz eines Planeten von der Sonne.

Expansion des Weltalls Theorie, daß sich das Universum ständig ausdehnt. Astronomen nehmen an, daß die Expansion mit dem *Urknall* begann.

Feuerkugel Ein außergewöhnlich heller *Meteor,* auch Bolide genannt.

Galaxie Sternsystem im Weltraum. Galaxien sind gewöhnlich elliptisch oder spiralförmig. Unsere eigenes Sternsystem wird Galaxis oder *Milchstraße* genannt.

Gravitation Die Schwerkraft, mit der die Erde alle in der Nähe befindliche Körper anzieht. Andere Himmelskörper üben eine vergleichbare Massenanziehung aus. Gravitation ist buchstäblich die Kraft, die das Universum zusammenhält.

Größe Klassifikation für die Helligkeit eines Sterns. Die sichtbaren Sterne werden auf einer Skala in sechs Helligkeitsgrade eingeteilt. Sterne 1. Größe sind am hellsten. Siehe auch *Absolute Größe* und *Scheinbare Größe.*

Himmelssphäre Imaginäre Kugel um die Erde, an deren Innenseite die Sterne scheinbar fixiert sind.

Jahreszeiten Vor allem durch deutliche Witterungsänderungen und Temperaturwechsel gekennzeichnete Jahreszeiten entstehen aufgrund der Neigung der Erdachse zur Ebene ihrer Sonnenumlaufbahn.

Kernfusion Verschmelzung leichterer Atomkerne, wie Wasserstoff, zu schwereren, z. B. Helium; durch diesen Prozeß produzieren Sterne ihre Energie.

Komet Kleinerer Himmelskörper aus Staub, Eis und Gas, der auf ellipsenförmiger Bahn um die Sonne läuft und sein Aussehen mit dem Abstand zur Sonne verändert.

Konjunktion Stellung, bei der Himmelskörper eine Linie bilden, also etwa die Sonne in der Verbindungslinie Erde – Planet steht.

Konstellation Besonders auffällige Stellung verschiedener Gestirne am Nachthimmel; auch Bezeichnung für einzelne Sternbilder.

Kosmologie Die Lehre von Ursprung, Entwicklung und Aufbau des Universums.

Kugelhaufen Kugelförmiger *Sternhaufen* aus bis zu einer Million Sterne und mehr.

Kulmination Der höchste oder tiefste Stand, den ein Gestirn an der *Himmelssphäre* erreicht. Fällt mit dem Durchgang durch den *Meridian* zusammen.

Leuchtkraft Maß für die Gesamtenergie, die ein Stern abstrahlt.

Libration Durch Bahnform, Achsenstellung und optische Effekte bedingte scheinbare Schwankungen in Länge und Breite des Mondes, die zur Folge haben, daß wir von der Erde aus etwas mehr als die Hälfte der Mondoberfläche sehen können.

Lichtgeschwindigkeit Im Vakuum bewegt sich Licht mit einer Geschwindigkeit von 300 000 Kilometern pro Sekunde. Das ist die schnellstmögliche Geschwindigkeit überhaupt.

Lichtjahr Gängige Einheit zur Messung von Entfernungen im Weltraum. 1 Lichtjahr entspricht der Distanz, die das Licht im Jahr zurücklegt: 9,46 Billionen Kilometer.

Lunar Den Mond betreffend.

Mare Eine große Ebene auf dem Mond. »Mare« (Plural »Maria«) ist das lateinische Wort für »Meer«. Die dunklen Gebiete, die wir auf dem Mond sehen, sind Maria. Die wichtigsten Maria (und ihre deutschen Namen) sind:
Lacus Mortis (See des Todes)
Lacus Somniorum (See der Träume)
Mare Crisium (Meer der Gefahren)
Mare Fecunditatis (Meer der Fruchtbarkeit)
Mare Frigoris (Meer der Kälte)
Mare Humorum (Meer der Feuchtigkeit)
Mare Imbrium (Regenmeer)
Mare Nectaris (Nektarmeer)
Mare Nubium (Wolkenmeer)
Mare Orientale (Ostmeer)
Mare Serenitatis (Meer der Heiterkeit)
Mare Smythii (Smyth' Meer)
Mare Tranquillitatis (Meer der Ruhe)
Mare Vaporum (Meer der Dünste)
Oceanus Procellarum (Ozean der Stürme)
Sinus Iridum (Regenbogenbucht)
Sinus Medii (Bucht der Mitte)
Sinus Roris (Bucht des Taues)

Meridian Großkreis an der *Himmelssphäre,* der durch Nordpunkt, Himmelsnordpol, Zenit, Südpunkt, Himmelssüdpol, Nadir und Nordpunkt verläuft; auch Mittagslinie genannt.

Meteor Leuchterscheinung beim Verglühen eines aus dem All in die Atmosphäre eindringenden Gesteinsbrockens.

Meteorit Ein Gesteinsbrocken aus dem All, der groß genug ist, um durch die Atmosphäre bis auf den Erdboden zu gelangen.

Milchstraße Blasser Lichtstreifen, der sich über den ganzen Himmel spannt. Das dicht mit Sternen übersäte Gebiet bildet einen Querschnitt unserer Galaxis, die auch Milchstraße genannt wird.

Mond Natürlicher Satellit eines Planeten.

Mondfinsternis Siehe *Eklipse.*

Morgenstern Planet (meist die Venus), der im Osten bei der Morgendämmerung stark leuchtet.

Nadir Punkt auf der *Himmelssphäre,* der sich gegenüber dem *Zenit* befindet.

Nebel Wolke aus Gas und Staub zwischen den Sternen. Leuchtende Nebel glühen oder reflektieren Licht, dunkle Nebel werden durch das Licht, das sie von dahinterliegenden Sternen abdecken, sichtbar.

Neutronenstern Vorwiegend aus Neutronen bestehender Stern extrem hoher Massedichte. Siehe auch *Pulsar.*

Nova Ein »neuer Stern«, der plötzlich durch einen Helligkeitsausbruch sichtbar wird.

Offener Sternhaufen Lockere Ansammlung von im Durchschnitt etwa ein paar hundert Sternen.

Opposition Position eines Planeten auf seiner Umlaufbahn, in der er der Sonne genau gegenüber steht.

Orbit Umlaufbahn eines Satelliten um einen Himmelskörper.

Parallaxe Scheinbare Verschiebung eines nahe gelegenen Objekts vor einem entfernten Hintergrund, das von zwei verschiedenen Standorten beobachtet wird. In der *Astronomie* dienen Parallaxenmessungen zu Entfernungsbestimmungen.

Parsec Maßeinheit der Astronomen zur Entfernungsangabe im Weltraum. 1 pc = 3,26 Lichtjahre. Aus dieser Entfernung erscheint 1 AE *(Astronomische Einheit)* unter dem Winkel von einer Bogensekunde.

Phasen Unterschiedliche Erscheinungsformen des Mondes während eines Monats in Abhängigkeit vom Sonnenlicht, das auf seine Oberfläche fällt. Auch die Venus weist ähnliche Phasen auf.

Planeten (Wandelsterne) Große Himmelskörper, die im All um die Sonne kreisen. Auch manche andere Sterne werden vermutlich von Planeten umlaufen.

Präzession Langsamer Wechsel der Richtung, mit der die Erdachse in den Weltraum zeigt. Dies verändert auf die Dauer die Himmelsposition der Sterne.

Pulsar Schnell rotierender *Neutronenstern,* der Impulse von Radiostrahlung aussendet.

Quasar Entfernter Himmelskörper, der wie ein Stern aussieht, aber die Energie-Emission mehrerer Galaxien hat (extrem starke Radiofrequenzstrahlung). Kurzform aus dem englischen Begriff »quasi-stellar object« (sternähnliches Objekt).

Radialbewegung Sternbewegung zu uns hin oder von uns weg, durch Verschiebung im *Spektrum* beobachtbar.

Rektaszension Geographische Länge eines Sterns, normalerweise in Stunden und Minuten *siderischer Zeit* ausgedrückt. Sie wird von dem Punkt aus gemessen, an dem die Ekliptik zum Frühlingsäquinoktium auf den Himmelsäquator trifft.

Rückläufigkeit Bewegung eines Himmelskörpers entgegen seiner normalen Richtung.

Sarosperiode Periode von etwas mehr als 18 Jahren (6 585,3 Tagen), nach der der Mond wieder in derselben Position zur Erde und zur Sonne steht. Sie bestimmt den Zeitabschnitt zwischen Finsternissen (siehe *Eklipse)* desselben Typs.

Satellit Kleiner Himmelskörper, der einen größeren umkreist; ein Mond. Die meisten Planeten haben einen natürlichen Satelliten: Die Erde wird vom Mond und Saturn von über 20 Satelliten begleitet. Doch Himmelsforscher haben inzwischen auch künstliche Satelliten in die Umlaufbahn gesetzt.

Scheinbare Größe Maß für die Helligkeit eines Sterns, wie wir ihn von der Erde aus sehen.

Schwarzes Loch Ort im Kosmos, der eine solch gewaltige *Gravitation* besitzt, daß selbst Licht nicht entweichen kann.

Seeing Qualität der Sichtbedingungen zur Zeit der Beobachtung.

Sonnenfinsternis Siehe *Eklipse.*

Sonnenfleck Ein Bereich auf der Sonnenoberfläche, der dunkler und kühler als sonst ist. Sonnenflecken kommen und gehen regelmäßig über einen Zeitraum von elf Jahren.

Sonnensystem Sonnenfamilie, die als Einheit durch das All reist. Im Zentrum steht die Sonne, um die neun weitere *Planeten* (einschließlich der Erde), die *Asteroiden* und zahlreiche *Kometen* fliegen.

Sonnenwenden Zeitpunkte während des Jahreslaufs, an denen die Sonne ihren höchsten bzw. niedrigsten Stand um 12 Uhr mittags erreicht. Auf der Nordhalbkugel findet die Sommersonnenwende am 21. Juni, die Wintersonnenwende am 21. Dezember statt. Auf der Südhalbkugel ist es umgekehrt.

Sonnenwind Strom geladener, von der Sonne abgegebener Teilchen.

Spektrum Farbiges Lichtband, das entsteht, wenn Licht durch ein Spektroskop oder Glasprisma fällt und in unterschiedliche Wellenlängen mit den entsprechenden Farben zerlegt wird. Sternspektren weisen auch dunkle Linien auf.

Stern Gaskörper, der durch *Kernfusion* Energie produziert und sie als Licht, Hitze oder in Form anderer Strahlung abgibt. Die Sonne ist unser nächster Stern.

Sternhaufen Ansammlung kosmologisch zusammengehöriger Sterne; man unterscheidet *offene Sternhaufen* und *Kugelhaufen.*

Sternzeit Zeitmessung, die sich an den Sternen orientiert, ausgehend vom siderischen Tag, der echten Periode, in der die Erde sich um sich selbst dreht: 23 Stunden, 56 Minuten und 4 Sekunden der normalen Uhrzeit.

Supernova Gigantische Sternexplosion, durch die ein Überriesenstern sich selbst wegsprengt.

Supernova-Remnant Eine sich ausdehnende Gashülle als Überrest einer Supernova-Explosion.

Terminator Grenzlinie zwischen Licht und Schatten bzw. zwischen Tag und Nacht auf einem Körper, der kein eigenes Licht ausstrahlt.

Tierkreis Imaginäres Band um die Himmelskugel, in dem Sonne, Mond und die Planeten immer zu finden sind. Es enthält alle zwölf Tierkreissternbilder.

Transit Bewegung eines kleinen Himmelsobjekts vor einem größeren, z. B. der Venus vor der Sonne.

Universum Alles, was existiert: alle Planeten und alle Sterne, einschließlich Erde, Mond und Sonne sowie des Weltraums.

Urknall (»Big Bang«) Name des Ereignisses, das vermutlich vor rund 15 Milliarden Jahren das Universum entstehen ließ.

Veränderlicher Stern Stern, dessen Helligkeit schwankt. Intrinsische Veränderliche wie die *Cepheiden* sind aufgrund innerer physikalischer Vorgänge unterschiedlich hell. Extrinsische Veränderliche (wie die *Bedeckungsveränderlichen Doppelsterne*) variieren in ihrer Helligkeit wegen äußerer Faktoren.

Zenit Punkt am Himmel direkt über dem Betrachter.

Register

Sternbilder sind in Großbuchstaben gedruckt, **fett** gedruckte Seitenzahlen beziehen sich auf Haupteinträge, *kursive* verweisen auf Seiten mit einer Abbildung oder Karte, wobei sich dort auch Textinformationen befinden können.
Himmelsobjekte, deren M- oder NGC-Nummern in den Karten, aber nicht im Text aufgeführt sind, wurden nicht aufgenommen, ebenso Details des Mondes, die nur in den Quadranten des Mondes erscheinen.

Dank

Der Autor und der Verla möchten Spacecharts Ph Library für die Bildreche und die Bereitstellung vi Aufnahmen für dieses Bu danken. Ebenso sind sie genden Institutionen für Lieferung wertvoller Informationen und von Illustrationsmaterial dan Anglo-Australian Observ Astronaut Memorial Planetarium and Observ European Space Agency, Goddard Space Center, J Propulsion Laboratory, K Peak National Observat London Planetarium (p. National Aeronautics an Space Administration, National Radio Astrono Observatories, Palomar Observatory, Parkes Rad Observatory, Roque de l Muchachos Observatory, Royal Astronomical Soc Royal Greenwich Obser US Naval Observatory. Die Fotografien auf den genden Seiten wurden v Autor aufgenommen: 6, 102o, 126or, 128, 129, 13 136u, 146, 147, 148o, 150 1521o, 152u. Die Aufnah auf Seite 73 wurde mit Genehmigung des Anglo stralischen Observatoriu von David Malin gemac Trotz aller Bemühungen liche Rechteinhaber zu nen, möchten wir uns im aus für etwaige Unterlas gen entschuldigen.